联达建筑课堂训练营系列丛书

工建造价实战训练营

广联达建筑课堂编制组 编

中国建筑工业出版社

图书在版编目（CIP）数据

土建造价实战训练营/广联达建筑课堂编制组编
. —北京：中国建筑工业出版社, 2022.7（2024.12 重印）
（广联达建筑课堂训练营系列丛书）
ISBN 978-7-112-27598-4

Ⅰ.①土… Ⅱ.①广… Ⅲ.①土木工程—建筑造价管
理 Ⅳ.①TU723.3

中国版本图书馆CIP数据核字（2022）第118518号

责任编辑：兰丽婷　杜　洁
责任校对：王　烨

广联达建筑课堂训练营系列丛书
土建造价实战训练营
广联达建筑课堂编制组　编
﹡
中国建筑工业出版社出版、发行（北京海淀三里河路9号）
各地新华书店、建筑书店经销
北京锋尚制版有限公司制版
北京中科印刷有限公司印刷
﹡
开本：787毫米×1092毫米　1/16　印张：19½　字数：435千字
2022年7月第一版　　2024年12月第七次印刷
定价：69.00元
ISBN 978-7-112-27598-4
　（39783）

广联达建筑课堂编制组

主 任 委 员： 李　昂

副主任委员： 李江智

主　　　编： 田茂鑫　李　玺

编 委 成 员： 石　莹　施梦阳　韩　丹　徐方姿

　　　　　　　简劲偲　贺永红　周丹红　袁聪聪

特 约 顾 问： 刘　谦　只　飞

序 一

从事建筑行业信息化20余年，见证了中国建筑业高速发展的20年，我深刻地认识到，这高速发展的20年是千千万万建筑行业工作者夜以继日，用辛勤的汗水换来的，同时，建筑业的高速发展也迫使我们建筑行业从业者通过不断的学习和提升来跟上行业的发展，在这里对每一位辛勤的建筑行业从业者致以崇高的敬意。

广联达科技股份有限公司（以下简称广联达）也非常有幸参与到建筑行业发展的浪潮中来，用了近20年时间推动造价行业从手算时代向电算化时代发展。犹记得电算化刚普及的时候，大量的从业者还不会用电脑，我们都是手把手地教客户使用电脑。如今，随着BIM、云计算、大数据、物联网、移动互联网、人工智能技术的不断深入，数字建筑必将成为建筑业转型升级的发展方向。广联达通过数字建筑平台赋能行业各参与方，从过去服务于岗位为主的业务模式，转向服务于每个工程项目，深入更多的业务场景，服务更多的客户，让每一个工程项目成功，支持中国建筑业数字化转型成功。

数字建筑的转型升级同时会带动数字造价的行业发展，并且促进专业人员的职业发展。希望广联达训练营系列图书能够帮助造价从业者进行技能的高效升级，促进职业生涯的不断进步！

广联达高级副总裁：刘谦

序 二

在科技发展日新月异、智能工具层出不穷的当下，一名优秀的预算员既要能够掌握一定的算量工具，同时还要非常熟悉算法规则来快速准确算量。广联达训练营系列图书整合了造价业务与广联达算量软件的知识，按照用户的实际工程习惯，梳理出不同的知识点，不仅可以帮助用户快速、熟练、精准地使用软件，而且还给大家提供了解决问题及学习软件的思路和方法，帮助大家快速掌握算量软件，使大家更好地将软件应用于自身业务中，《土建造价实战训练营》是一本值得学习的好书！

广联达副总裁：只飞

序 三

       "人才是第一资源。""硬实力、软实力，归根到底要靠人的实力。"随着全面深化改革的不断深入，以数字化转型整体驱动生产方式转变是大势所趋。智能建造也成为现今探索的方向，不仅要求专业内容要创新，教学的方式更需要创新，因此广联达公司融合建筑产品新设计、新建造、新运维的数字建筑新要求，紧密结合"新建造"，从刚毕业学生到公司高管分5个阶段（P0—P1—P2—P3—P4—M5）打造系列课程，形成"学—练—辅—服—测—评"为一体的学习模式。学——精品内容：课程形式多样，内容框架设计系统；练——高质量案例：提供标准化案例，让算量结果有据可依；辅——疑惑难题：设群内专家辅导，促进学员交流，快速解决实际疑惑；服——班主任督学：社群内班主任每日督学，让学习更有规律；测——案例与理论：通过2个月学后，提供GIAC考试认证通道，检验2个月学习成果；评——全方位评价：从课程内容、讲师、服务等多维度评价，只为提供最优服务，确保2个月快速掌握岗位技能。

岗位服务产品部经理：李江智

前　言

前言部分可以作为本书的"开宗明义"，希望通过以下介绍方便读者清楚本书的内容定位。

为什么要出版《土建造价实战训练营》？因为很多学员在学习造价时不知道应该学习什么；即便清楚了需要学习的内容后，也不清楚学习的方法；而造价的知识体系又比较庞大，学习的内容、方法如果不弄清楚，学习过程将会事倍功半。

我们先看学习土建造价，应该学习什么。

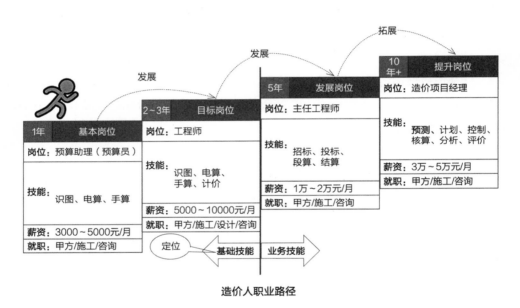

造价人职业路径

上图表达的是造价人员进入行业后的职业路径及在各阶段需要具备的造价技能。进入职场通常3年为一个阶段，前3年需要学习的是造价的基础技能：识图、电算、手算、计价；3年以后需要学习的是造价的业务技能：招标、投标、段算、结算，等等。在此明确本书的内容在于帮助读者提升造价基础技能。

那么对于识图、电算、手算、计价这4项技能，我们需要达到怎样的能力标准？如要达到这4项能力标准又会遇到哪些学习障碍？

对于识图技能模块，我们需要达到的能力标准是熟练使用平法图集且能够准确识读各种结构类型的图纸。在学习的过程中，可能会因为没有模型的空间想象能力而感到困难，究其原因是对具体的结构形式和构件不熟悉，想象出的样式往往是错误的。

对于电算和手算技能模块，我们需要掌握电算方法，清晰手算思路。而学习层面最大的

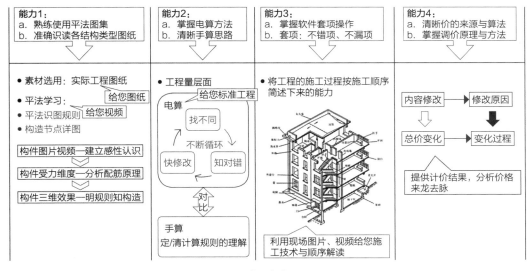

造价核心技能-能力框架搭建

| 识图 | 独立算量 | 独立对量 | 独立计价 |

识图
→结构
→建筑

22G平法1、2、3

计算/核对工程量
→电算　效率
→手算　核心竞争力

GTJ2021
手算方法
《定额/清单计算规则》

分析消耗量　　分析单价标准
→套清单
→套定额

GCCP6.0
《消耗量定额》《价目表》

汇总总价
→取费
→调价

GCCP6.0
《法规》
《合同》
《变更、签证》
《费用组成和计算规则》

能力1：
a. 熟练使用平法图集
b. 准确识读各结构类型图纸

能力2：
a. 掌握电算方法
b. 清晰手算思路

能力3：
a. 掌握软件套项操作
b. 套项：不错项、不漏项

能力4：
a. 清晰价的来源与算法
b. 掌握调价原理与方法

造价核心技能-能力框架搭建

障碍是很难获取标准的模型和手算结果，学习软件算量和手工算量就会无的放矢，不能验证自己对构件的理解是否深入，也不能验证自己的建模方式和手算方式是否正确，从而造成学习效率低。

对于计价模块，我们需要做到熟练地使用计价软件，套项时不错项、不漏项。计价的过程也要做到清晰价的来源与算法，掌握调价的原理与方法。而学习层面会因为个人没有现场的实习条件及没有招投标或结算业务的实际工作场景而造成学习效率不高。

为了帮助大家快速提升这些能力，本书设计了如下图所示的学习方案。

对于识图技能的提升，学习过程一定要结合实际工程图纸，这样才能学得实际、用得实

能力1：
a. 熟练使用平法图集
b. 准确识读各结构类型图纸

能力2：
a. 掌握电算方法
b. 清晰手算思路

能力3：
a. 掌握软件套项操作
b. 套项：不错项、不漏项

能力4：
a. 清晰价的来源与算法
b. 掌握调价原理与方法

• 素材选用：实际工程图纸

给您图纸

• 平法学习：
• 平法识图规则　给您视频
• 构造节点详图

构件图片视频—建立感性认识

构件受力维度—分析配筋原理

构件三维效果—明规则知构造

• 工程量层面

给您标准工程

电算
找不同
不断循环
快修改　知对错
对比

手算
定/清计算规则的理解

• 将工程的施工过程按施工顺序简述下来的能力

利用现场图片、视频给您施工技术与顺序解读

内容修改　→　修改原因

总价变化　→　变化过程

提供计价结果，分析价格来龙去脉

学习方案

际。切不可采用某本教材后面的几页案例图纸，这种类型的图纸并不反应工程实际，要么太复杂，要么太简单，甚至很多结构类型和构造样式在实际工作中早已淘汰。对于识图中平法的学习不要直接去背诵钢筋的表达规则和构造样式，平法是工具书，不是用来背的。想深入地掌握平法，首先要对构件建立感性认识，也就是先保证在现实中见到过这个构件。要清楚构件中各类钢筋的功能目的，也就是为什么要配置这些钢筋，对每一类钢筋的作用要了然于胸，最后才是对钢筋规则和节点构造的学习。

对于电算和手算技能的提升，首先要有电算和手算的标准结果，以保证自己在电算过程中有标准模型对应，就会有"找不同""知对错""快修改"不断循环的学习场景，电算学习效果才能得到保障。电算后也不要忽略手算，电算保证的是工作效率，而手算才是造价人员的核心竞争力，只有会手算，才能对清单定额的工程量计算规则理解到位，才能清楚软件的算量逻辑，才能对自己计算的工程量有信心。

对于计价技能的提升，要有意识地多去理解现场的施工工艺和施工工序，强化自己要有将一个工程，从平整场地开始到竣工验收结束，过程中所涉及的施工工序和施工工艺简述下来的能力。如果做不到这一点，套项时肯定会发生错项、漏项的情况。另，学习中要不断分析对计价元素修改的原因，及修改后导致结果变化的手工还原。只有这样不断地强化，计价技能才能提升。

希望本书能为读者的学习起到很好的帮助作用。

广联达书城客服

目 录

第1章
工程算量案例详解

第 2 章

工程计价案例详解

第 **1** 章

工程算量案例详解

1.1 平法的概念与计算

1.1.1 平法的起源

1978年我国实行对内改革、对外开放政策后，建筑结构设计人员的工作量剧增，计算机的普遍使用表面上将设计人员从繁重的计算工作中解放出来，但从整体上看，全国大多数设计项目仍以人工制图为主；即使使用计算机绘图，由于当时的CAD软件依据传统设计方法编写，表达繁琐，图纸量比手工绘制还多，设计成本反而更高。也是因为这个原因，设计中的"错、漏、碰、缺"成为质量通病。另外，工程项目设计过程中建筑专业经常中途调整和修改平面，结构设计不得不作相应改变，而框架、剪力墙等是竖向表达的，由于专业间的表达不一致，变更设计时牵一发而动全身。如若在紧张状态下出图，往往顾此失彼，形成新的"错、漏、碰、缺"。这与传统设计方法的"不科学性"有一定联系，所以急需解决的是加快设计速度、简化设计过程，这也是形成平法的主要原因。从宏观上说，改革开放后建筑结构设计人员工作量剧增是平法形成的背景；从微观角度岗位层来说，平法是为了设计的方便。

1.1.2 平法的改革措施

根据平法的起源我们可以发现，造成设计人员设计任务繁重的原因主要有以下两点：

（1）设计人员需要将构件从结构平面图中索引出来逐个绘制配筋详图。

（2）在每个详图中绘制钢筋表，并标注钢筋型号、长度、数量、计算工程量。

为解决以上问题，需对设计工作进行改革。措施有：

（1）减少绘图工作量：实行标准化作业。

（2）减掉后期无效的工作量：不必绘制钢筋简图，不用计算钢筋长度与总工程量。

以上分析可知，平法的诞生是为了解决设计人员设计任务繁重的问题。平法构造做法主要有两大部分——平法制图规则和标准构造详图。这两大部分构造做法不属于设计工程师的创造性设计内容，通常只要直接遵照规范和借鉴某些版本的构造设计资料来绘制即可。统一平法识图规则和统一构件节点大样，不仅能够大幅提高制图的标准化率，还可以大大减少设计工程师的重复性劳动。

1.1.3　平法的概念

平法的全称为"混凝土结构施工图平面整体表示方法"，是建筑施工领域钢筋混凝土工程从设计、监理到施工各环节共同采用的高效制图方法和施工操作方法。

平法的表达形式概括来讲，是把结构构件的尺寸和配筋等，按平面整体表示方法的制图规则，直接整体表达在各类构件的结构平面布置图上，再与标准构造详图相配合，构成一套新型的、完整的结构设计方法。改变了传统的将构件从结构平面布置图中索引出来，再逐个绘制配筋详图的繁琐方法。

《混凝土结构施工图平面整体表示方法制图规则和构造详图》共计3册，分别为：《混凝土结构施工图平面整体表示方法制图规则和构造详图（现浇混凝土框架、剪力墙、梁、板）》22G101-1、《混凝土结构施工图平面整体表示方法制图规则和构造详图（现浇混凝土板式楼梯）》22G101-2、《混凝土结构施工图平面整体表示方法制图规则和构造详图（独立基础、条形基础、筏形基础、桩基础）》22G101-3。此3册图集下文分别简称为22G101-1图集、22G101-2图集、22G101-3图集或22G图集。

1.1.4　平法的特点

1．平面表示

阅读图纸场景不再由构件详图去"多图前后对应"，而是直接在一张平面图上表达。平面表示更便于数据的准确标注。

2．整体标注

建筑结构是一个整体，其所包含的柱、梁、墙、板都存在不可分割的有机联系；而平法诞生前都是"肢解"表达各个构件。平法将与表达构件相关的构件做整体表示，传递各构件不可分割的概念。

1.1.5　平法的应用

1.1.5.1　适用范围

1．构件维度

22G101-1、22G101-2、22G101-3三本图集分别有各自的使用范围：

22G101-1图集：现浇混凝土框架、剪力墙、梁、板。

22G101-2图集：现浇混凝土板式楼梯。

22G101-3图集：独立基础、条形基础、筏型基础、桩基础。

2．结构维度

（1）框架结构：框架结构是指由梁和柱以刚接或者铰接相连接而成，构成承重体系的结构，即由梁和柱组成框架共同抵抗使用过程中出现的水平荷载和竖向荷载。结构的房屋墙体不承重，仅起到围护和分隔作用，一般用预制的加气混凝土、膨胀珍珠岩、空心砖或多孔砖、浮石、蛭石、陶粒等轻质板材材料砌筑或装配而成。

（2）框剪结构：框架-剪力墙结构，俗称为框剪结构。主要结构是框架，由梁柱构成，小部分是剪力墙。墙体全部采用填充墙体，由密柱高梁空间框架或空间剪力墙所组成，在水平层建筑。框架结构带电梯时，电梯侧壁常用剪力墙。

（3）纯剪结构：剪力墙结构是用钢筋混凝土墙板来代替框架结构中的梁柱，能承担各类荷载引起的内力，并能有效控制结构的水平力，这种用钢筋混凝土墙板来承受竖向和水平力的结构称为剪力墙结构。这种结构在高层房屋中被大量运用。

（4）框支结构：常见于商业综合体，下层使用框架结构，上部使用剪力墙。下层框架尺寸较大，使用框支梁、框支柱（区别于框架柱）。带有上下层转换。

1.1.5.2　注意事项

（1）砖混结构没有专门的图集，平法虽不适用砖混结构（针对22G101-1系列图集），但可以进行借用。

（2）楼层的划分是按照层顶板标高计算，而不是层底板标高计算，与设计规范有所不同。

1.1.6　钢筋工程量计算规则解读

钢筋计算的影响因素如下：

钢筋工程量=设计图示的钢筋长度×比重（单位长度下钢筋重量）

影响构件钢筋工程量的因素如图1.1-1所示。

图1.1-1　构件钢筋影响因素

1．锚固长度

锚固长度为受力钢筋依靠其表面与混凝土的粘结作用或端部构造的挤压作用而达到设计承受应力所需要的长度，即满足构件受力不会拔出时构件钢筋伸入其他构件的深度。受拉钢筋锚固长度在平法中表示为l_a，抗震受拉钢筋锚固长度在平法中表示为l_{aE}。图集22G101-1中，由抗震等级、混凝土强度和钢筋直径控制锚固长度的最终结果，如图1.1-2和图1.1-3所示。

受拉钢筋锚固长度l_a

钢筋种类	混凝土强度等级															
	C25		C30		C35		C40		C45		C50		C55		≥C60	
	$d≤25$	$d>25$	$d≤25$	$d>25$	$d≤25$	$d>25$	$d≤25$	$d>25$	$d≤25$	$d>25$	$d≤25$	$d>25$	$d≤25$	$d>25$	$d≤25$	$d>25$
HPB300	34d	—	30d	—	28d	—	25d	—	24d	—	23d	—	22d	—	21d	—
HRB400、HRBF400、RRB400	40d	44d	35d	39d	32d	35d	29d	32d	28d	31d	27d	30d	26d	29d	25d	28d
HRB500、HRBF500	48d	53d	43d	47d	39d	43d	36d	40d	34d	37d	32d	35d	31d	34d	30d	33d

图1.1-2 受拉钢筋锚固长度（图片来源：22G101图集）

受拉钢筋抗震锚固长度l_{aE}

钢筋种类及抗震等级		混凝土强度等级															
		C25		C30		C35		C40		C45		C50		C55		≥C60	
		$d≤25$	$d>25$	$d≤25$	$d>25$	$d≤25$	$d>25$	$d≤25$	$d>25$	$d≤25$	$d>25$	$d≤25$	$d>25$	$d≤25$	$d>25$	$d≤25$	$d>25$
HPB300	一、二级	39d	—	35d	—	32d	—	29d	—	28d	—	26d	—	25d	—	24d	—
	三级	36d	—	32d	—	29d	—	26d	—	25d	—	24d	—	23d	—	22d	—
HRB400、HRBF400	一、二级	46d	51d	40d	45d	37d	40d	33d	37d	32d	36d	31d	35d	30d	33d	29d	32d
	三级	42d	46d	37d	41d	34d	37d	30d	34d	29d	33d	28d	32d	27d	30d	26d	29d
HRB500、HRBF500	一、二级	55d	61d	49d	54d	45d	49d	41d	46d	39d	43d	37d	40d	36d	39d	35d	38d
	三级	50d	56d	45d	49d	41d	45d	38d	42d	36d	39d	34d	37d	33d	36d	32d	35d

图1.1-3 受拉钢筋抗震锚固长度

★**注意**：锚固长度的确定方式：先按节点样式查找构造详图，然后从22G101-1图集中"受拉钢筋锚固长度"表直接查用。

案例01 结构抗震等级：三级；梁端部支撑在柱子上，柱子尺寸为800mm×800mm；梁柱混凝土强度等级为C25；纵筋为三级钢，直径18mm。如何确认钢筋锚固长度？

根据以上结果查表，如图1.1-4所示，钢筋锚固长度为42d。

受拉钢筋抗震锚固长度l_{aE}

钢筋种类及抗震等级		混凝土强度等级															
		C25		C30		C35		C40		C45		C50		C55		≥C60	
		$d≤25$	$d>25$	$d≤25$	$d>25$	$d≤25$	$d>25$	$d≤25$	$d>25$	$d≤25$	$d>25$	$d≤25$	$d>25$	$d≤25$	$d>25$	$d≤25$	$d>25$
HPB300	一、二级	39d	—	35d	—	32d	—	29d	—	28d	—	26d	—	25d	—	24d	—
	三级	36d	—	32d	—	29d	—	26d	—	25d	—	24d	—	23d	—	22d	—
HRB400、HRBF400	一、二级	46d	51d	40d	45d	37d	40d	33d	37d	32d	36d	31d	35d	30d	33d	29d	32d
	三级	42d	46d	37d	41d	34d	37d	30d	34d	29d	33d	28d	32d	27d	30d	26d	29d
HRB500、HRBF500	一、二级	55d	61d	49d	54d	45d	49d	41d	46d	39d	43d	37d	40d	36d	39d	35d	38d
	三级	50d	56d	45d	49d	41d	45d	38d	42d	36d	39d	34d	37d	33d	36d	32d	35d

图1.1-4 案例01查表结果

2. 搭接长度

钢筋搭接是指两根钢筋相互有一定的重叠长度，采用扎丝绑扎的连接方法，适用于较小直径的钢筋连接。这种搭接一般用于混凝土内的加强筋网，经纬均匀排列，不用焊接，只需钢丝固定。

当构件长度超出钢筋预设长度时，构件内钢筋需要做连接，这种方式称之为施工搭接。施工搭接长度可通过图纸信息和平法给定的表格进行确认，类似锚固长度的查询方式。此项在平法图集22G101-1中，也由抗震等级、混凝土强度和钢筋直径控制最终结果，如图1.1-5所示。

★**注意**：施工搭接长度确定的方式是直接按照22G101-1图集"纵向受拉钢筋抗震搭接长度l_{lE}"查用。

纵向受拉钢筋抗震搭接长度 l_{lE}

钢筋种类及同一区段内搭接钢筋面积百分率		混凝土强度等级														
		C25		C30		C35		C40		C45		C50		C55		≥C60
		d≤25	d>25	d≤25	d>25	d≤25	d>25	d≤25	d>25	d≤25	d>25	d≤25	d>25	d≤25	d>25	d≤25	d>25
一、二级抗震等级	HPB300 ≤25%	47d	—	42d	—	38d	—	35d	—	34d	—	31d	—	30d	—	29d	—
	HPB300 50%	55d	—	49d	—	45d	—	41d	—	39d	—	36d	—	35d	—	34d	—
	HRB400、HRBF400 ≤25%	55d	61d	48d	54d	44d	48d	40d	44d	38d	43d	37d	42d	36d	40d	35d	38d
	HRB400、HRBF400 50%	64d	71d	56d	63d	52d	56d	46d	52d	45d	50d	43d	49d	42d	46d	41d	45d
	HRB500、HRBF500 ≤25%	66d	73d	59d	65d	54d	59d	49d	55d	47d	52d	44d	48d	43d	47d	42d	46d
	HRB500、HRBF500 50%	77d	85d	69d	76d	63d	69d	57d	64d	55d	60d	52d	56d	50d	55d	49d	53d
三级抗震等级	HPB300 ≤25%	43d	—	38d	—	35d	—	31d	—	30d	—	29d	—	28d	—	26d	—
	HPB300 50%	50d	—	45d	—	41d	—	36d	—	35d	—	34d	—	32d	—	31d	—
	HRB400、HRBF400 ≤25%	50d	55d	44d	49d	41d	44d	36d	41d	35d	40d	34d	38d	32d	36d	31d	35d
	HRB400、HRBF400 50%	59d	64d	52d	57d	48d	52d	42d	48d	41d	46d	39d	45d	38d	42d	36d	41d
	HRB500、HRBF500 ≤25%	60d	67d	54d	59d	49d	54d	46d	50d	43d	47d	41d	44d	40d	43d	38d	42d
	HRB500、HRBF500 50%	70d	78d	63d	69d	57d	63d	53d	59d	50d	55d	48d	52d	46d	50d	45d	49d

图1.1-5　纵向受拉钢筋抗震搭接长度

案例02　筏板长度15m，单根钢筋长度9m，混凝土强度等级为C30，长度方向纵筋C20，钢筋错开百分率50%，结构三级抗震。经查表确认搭接长度为52d，如图1.1-6所示。

纵向受拉钢筋抗震搭接长度 l_{lE}

钢筋种类及同一区段内搭接钢筋面积百分率		混凝土强度等级														
		C25		C30		C35		C40		C45		C50		C55		≥C60
		d≤25	d>25	d≤25	d>25	d≤25	d>25	d≤25	d>25	d≤25	d>25	d≤25	d>25	d≤25	d>25	d≤25	d>25
一、二级抗震等级	HPB300 ≤25%	47d	—	42d	—	38d	—	35d	—	34d	—	31d	—	30d	—	29d	—
	HPB300 50%	55d	—	49d	—	45d	—	41d	—	39d	—	36d	—	35d	—	34d	—
	HRB400、HRBF400 ≤25%	55d	61d	48d	54d	44d	48d	40d	44d	38d	43d	37d	42d	36d	40d	35d	38d
	HRB400、HRBF400 50%	64d	71d	56d	63d	52d	56d	46d	52d	45d	50d	43d	49d	42d	46d	41d	45d
	HRB500、HRBF500 ≤25%	66d	73d	59d	65d	54d	59d	49d	55d	47d	52d	44d	48d	43d	47d	42d	46d
	HRB500、HRBF500 50%	77d	85d	69d	76d	63d	69d	57d	64d	55d	60d	52d	56d	50d	55d	49d	53d
三级抗震等级	HPB300 ≤25%	43d	—	38d	—	35d	—	31d	—	30d	—	29d	—	28d	—	26d	—
	HPB300 50%	50d	—	45d	—	41d	—	36d	—	35d	—	34d	—	32d	—	31d	—
	HRB400、HRBF400 ≤25%	50d	55d	44d	49d	41d	44d	36d	41d	35d	40d	34d	38d	32d	36d	31d	35d
	HRB400、HRBF400 50%	59d	64d	**52d**	57d	48d	52d	42d	48d	41d	46d	39d	45d	38d	42d	36d	41d
	HRB500、HRBF500 ≤25%	60d	67d	54d	59d	49d	54d	46d	50d	43d	47d	41d	44d	40d	43d	38d	42d
	HRB500、HRBF500 50%	70d	78d	63d	69d	57d	63d	53d	59d	50d	55d	48d	52d	46d	50d	45d	49d

图1.1-6　案例02查表结果

3. 保护层厚度

钢筋保护层是最外层钢筋外边缘至混凝土表面的距离，即箍筋外边缘至混凝土表面的距离，如图1.1-7所示。

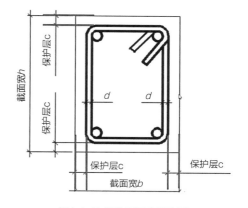

图1.1-7　保护层厚度示意图

保护层厚度的取值参考平法图集22G101-1的规范要求，22G图集给出的是保护层的最小厚度，如图1.1-8所示。

混凝土结构的环境类别	
环境类别	条件
一	室内干燥环境； 无侵蚀性静水浸没环境；
二a	室内潮湿环境； 非严寒和非寒冷地区的露天环境； 非严寒和非寒冷地区与无侵蚀性的水或土壤直接接触的环境； 严寒和寒冷地区的冰冻线以下与无侵蚀性的水或土壤直接接触的环境；
二b	干湿交替环境； 水位频繁变动环境； 严寒和寒冷地区的露天环境； 严寒和寒冷地区冰冻线以上与无侵蚀性的水或土壤直接接触的环境；
三a	严寒和寒冷地区冬季水位变动区环境； 受除冰盐影响环境； 海风环境；
三b	盐渍土环境； 受除冰盐作用环境； 海岸环境；
四	海水环境
五	受人为或自然的侵蚀性物质影响的环境

注：1. 室内潮湿环境是指构件表面经常处于结露或湿润状态的环境。
2. 严寒和寒冷地区的划分应符合现行国家标准《民用建筑热工设计规范》GB 50176的有关规定。
3. 海岸环境和海风环境宜根据当地情况，考虑主导风向及结构所处迎风、背风部位等因素的影响，由调查研究和工程经验确定。
4. 受除冰盐影响环境是指受到除冰盐盐雾影响的环境；受除冰盐作用环境是指被除冰盐溶液溅射的环境以及使用除冰盐地区的洗车房、停车楼等建筑。
5. 混凝土结构的环境类别是指混凝土暴露表面所处的环境条件。

混凝土保护层的最小厚度（mm）		
环境类别	板、墙	梁、柱
一	15	20
二a	20	25
二b	25	35
三a	30	40
三b	40	50

注：1. 表中混凝土保护层厚度指最外层钢筋外边缘至混凝土表面的距离，适用于设计工作年限为50年的混凝土结构。
2. 构件中受力钢筋的保护层厚度不应小于钢筋的公称直径。
3. 一类环境中，设计工作年限为100年的结构最外层钢筋的保护层厚度不应小于表中数值的1.4倍；二、三类环境中，设计工作年限为100年的结构应采取专门的有效措施；四类和五类环境类别的混凝土结构，其耐久性要求应符合国家现行有关标准的规定。
4. 混凝土强度等级为C25时，表中保护层厚度数值应增加5mm。
5. 基础底面钢筋的保护层厚度，有混凝土垫层时应从垫层顶面算起，且不应小于40mm。

混凝土结构的环境类别 混凝土保护层的最小厚度	图集号	22G101-2
审核 郗锐东	校对 高志强	页
	设计 曹波	2-1

图1.1-8 保护层平法规定

4. 弯钩增加长度

为了增加钢筋与构件混凝土的握裹力，需要在钢筋的端头部位设置弯钩，所增加的长度就是钢筋的弯钩增加长度，如图1.1-9所示。

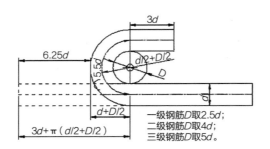

一级钢筋D取2.5d；
二级钢筋D取4d；
三级钢筋D取5d。

图1.1-9 弯钩增加长度

（1）钢筋实际长度

钢筋实际长度=弯弧段+平直段-原始长度=$\pi(d/2+D/2)+3d-(d+D/2)$

（2）钢筋比重

钢筋比重为单位长度（m）下钢筋的重量。

钢筋每米重量计算方式如下：

钢筋每米的重量（kg）=0.00617×钢筋的直径（mm）×钢筋的直径（mm）

即钢筋重量与直径的平方成正比。

钢筋理论重量（kg）≈0.00785×钢筋截面面积

≈0.00785×π×钢筋半径（mm）×钢筋半径（mm）

钢筋理论重量如图1.1-10所示。

钢筋理论重量表（米）

直径d (mm)	理论重量 (kg/m)	横截面积 (cm²)	直径倍数（mm）									
			3d	6.25d	8d	10d	12.5d	20d	25d	30d	35d	40d
4	0.099	0.126	12	25	32	40	50	80	100	120	140	160
5	0.154	0.196	15	32	40	50	63	100	125	150	175	200
6	0.222	0.283	18	38	48	60	75	120	150	180	210	240
8	0.395	0.503	24	50	64	80	100	160	200	240	280	320
9	0.490	0.636	27	57	72	90	113	180	225	270	315	360
10	0.617	0.785	30	63	80	100	125	200	250	300	350	400
12	0.888	1.131	36	75	96	120	150	240	300	360	420	480
14	1.208	1.539	42	88	112	140	175	280	350	420	490	560
16	1.578	2.011	48	100	128	160	200	320	400	480	560	640
18	1.998	2.545	54	113	144	180	225	360	450	540	630	720
19	2230	2.835	57	119	152	190	238	380	475	570	665	760
20	2.466	3.142	60	125	160	200	250	400	500	600	700	800
22	2.984	3.800	66	138	176	220	275	440	550	660	770	880
24	3.551	4.524	72	150	192	240	300	480	600	720	840	960
25	3.850	4.909	75	157	200	250	313	500	625	750	875	1000
26	4.170	5.309	78	163	208	260	325	520	650	780	910	1040
28	4.830	6.158	84	175	224	280	350	560	700	840	980	1120
32	6.310	8.043	96	200	256	320	400	640	800	960	1120	1280
34	7.130	9.079	102	213	272	340	425	680	850	1020	1190	1360
35	7.550	9.620	105	219	280	350	438	700	875	1050	1225	1400
36	7.990	10.179	108	225	288	360	450	720	900	1080	1200	1440
40	9.865	12.566	120	250	320	400	500	800	1000	1200	1400	1600

图1.1-10 钢筋理论重量

（3）弯曲量度差值

钢筋计算时有3种不同的长度衡量方式，分别为内边长度、中心长度和外皮长度，内边长度不经常使用，外皮长度和中心长度较常用（图1.1-11）。

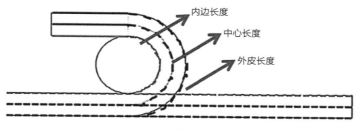

图1.1-11 弯曲量度差值示意

弯曲量度差值可理解为外皮量度尺寸与中心线量度尺寸的长度差，计算公式为：

弯曲量度差值（弯曲调整值)=外皮长度-中心线长度

钢筋工程量计算有两种汇总方式：一是按中心线汇总，二是按外皮长度汇总。具体选用哪种计算方法需要建设方和施工方提前约定。

1.1.7 钢筋计算示例

钢筋计算示例如图1.1-12所示。

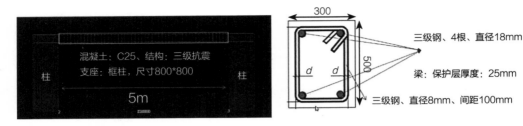

图1.1-12 钢筋计算示例

1.1.7.1 查询已知信息，梳理计算思路

钢筋锚固长度查图1.1-3，为42d，箍筋无；

搭接长度：纵筋无，箍筋无（梁长小于定尺长度，无搭接）；

保护层厚度：25mm（已知）；

弯钩增加长度：单个13.57d（135°弯折，按计算公式可得）；

钢筋比重：18mm：2kg/m；8mm：0.395kg/m；

弯曲量度差值：纵筋无，箍筋的弯曲量度差值为3×2.29d×8。

1.1.7.2 计算梁钢筋工程量

1．纵筋工程量计算

单根纵筋长度=净长+2×锚固=5000+42×18×2=6512mm

纵筋根数：4根（图1.1-2）

纵筋工程量=根数×单根长度×比重=4×6.512×2=52.096kg

2．箍筋工程量计算

单根箍筋长度=宽度×2+高度×2+2个弯曲调整

　　　　　　=(300-2×25)×2+(500-2×25)×2+2×13.57×8=1617.12mm

（如无规定，默认按照外皮计算）

中心线长度按"中心线长度=以上结果-3个量度差值"计算，则，

中心线长度=1562.12mm

箍筋根数按"（长度-起步距离）/间距，并向上取整+1"计算，则，

箍筋根数=（5000-100）/100+1=50根

箍筋工程量：

（1）按外皮长度计算，箍筋工程量=根数×单根长度×比重

　　　　　　　　　　=50×1.61712×0.395=31.938kg

（2）按中心线长度计算，箍筋工程量=根数×单根长度×比重

　　　　　　　　　　=50×1.56216×0.395=30.853kg

1.2 算量准备

1.2.1 案例介绍

1.2.1.1 工程概况

为使本书内容更加贴合实际，下文选取一套实际工程图纸进行讲解，工程概况如表1.2-1所示。

工程概况　　　　　　　　　　　　　　　　表1.2-1

序号	内容项	概况
1	工程名称	广联达科技股份有限公司员工宿舍
2	建筑类型	居住建筑
3	建筑用途	住宅
4	地上及地下层数	地上19层，地下3层
5	建筑面积	11624.36m²
6	檐高	54.2m
7	结构类型	剪力墙结构
8	抗震等级	三级抗震
9	设防烈度	7度
10	室外地坪相对于 ± 0.000 标高	-0.3m

1.2.1.2 案例的选择

选择此案例作为本书的配套案例，是因为该案例是工程中常见的结构形式，涵盖了初学者应掌握的构件，主体结构构件、二次结构构件及装饰装修做法也完全遵循实际，可1:1还原实际工程中会遇到的各类问题且难度适中。

1.2.1.3 案例图纸的获取

为便于书籍内容的学习以及同步实操，可扫描图1.2-1中的二维码获取本案例图纸。

图1.2-1 本书案例图纸下载二维码

1.2.1.4 工程效果图

图1.2-2所示为本工程南立面效果图。本工程采用广联达BIM土建计量平台GTJ2021（下文简称为GTJ2021）算量，广联达云计价平台GCCP6.0（下文简称为GCCP6.0）计价，模型效果如图1.2-3所示。

图1.2-2 南立面效果图

图1.2-3 GTJ2021案例效果图展示

1.2.2 GTJ2021基本信息

1.2.2.1 软件信息

（1）基本信息：指会影响所有构件工程量计算结果的信息，包含新建工程界面的工程信息及工程设置界面的基本设置、土建设置、钢筋设置等信息。

（2）私有信息：指仅影响单个或相关构件工程量计算结果的信息，如梁构件的尺寸、配筋、标高等信息。

1.2.2.2 新建工程实操

1. 输入工程名称

按实际工程的"项目名称"输入即可，以便于文件管理，如图1.2-4所示。

2. 选择计算规则

（1）清单规则

按照《建设工程工程量清单计价规范》GB 50500—2013（下文简称为"《13清单计价规范》"）的规定，全部使用国有资金投资或以国有资金投资为主的建设工程的施工发承包，必须采用工程量清单计价。非国有资金投资的建设工程宜采用工程量清单计价。施工方可根据招标文件以及合同文件判断计价方式，如表1.2-2所示。

图1.2-4 新建工程

合同文件清单定额选择

表1.2-2

4.1.2	封套上写明	招标人名称：某置业有限公司 招标人地址：某地区XX路XXX号 某住宅小区8号、13号住宅楼工程施工
4.2.2	递交投标文件地点	地点：某公共资源交易中心
4.2.3	是否退还投标文件	否
5.1	开标时间和地点	开标时间：同投标截止时间； 开标地点：同递交投标文件地点
5.2	开标程序	密封情况检查：投标人相互检查 开标顺序：按签到顺序
6.1.1	评标委员会的组建	评标委员会构成：5人 评标专家确定方式：专家库随机抽取
7.1	是否授权评标委员会确定中标人	是
7.3.1	履约担保	履约担保的形式：无 履约担保的金额：无
10	需要补充的其他内容	
10.1	承包方式	包工包料
10.2	报价依据	本项目需由投标人依据招标文件、提供的工程量清单、图纸及现场自行踏勘情况，依据《建设工程工程量清单计价规范》GB50500—2013和《山东省建设工程工程量清单计价规则》（2011年）自主报价
10.3	招标控制价	设招标控制价，详见本招标文件附件
10.4	拟派项目经理要求	拟派项目经理未担任其他在建设工程，中标后必须到岗，认真履行职责，现场项目经理与中标项目经理不一致的，建设行政主管部门按有关规定严厉查处

根据表1.2-2招标文件中的报价依据，可以看出采用的是清单计价方式。

（2）定额规则

列完清单并输入清单工程量，清单价格显示为"0"，这是因为清单本身是没有价格的，需进行定额组价，只有完成组价后的清单才会有价格，所以清单计价时既要选择清单规则，又要选择定额规则。

（3）选择规则

以"《房屋建筑与装饰工程计量规范计算规则》（2013-山东）"为例，规则名称后的年份、省份一般表示该规则发布的年份及适用地区，在此处表示本规则为2013年发布，适用于山东地区的工程；如需要更新则到"广联达G+"工作台下载安装。

（4）选择清单库与定额库

计算规则选定后，对应的清单库和定额库会随之匹配，清单库与定额库的选择不影响算量的计算结果。选择了清单库与定额库后可以在算量软件中套取清单项和定额项，套取好的做法也可以导入计价软件，当然也可以只算量，在计价软件套做法。

（5）选择平法规则

平法规则是表示混凝土结构施工图平面整体表示方法，影响钢筋工程量的计算，结构图纸说明会标注当前工程采用的平法规则，一定要按照图纸进行平法规则的选择，以保证计算结果的准确性，如图1.2-5所示。

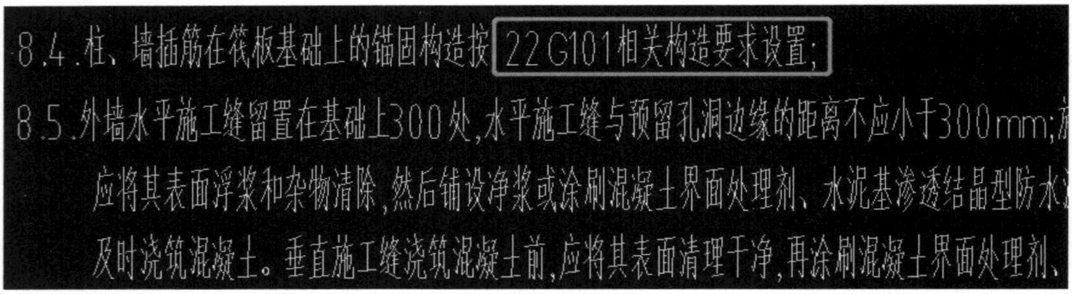

图1.2-5 结构图设计说明

（6）选择汇总方式

软件提供了两种汇总方法——按外皮计算和按中轴线计算。对于平直的钢筋，外皮长度等于中轴线长度，但对于有弯钩的钢筋，钢筋弯曲后会发生变化，外皮长度大于中轴线长度（图1.2-6）。两种计算方式得出的钢筋长度是不同的，故应根据当地的定额说明选择计算方式，如定额没有特殊说明，则根据招标文件要求或者甲乙双方的合同约定来选择。

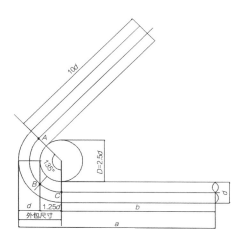

图1.2-6　钢筋长度示意

1.2.3　GTJ2021工程设置

1.2.3.1　工程信息

1. 蓝色字体信息

蓝色字体信息会影响工程量计算结果。

（1）抗震等级：抗震等级影响钢筋锚固搭接长度。檐高、结构类型、设防烈度输入的信息会影响抗震等级的信息，如果自动关联的抗震等级和图纸要求不一致，可以直接修改抗震等级，如表1.2-3所示。

现浇钢筋混凝土房屋的抗震等级　　　　　　　表1.2-3

结构类型		烈度						
		6		7		8		9
框架结构	高度（m）	≤30	>30	≤30	>30	≤30	>30	≤25
	框架	四	三	三	二	二	一	一
	剧场、体育馆等大跨度公共建筑	三		二		一		一
框架-抗震墙结构	高度（m）	≤60	>60	≤60	>60	≤60	>60	≤50
	框架	四	三	三	二	二	一	一
	抗震墙	三		二		一		一
抗震墙结构	高度（m）	≤80	>80	≤80	>80	≤80	>80	≤60
	抗震墙	四	三	三	二	二	一	一
部分框支抗震墙结构	抗震墙	三		二		二		一
	框支层框架	二		二		一		一

续表

结构类型			烈度			
			6	7	8	9
简体结构	框架-核心筒	框架	三	二	一	一
		核心筒	二	二	一	一
	筒中筒	外筒	三	二	一	一
		内筒	三	二	一	一
板柱-抗震墙结构	板柱的柱		三	二	一	一
	抗震墙		二	二	二	

（2）室外地坪相对±0的标高：该标高影响土方计算，因此需要注意自然标高的确定，招投标时可按设计室外地坪标高，结算时可按自然标高（自然标高是指施工单位进场时的标高）。

2. 黑色字体信息

黑色字体信息不会影响工程量。但越详细越好，方便文件管理。

建筑面积信息不影响工程量，根据此信息，软件可以进行【指标分析】。工程信息的软件输入方式如图1.2-7所示。

	属性名称	
1	□ 工程概况:	
2	工程名称:	案例--剪力墙工程
3	项目所在地:	
4	详细地址:	
5	建筑类型:	居住建筑
6	建筑用途:	住宅
7	地上层数(层):	
8	地下层数(层):	
9	裙房层数:	
10	建筑面积(m²):	11624.36
11	地上面积(m²):	(0)
12	地下面积(m²):	(0)
13	人防工程:	无人防
14	檐高(m):	54.2
15	结构类型:	剪力墙结构
16	基础形式:	筏形基础
17	□ 建筑结构等级参数:	
18	抗震设防类别:	
19	抗震等级:	三级抗震
20	□ 地震参数:	
21	设防烈度:	7
22	基本地震加速度（g）:	
23	设计地震分组:	
24	环境类别:	
25	□ 施工信息:	
26	钢筋接头形式:	
27	室外地坪相对±0.000标高(m):	-0.3
28	基础埋深(m):	
29	标准层高(m):	
30	冻土厚度(mm):	0
31	地下水位线相对±0.000标高(m):	-2
32	实施阶段:	招投标

图1.2-7 现浇钢筋混凝土房屋的抗震等级

1.2.3.2 楼层设置

1. 单项工程

在一个工程文件里新建多个单体楼，可以点击【楼层设置】对话框左侧的【添加】，如图1.2-8所示。

图1.2-8　添加单项工程

2. 楼层列表

软件默认包含首层和基础层，如插入地下楼层，鼠标放在基础层的位置点击【插入楼层】；如插入地上楼层，鼠标放在首层位置点击【插入楼层】；如楼层建立有误，鼠标放在对应楼层位置点击【删除楼层】。

（1）标高概念：

建筑标高：在相对标高中，凡是包括装饰层厚度的标高，称为建筑标高，注写在构件的装饰层面上。

结构标高：在相对标高中，凡是不包括装饰层厚度的标高，称为结构标高，注写在构件的底部，是构件的安装或施工高度。在楼层设置时遵照结构标高，首层底标高参照结构图纸。

（2）层高概念：楼层层高按楼层表对照输入。

无地下室时：基层层高是从首层设计底标高到基础底标高，如图1.2-9所示。

有地下室时：基层层高是从基础顶标高到基础底标高，如图1.2-10所示。

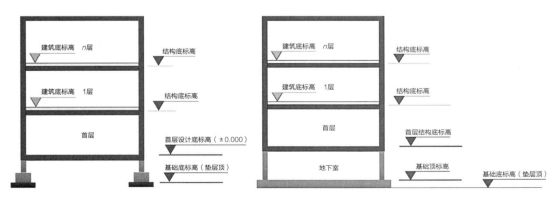

图1.2-9　无地下室　　　　　　　　　　　图1.2-10　有地下室

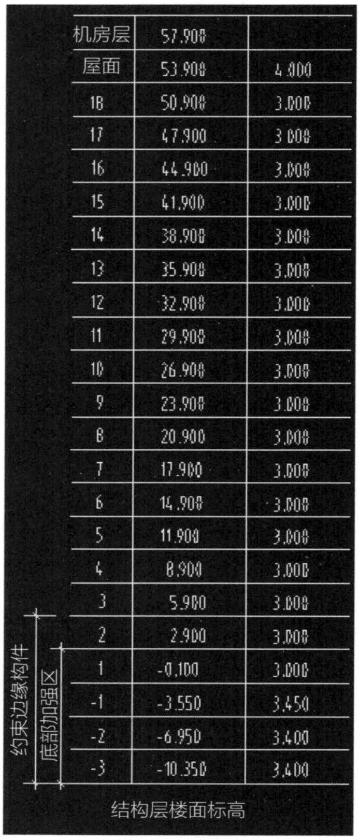

机房层	57.900	
屋面	53.900	4.000
18	50.900	3.000
17	47.900	3.000
16	44.900	3.000
15	41.900	3.000
14	38.900	3.000
13	35.900	3.000
12	32.900	3.000
11	29.900	3.000
10	26.900	3.000
9	23.900	3.000
8	20.900	3.000
7	17.900	3.000
6	14.900	3.000
5	11.900	3.000
4	8.900	3.000
3	5.900	3.000
2	2.900	3.000
1	-0.100	3.000
-1	-3.550	3.450
-2	-6.950	3.400
-3	-10.350	3.400

图1.2-11 结构层高

（3）案例图纸楼层信息依次录入，如图1.2-11所示。

（4）楼层列表注意事项：在正常绘制工程时，不建议设置相同层数和板厚。

3. 楼层混凝土强度和锚固搭接设置

按照工程图纸信息调整抗震等级、混凝土强度等级及保护层厚度，锚固搭接信息软件会根据内置平法图集判断。注意修改哪层，鼠标就放到对应楼层上；如根据图纸信息得到多个楼层的信息是相同的，则可选择【复制到其他楼层】，快速复用已修改的信息，如图1.2-12所示。

1.2.3.3 土建和钢筋设置

土建钢筋计算设置遵照甲乙双方明确的文件，如未明确，可以采用默认设置。

（1）钢筋搭接设置：实际工程中，钢筋的定尺长度以9m最为常见，也有12m，软件中通常按9m设置。常见的钢筋连接方式以经济性为原则，直径较小的钢筋（14mm以下）采用绑扎搭接，直径16～22mm的钢筋采用对焊连接或电渣压力焊连接，直径25mm以上的钢筋采用机械连接。柱中钢筋的连接方式最为常见的是“电渣压力焊”。

（2）土建计算规则：软件内置清单计算规则和定额计算规则，内置构件和构件间的扣减关系，计算规则一般按默认信息，不用修改。

楼层混凝土强度和锚固搭接设置 (案例工程 第3层, 5.95 ~ 8.95 m)

	抗震等级	混凝土强度等级	混凝土类型	砂浆强度等级	砂浆类型	HPB235(A) ...
垫层	(非抗震)	C15	半干硬砼砾...	M10	水泥砂浆...	(39)
基础	(非抗震)	C30	半干硬砼砾...	M10	水泥砂浆...	(30)
基础梁 / 承台梁	(一级抗震)	C30	半干硬砼砾...			(35)
柱	(一级抗震)	C35	半干硬砼砾...	M10	水泥砂浆...	(32)
剪力墙	(一级抗震)	C30	半干硬砼砾...			(35)
人防门框墙	(一级抗震)	C30	半干硬砼砾...			(35)
暗柱	(一级抗震)	C30	半干硬砼砾...			(35)
端柱	(一级抗震)	C30	半干硬砼砾...			(35)
墙梁	(一级抗震)	C30	半干硬砼砾...			(35)
框架梁	(一级抗震)	C30	半干硬砼砾...			(35)
非框架梁	(非抗震)	C30	半干硬砼砾...			(30)

基本锚固设置	复制到其他楼层	恢复默认值(D)	导入钢筋设置	导出钢筋设置

图1.2-12 复制到其他楼层

（3）比重设置：按默认信息设置。

（4）弯钩设置：合同文件中有明确说明的，应按合同文件执行。当勾选"按工程抗震考虑"时，非框架梁箍筋的平直段长度是按抗震11.9d计算的，这因为工程信息中设置为三级抗震；当勾选"按图元抗震"时，因为图元属性中非框架梁设置为非抗震构件，所以非框架梁箍筋的平直段长度计算结果是按6.9d考虑的，如图1.2-13和图1.2-14所示。对于非抗震类构件的弯钩平直段两种不同方式的选择，钢筋计算结果不同，因此具体工程如何选择按合同文件约定。

1.2.3.4 弯曲调整值设置

在软件中可以按照默认信息，无需调整。

1.2.3.5 损耗设置

因为钢筋损耗在消耗量定额中已体现，所以在软件中按"不计算损耗"进行设置。

14	檐高(m):	54.2
15	结构类型:	剪力墙结构
16	基础形式:	筏形基础
17	⊟ 建筑结构等级参数:	
18	抗震设防类别:	
19	抗震等级:	三级抗震
20	⊟ 地震参数:	
21	设防烈度:	7

图1.2-13 工程抗震

	抗震等级	混凝土强度等级
暗柱	(三级抗震)	C25
端柱	(三级抗震)	C25
墙梁	(三级抗震)	C25
框架梁	(三级抗震)	C25
非框架梁	(非抗震)	C25
现浇板	(非抗震)	C25

图1.2-14 图元抗震

1.2.4 GTJ2021轴网建立

1.2.4.1 软件界面介绍

GTJ2021的建模界面分为5个部分，每个部分的作用如图1.2-15所示。

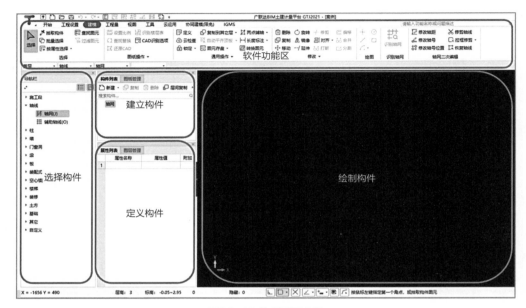

图1.2-15 软件界面介绍

1.2.4.2 轴网实操

轴网是现场定位构件的参考线，而辅助轴线是某一个楼层的局部轴线，没有轴号，因此在建立轴网时可先不创建辅助轴线，后期绘制具体构件时再绘制"辅助轴线"。

在实际工程中绘制轴网，根据有无电子版图纸分为以下两种情况。

1. 无电子版图纸

无电子版图纸时，需手工新建轴网，操作步骤为：导航栏选择轴网构件→构件列表创建轴网→定义界面手动输入各方向轴距生成轴网。

★**注意：**在任何楼层创建轴网均可，其余楼层会同步创建结果，如图1.2-16所示。

2. 有电子版图纸

有电子版图纸时，可以直接识别电子版图纸中的轴网，但在绘制轴网之前要进行图纸处理。图纸处理顺序为：图纸管理→添加图纸→设置比例→分割图纸（手动、自动）→定位。

图纸处理完成后则可以识别图纸中的轴网，具体操作步骤如下：

（1）添加图纸。将CAD图纸导入软件中，如图1.2-17所示。

（2）设置比例。当CAD图导入后，如比例不正确，可使用该功能重新设置比例。图纸上存在不同部位且比例不同时，可以通过多次设置比例来正确识别，不需要重复导入。

（3）导入图纸后，在菜单栏"建模"页签的"CAD操作"分栏，点击"设置比例"。

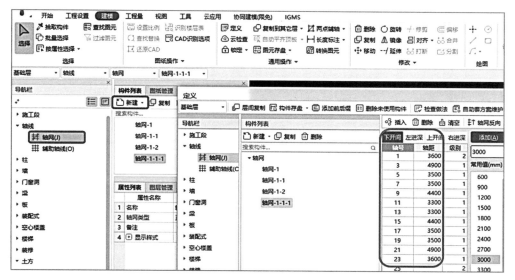

图1.2-16 手工新建轴网

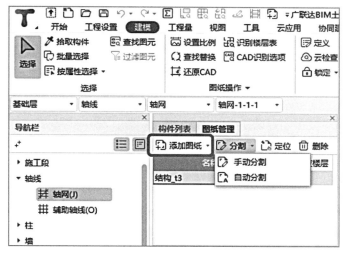

图1.2-17 分割图纸

（4）根据软件下方状态栏提示，利用鼠标点取图纸中任意两轴号间的两点，软件自动量取两点距离。

（5）如果量取的距离与实际不符，则在对话框中输入两点间实际尺寸，点击"确定"，软件即可自动调整比例。

（6）分割图纸。若一个工程的多个楼层、多种构件类型放在一个电子CAD文件中，为方便识别，需把各个楼层的图纸单独拆分出来，这时就可以用此功能，逐个分割图纸，再在相应的楼层分别选择这些图纸进行识别操作。

（7）点击【图纸管理】【分割】，下拉选择【自动分割】，软件会自动查找图纸边框线和图纸名称，自动分割图纸，若找不到合适名称会自动为图纸命名。

（8）点击【图纸管理】【分割】，下拉选择【手动分割】，然后在绘图区域拉框选择要分割的图纸，按软件下方状态栏提示操作。

（9）【定位图纸】。图纸分割完成后，需定位CAD图纸，使构件之间以及上下层之间的构件位置重合。点击"定位"，在CAD图纸上选中定位基准点，再选择定位目标点；或打开动态输入，输入坐标原点（0，0）完成定位，快速形成所有图纸中构件的对应位置关系。

说明：若创建好了轴网，对整个图纸使用"移动"命令也可以实现图纸定位。

（10）CAD识别轴网操作步骤：提取轴线→提取标注→识别，如图1.2-18所示。

图1.2-18 识别轴网操作流程

拓展知识1：【锁定】可以防止CAD图纸信息被修改，如需修改可【解锁】，如图1.2-19所示。

拓展知识2：【分割】图纸，目的是使图纸和楼层对应，如图1.2-19所示。

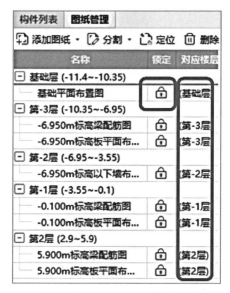

图1.2-19 解锁和对应楼层示意

习　题

一、选择题

1.【多选】使用GTJ新建工程时，钢筋汇总方式的选择以下说法正确的是（　　）

　　A．根据定额说明选择　　　　　　　B．根据双发约定选择

　　C．随便选择　　　　　　　　　　　D．根据图纸要求选择

　　正确答案：AB

2．工程采用22G平法图集还是16G平法图集一般在哪里可以找到（　　）

　　A．图纸的建筑说明　　　　　　　　B．首层平面布置图

　　C．图纸的结构说明　　　　　　　　D．楼层表

　　正确答案：C

3．【多选】以下哪些信息影响工程量计算（　　）

　　A．工程名称　　　　　　　　　　　B．计算规则

　　C．清单库定额库　　　　　　　　　D．汇总方式

　　正确答案：BD

二、问答题

1．工程名称录入的注意事项是什么？

2．清单规则、定额规则选择的依据是什么？

3．手工新建轴网的步骤是什么？

4．钢筋规则中的汇总方式选择的依据是什么？对工程量的影响是什么？

扫码观看
本章小结视频

1.3 基础部分算量

1.3.1 筏板基础算量

1.3.1.1 平法规则解析

1. 筏板基础

建筑物上部荷载较大而地基承载力较弱时，简单的独立/条形基础已不能适应地基变形的需要，这时将基础连成一片，整个建筑物的荷载传递到一块整板上，这个整板则称为筏板基础。筏板基础现场施工如图1.3-1所示。

图1.3-1 筏板基础现场施工图

2. 筏形基础分类

筏形基础根据构件中是否有梁区分为两大类：内部有梁为"梁板式筏形基础"，内部无梁为"平板式筏形基础"，如图1.3-2所示。

（a）梁板式筏形基础

（b）平板式筏形基础

图1.3-2 筏形基础分类

图1.3-3 三类梁板式筏形基础分类

（1）梁板式筏形基础

梁板式筏形基础由基础主梁（JL）、基础次梁（JCL）、基础平板（LPB）组成。按梁和筏板的位置关系，梁板式筏形基础分为低位板、高位板、中位板三类（图1.3-3）。

低位板：筏板顶标高低于基础梁顶标高，底标高相同；高位板：筏板底标高高于基础梁底标高，顶标高相同；中位板：筏板在基础梁的中部位置。

（2）平板式筏形基础

平板式筏形基础可按一块平板整体配筋（上部钢筋网＋下部钢筋网），此时平板用BPB表示。也可按上部构件传下来的荷载大小进行针对性配筋，分为柱下板带（ZXB）和跨中板带（KZB）两个配筋区域（图1.3-4），此时柱承受上部构件的荷载，将荷载传递给筏板，故筏板承受的荷载分布不均匀。柱下板带（阴影区域）所承受的荷载较大，加大配筋；跨中板带（白色区域）承受荷载较小，减少配筋。

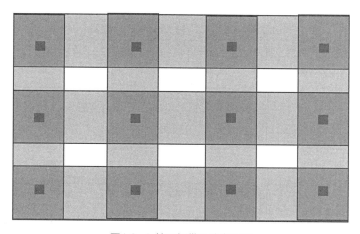

图1.3-4 柱下板带及跨中板带

3. 倒楼盖概念

正常楼盖即楼板和梁，承受的是人活动和家具产生的荷载，建筑物的荷载通过筏板自上向下传递给地基，根据作用力和反作用力的原理，地基对筏板有自下向上的反作用力，所以筏板受力情况与楼盖板受力情况相反，称为倒楼盖，如图1.3-5所示。

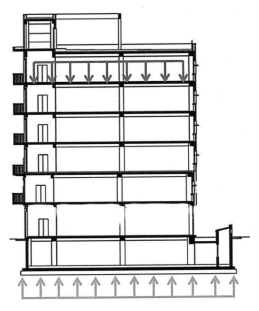

图1.3-5 倒楼盖受力示意

4．平板式筏形基础的平法标注

22G101-3图集中平板式筏形基础的平法标注包含集中标注及原位标注，如图1.3-6所示。

平板式筏形基础平板BPB标注说明

集中标注说明：集中标注应在双向均为第一跨引出		
注写形式	表达内容	附加说明
BPB××	基础平板编号，包括代号和序号	为平板式筏形基础的基础平板
h=××××	基础平板厚度	

X: B×××@×××;
  T×××@×××; (4B)
Y: B×××@×××;
  T×××@×××; (3B)
	*x*或*y*向底部与顶部贯通纵筋强度级别、直径、间距（跨数及外伸情况）	底部纵筋应有不少于1/3贯通全跨，注意与非贯通纵筋组合设置的具体要求，详见制图规则．顶部纵筋应全跨贯通，用B引导底部贯通纵筋，用T纵筋，用T引导顶部贯通纵筋．(××A)：一端有外伸；(××B)：两边均有外伸；无外伸则仅注跨数。自左至右为*x*向，从下至上为*y*向

板底部附加非贯通筋的原位标注说明：原位标注应在基础梁下相同配筋跨的第一跨下注写		
注写形式	表达内容	附加说明
⊗×××@×××(×、××A、××B) ———————————— ×××× 柱中线	底部附加非贯通纵筋编号、强度等级、直径、间距（相同配筋横向布置的跨数及有无布置到外伸部位）；自支座边线分别向两边跨内的伸出长度值	当向两侧对称伸出时，可只在一侧注伸出长度值．外伸部位一侧的伸出长度与方式按标准构造，设计不注．相同非贯纵筋可只注写一处，其他仅在中粗虚线上注写编号．与贯通纵筋组合设置时的具体要求详见相应制图规则
注写修正内容	某部位与集中标注不同的内容	原位标注的修正内容取值优先
注：板底支座处实际配筋为集中标注的板底贯通筋与原位标注的板底附加非贯通纵筋之和。 图注中注明的其他内容见制图规则第5.5.2条；有关标注的其他规定详见制图规则。		

图1.3-6 平板式筏形基础平板BPB标注说明

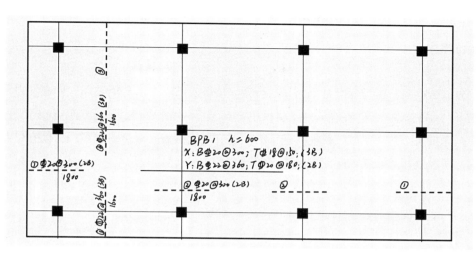

图1.3-7 平板式筏形基础平法标注案例

下文结合图1.3-7所示案例进行具体分析。

平法中有集中标注及原位标注两种标注形式。集中标注在图中通过一个引线引出，体现共性信息，适用于任何位置，例如图1.3-7的案例中筏板厚度为600mm，即筏板任何位置厚度都是600mm。原位标注在图中标注在对应位置上，属于个性信息。

（1）集中标注内容

图1.3-7所示的案例中"BPB"为筏板代号，表示平板式筏形基础的基础平板，筏板代号还有柱下板带（ZXB）和跨中板带（KZB）；X和Y代表两个方向，一般X代表水平方向，Y代表垂直方向；B和T是Bottom和Top的英文首字母，分别代表底部配筋及顶部配筋；Φ为一级钢、Φ为三级钢；@代表间距。如X：BΦ20@300代表X方向底部配置直径为20的三级钢筋间距为300mm；（3B）代表3跨两端外伸，一端外伸用A表示（图1.3-8）。图1.3-7所示的案例中X方向有4根柱子，柱子相当于支座，支座与支座之间为1跨，共3跨；Y方向有3根柱子，共2跨，X向和Y向均有外伸，配筋范围X向为（3B）、Y向为（2B），故X向和Y向的配筋均铺满整块筏板。

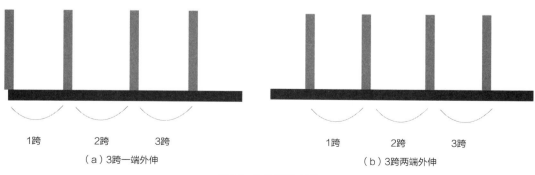

（a）3跨一端外伸　　　　　　　　　　（b）3跨两端外伸

图1.3-8 跨数示意图

（2）原位标注内容

原位标注可用来表达筏板支座处的配筋信息。筏板原位标注的配筋在筏板的顶部还是底部？

首先分析楼盖，楼盖承受自上而下的荷载，楼板底部承受正弯矩破坏，支座位置承受负弯矩破坏（图1.3-9），简单理解为：楼板下方有破坏趋势，需配置板底筋；支座位置有上翘风险，为抵抗上翘，支座负筋配置在板的顶部。在倒楼盖的概念中讲到，筏板的受力与楼盖相反，所以筏板负筋应该布置在筏板底部。

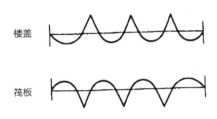

图1.3-9 楼盖及筏板受力弯矩图

图1.3-7所示的案例中"①Φ20@300（2B）"表达1号筏板负筋配置直径为20间距为300mm的三级钢筋，布置范围是Y方向2跨两端外伸；原位标注中的1800，表达的是筏板负筋从支座线往外1800mm的长度，左侧无标注，为缺省标注，与右侧为对称关系，即与右侧标注相同，为1800。

5. 板带平法标注（了解）

板带平法标注在下方，整体表达基础的厚度，阴影区为柱下板带，非阴影区为跨中板带，如图1.3-10所示。

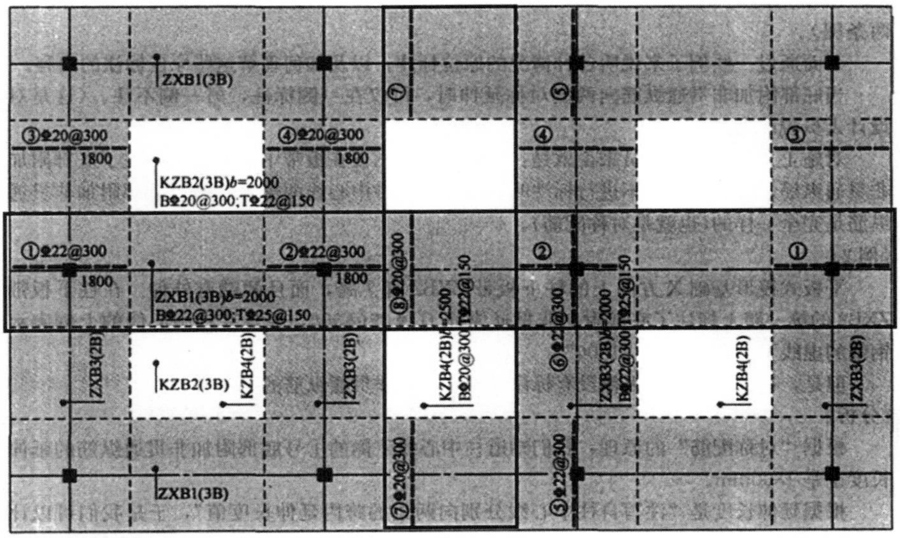

筏形基础平板厚度h=400mm

图1.3-10 板带案例

案例中，"ZXB1（3B）b=2000"表示柱下板带1为3跨两端外伸（图1.3-10中水平方向框范围），柱下板带的宽度是2000mm；"KZB4（2B）b=2500"表示跨中板带4为2跨两端外伸（图1.3-10中垂直方向框范围），跨中板带的宽度是2500mm，配筋信息与平板式筏形基础相同，在此不再赘述。

1.3.1.2　案例图纸分析

1. 找图

案例工程图纸中找"结施04-基础平面布置图"，此图纸中包括了筏板基础的所有尺寸信息及配筋信息，如图1.3-11所示。

2. 识图

（1）根据图纸描述，本工程基础类型为筏板基础，图纸中可依据平面布置确定筏板轮廓，如图1.3-12所示。

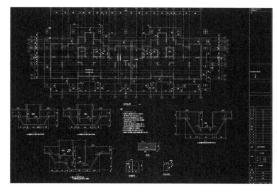

图1.3-11　基础平面布置图

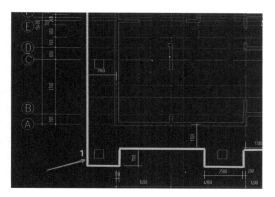

图1.3-12　筏板基础外轮廓线示意图

（2）可依据"筏板剖面示意图"（图1.3-13）确认筏板标高及筏板厚度：筏板顶标高为-10.35m；筏板厚度为1050mm。

（3）依据"筏板平面示意图"可确认筏板底部及顶部均布置双向钢筋网，范围铺满整块筏板，如图1.3-14所示。

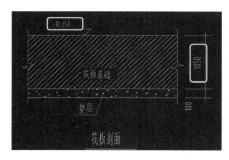

图1.3-13　筏板剖面示意图

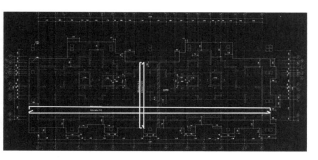

图1.3-14　筏板平面示意图

图1.3-15 筏板配筋信息示意图

通过平面标注信息（图1.3-15）可确认本案例工程中底部及顶部钢筋信息：顶部通长筋X向⚂20@200、Y向⚂20@200；底部通长筋X向⚂20@200、Y向⚂20@200。

（4）依据"基础平面布置图"中的说明信息，确认筏板其他钢筋信息，如筏板封边钢筋信息及阳角钢筋信息，如图1.3-16所示。

图1.3-16 筏板封边筋及阳角筋信息示意图

说明中筏板采用U形箍构造封边方式，侧面封边筋为⚂10@200；筏板阳角位置底部设置5⚂16钢筋，具体位置如图1.3-17所示。

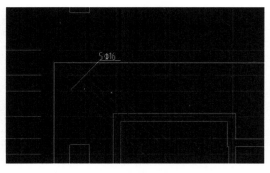

图1.3-17 筏板阳角筋信息平面示意图

1.3.1.3 筏板基础算量实操

软件操作建模主要有两种方式——手工建模、CAD导图建模。CAD导图建模主要处理主体构件，建模效率高。

本节为基础工程，主要使用手工建模方法，依据软件建模构件三步曲：新建→修改属性→绘制构件，即完成建模，如图1.3-18所示。

图1.3-18 软件手工建模构件三步曲

新建：新建构件，如新建筏板构件。

修改属性：属性列表中的属性按图纸信息进行修改，如修改筏板厚度及标高等。

绘制构件：按平面图位置绘制构件，如根据筏板范围绘制筏板构件。

1. 筏板基础建模流程

（1）筏板基础新建

第一步，楼层切换到基础层，模块导航栏构件选择筏板基础。

第二步，点击【新建】，新建筏板基础，如图1.3-19所示。

（2）筏板基础属性修改

在软件定义开始之前需了解影响筏板工程量的属性，包括如下内容：

1）筏板基础厚度、混凝土强度（本案例为C35）。在属性列表（图1.3-20）下完成筏板相关属性定义并进行填写。厚度：1050mm；顶标高：层底标高+1.05（楼层设置中基础层底标高就是基础底标高）；混凝土强度已在工程设置中统一修改，软件会自动按照设置匹配完成。

图1.3-19 筏板新建

图1.3-20 筏板属性定义

2）马凳筋。马凳筋属于措施钢筋，实际工程中甲方企业在招标中一般不单独考虑马凳筋，此项应该由施工企业在组织方案中自行考虑，投标时在相应直径的综合单价中体现；但施工企业在投标报价中，需要考虑计算这部分。结合软件了解马凳筋参数设置及计算方式，如图1.3-21所示。

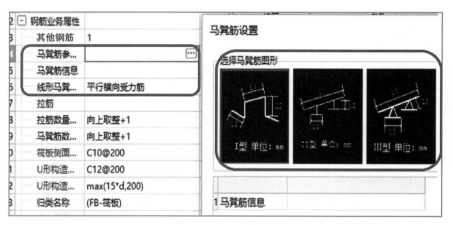

图1.3-21 筏板基础钢筋业务属性——马凳筋

其中Ⅰ型马凳筋一般适用于楼板，楼板厚度在100mm左右；Ⅱ型、Ⅲ型马凳筋常用于厚度较大的筏板基础。对于马凳筋长度计算，一般可参考当地相关定额的要求，本案例中以山东定额为例，马凳筋长度可按照"板厚+200"进行考虑。选型后在对应L1/L2/L3的位置输入相关长度信息。

Ⅰ型马凳筋可按梅花布置，如Φ8@600×600；Ⅱ型、Ⅲ型马凳筋一般按线形排布，如Φ8@1000。当采用Ⅱ型、Ⅲ型马凳筋时可按施工组织设计选择线形马凳筋排布方向，如平行横向受力筋或平行纵向受力筋（图1.3-22），本工程暂不设置马凳筋。

线形马凳筋方向	平行横向受力筋 ▼	☐
拉筋	平行横向受力筋	☐
拉筋数量计算方式	平行纵向受力筋	☐

图1.3-22 筏板基础钢筋业务属性——线形马凳筋

3）图纸中筏板基础的阳角筋信息为"5C16"（图1.3-17），软件中可以在【自定义钢筋】下进行绘制或在筏板钢筋业务属性【其他钢筋】中进行处理。本案例在筏板基础【其他钢筋】中输入：

①筋号输入"阳角筋"或"1"。

②输入钢筋信息，直径"Φ16"。

③钢筋长度可根据施工组织设计确定，或者通过CAD快速看图中【测量】→【对齐】

功能，量取长度为3422mm，可取整为3500mm。

④一个阳角布置5根阳角筋，需要计算阳角数量，实际工程中一般在大阳角处设置阳角筋，小阳角处不设置。根据基础平面布置图，上面8个大阳角布置阳角筋，共40根。阳角筋设置如图1.3-23所示。

图1.3-23　筏板基础阳角钢筋软件处理

4）封边钢筋。平法图集中封边构造有两种：第一种U形构造封边，筏板上下部钢筋弯折12d，再利用U形钢筋（也叫作U形卡箍）在侧边封边，U形筋弯折为≥15d且≥200mm，同时侧面设置侧面构造钢筋；第二种利用筏板上下部钢筋交错搭接150mm做封边，同时侧面也会设置侧面构造钢筋。如图1.3-24所示。

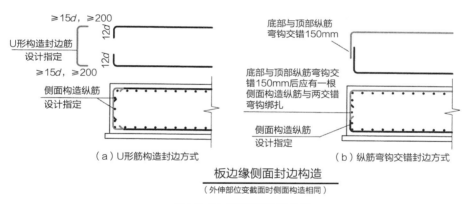

图1.3-24　筏板端部封边构造

根据图纸说明，本工程中筏板封边钢筋采用U形封边构造。U形封边钢筋及侧面钢筋，可在筏板属性中直接输入图纸信息，侧面封边钢筋为Φ10@200，U形封边钢筋信息图纸中未标注，需要与设计沟通进行填写，本工程可先按Φ12@200进行设置计算。U形封边弯折软件按照平法规定的max（15d，200）进行相关计算，如图1.3-25所示。

20	筏板侧面纵筋	Φ10@200
21	U形构造封边钢筋	Φ12@200
22	U形构造封边钢筋弯折长度(mm)	max(15*d,200)

图1.3-25　筏板封边钢筋属性定义

筏板基础的弯折在基础构件的【节点设置】中默认为"节点1"，端部弯折12d（图1.3-26）。如果工程采用的是第二种封边构造方式，软件中可在【计算设置】→【节点设置】下选择基础构件，在筏板基础端部外伸的上部钢筋构造及下部钢筋构造均选择"节点2"，软件即可按照交错搭接150mm进行封边钢筋的计算，如图1.3-26所示。

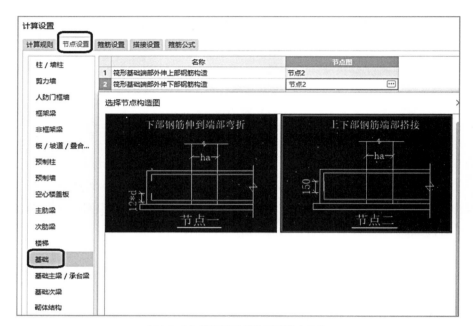

图1.3-26 筏板基础封边钢筋节点构造

5）保护层厚度及混凝土强度。根据【楼层设置】信息自动设置完成（图1.3-27），如有不同，按图纸信息单独修改。如果筏板底部、侧面、顶部保护层不一样，则可在筏板保护层厚度属性中按"底/侧/顶"格式录入，例如"40/40/25"。

图1.3-27 筏板保护层及混凝土强度等级

对于不影响工程量的属性，如筏板材质、混凝土的类型、混凝土外加剂、泵送类型、支撑类型和模板类型等可按实际填写。这些属性虽不影响工程量但会影响清单定额的选择，影响组价，建议按实际图纸信息进行填写。

（3）筏板基础绘制

筏板基础构件绘制功能相对简单，没有识别的功能，绘制时如有电子图纸，可依据图纸筏板平面位置示意轮廓（图1.3-12），使用【直线】绘图命令，连接CAD图上筏板的各个角点（CAD图的准备工作可参考1.2节），完成筏板基础绘制，如图1.3-28所示。

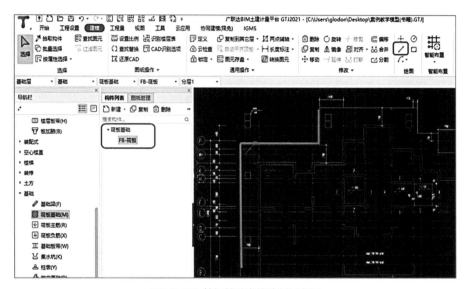

图1.3-28　筏板基础直线绘制示意图

如实际工程中无电子图纸，可结合纸质图纸，通过【平行辅轴】功能确定筏板外边线，通过【直线】功能进行筏板绘制；如不使用辅轴方式，也可在【直线】绘制过程中使用万能偏移键"shift+鼠标左键"的功能完成角点的位置确认。

2. 筏板主筋建模流程

（1）筏板主筋新建

筏板主筋的创建在软件中有两种方式，一种是手工绘制，另一种是CAD识图。

本工程筏板配筋简单，推荐使用手工绘制的方式。按软件建模构件三步曲"新建→修改属性→绘制构件"的方式进行处理：导航栏切换到筏板主筋，【新建】→新建筏板主筋，根据图纸信息（图1.3-15）新建两个筏板主筋，类别分别为底筋和面筋，修改筏板主筋的钢筋信息，如图1.3-29所示。

（2）筏板主筋绘制

筏板主筋绘制流程：布置受力筋→单板→XY向→双层双向布置→钢筋信息录入。

首先选择【布置受力筋】，再选择钢筋布置范围【单板】，最后选择筏板布置方式，由于X向和Y向均有主筋，选择【XY向】布置，鼠标点击筏板内部，会弹出【智能布置】框，

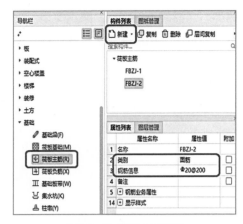

图1.3-29 筏板主筋新建

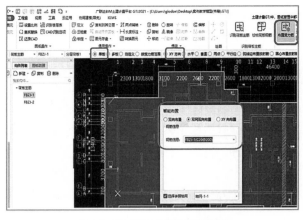

图1.3-30 筏板主筋绘制示意图

由于底部和顶部钢筋网钢筋信息相同，选择【双层双向布置】，下拉选择钢筋信息，如图1.3-30所示。

（3）筏板主筋识别

识图流程：点击【识别筏板主筋】→提取筏板钢筋线→提取筏板钢筋标注→提取支座线（筏板边线）→点选识别筏板主筋→选择钢筋线→检查钢筋类别及钢筋信息→右键确认→左键选择筏板→识别完成，如图1.3-31所示。

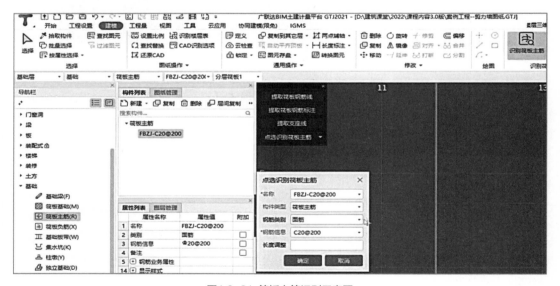

图1.3-31 筏板主筋识别示意图

1.3.1.4 查量核量

本节主要计算筏板的混凝土和钢筋工程量，筏板的模板、防水、脚手架（超过一定高度需计算）等工程量，从建模的角度属于筏板的附属构件，将在本书第2章计价内容中讲解。

1．筏板混凝土工程量

（1）工程量计算规则

1）清单工程量计算规则：《房屋建筑与装饰工程工程量计算规范》GB 50854—2013（下文简称为《13清单计量规范》）中，筏板的计算规则是按设计图示尺寸以体积计算，不扣除深入承台基础的桩头所占的体积（图1.3-32）。

表E.1 现浇混凝土基础（编号：010501）

项目编码	项目名称	项目特征	计量单位	工程量计算规则	工作内容
010501001	垫层	1．混凝土类别； 2．混凝土强度等级	m³	按设计图示尺寸以体积计算。不扣除构件内钢筋、预埋铁件和伸入承台基础的桩头所占体积	1．模板及支撑制作、安装、拆除、堆放、运输及清理模内杂物、刷隔离剂等； 2．混凝土制作、运输、浇筑、振捣、养护
010501002	带形基础				
010501003	独立基础				
010501004	满堂基础				
010501005	桩承台基础				
010501006	设备基础	1．混凝土类别； 2．混凝土强度等级； 3．灌浆材料、灌浆材料强度等级			

图1.3-32 混凝土基础计算规则

伸入承台基础的桩头指的是，当桩直径或桩截面边长＜800mm时，桩顶嵌入承台50mm；当桩直径或桩截面边长≥800mm时，桩顶嵌入承台100mm（图1.3-33）。按清单计量规则，桩嵌入承台部分体积不扣除。

2）定额计算规则：以《山东省建筑工程消耗量定额》SD 01-31—2016（下文简称为《山东2016定额》）为例，满堂基础，按设计图示尺寸以体积计算。

综上所述，无论是清单规则还是定额规则，筏板混凝土工程量均是按图示尺寸以体积计算。

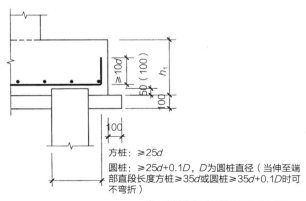

方桩：≥25d
圆桩：≥25d+0.1D，D为圆桩直径（当伸至端部直段长度方桩≥35d或圆桩≥35d+0.1D时可不弯折）

注：当桩直径或桩截面边长小于800mm时，桩顶嵌入承台50mm；
当桩直径或桩截面边长大于或等于800mm时，桩顶嵌入承台100mm。

图1.3-33 桩嵌入承台构造

（2）手算方法

$$筏板混凝土工程量=底面积×筏板基础厚度-集水坑所占体积$$

1）底面积。

①纯手算，将筏板切割为多个矩形，手算多个矩形底面积，然后进行累加。

②CAD快速看图软件有测量面积功能，通过CAD快速看图中【测量】→【面积】功能（图1.3-34），点击筏板基础外围框的角点，封闭后自动输出结果，底面积=822.4433m²。

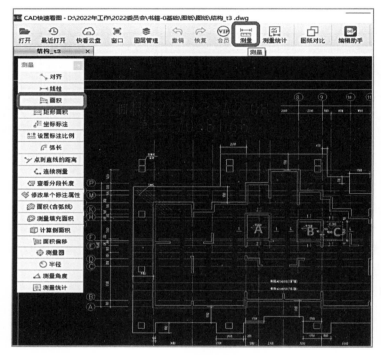

图1.3-34　CAD快速看图中量面积

2）筏板基础厚度=1.05m。

3）左侧集水坑和右侧集水坑是对称的，左侧3个集水坑分别命名为"A/B/C"（图1.3-34），计算集水坑面积，再乘以筏板基础厚度（集水坑深度＞筏板厚度），即算出筏板所需扣除的集水坑体积。

①通过"基础平面布置图"上的"1-1剖面"（图1.3-51）和"2-2剖面"（图1.3-52）读取集水坑宽度和长度分别为2.02m和2.52m，则

$$2个集水坑A所占体积=2.02×2.52×1.05×2=10.68984m^3$$

②通过"基础平面布置图"上的"4-4剖面"（图1.3-54）和"1-1剖面"读取集水坑宽度和长度分别为2.22m和2.02m，则

$$2个集水坑B所占体积=2.22×2.02×1.05×2=9.41724m^3$$

③通过"基础平面布置图"上的"4-4剖面"和"3-3剖面"（图1.3-56）读取集水坑宽

度和长度分别为1.79m和2.02m，则

$$2个集水坑C所占体积=1.79\times2.02\times1.05\times2=7.59318m^3$$

④集水坑所占体积=10.68984+9.41724+7.59318=27.70026m^3。

4）筏板混凝土体积=822.4433×1.05−27.70026=835.8652m^3。

手算与电算结果对比：软件中通过【查看工程量】查看筏板混凝土工程为835.8671m^3（图1.3-35），与手算结果相差0.0019m^3，计算机计算方式与手算方式不同，可忽略此差值。

查看构件图元工程量

构件工程量　做法工程量

◉清单工程量　○定额工程量　☑显示房间、组合构件量　☑只显示标准层单层量　□显示施工段归类

	楼层	名称	工程量名称							
			体积（m³）	模板面积（m²）	斜面面积（m²）	底部面积（m²）	水平投影面积（m²）	外墙外侧筏板平面面积（m²）	直面面积（m²）	脚手架面积（m²）
1	基础层	FB-筏板	835.8671	0	0	666.6066	822.4451	270.1876	179.2151	179.2151
2		小计	**835.8671**	**0**	**0**	**666.6066**	**822.4451**	**270.1876**	**179.2151**	**179.2151**
3	合计		835.8671	0	0	666.6066	822.4451	270.1876	179.2151	179.2151

图1.3-35　筏板基础混凝土软件计算结果

2．筏板钢筋工程量

本书选取具有代表性的位置进行钢筋计算，主要学习手算方法。

（1）钢筋工程量计算规则

1）清单计算规则：《13清单计量规范》中现浇构件钢筋工程量按设计图示以“钢筋长度乘以钢筋单位理论质量”计算。图1.3-36下方“注①”中注明，除设计（包括规范规定）标明的搭接外，其他施工搭接不计算工程量，在综合单价中进行考虑。

表E.15　钢筋工程（编号：010515）

项目编码	项目名称	项目特征	计量单位	工程量计算规则	工作内容
010515001	现浇构件钢筋	钢筋种类、规格	t	按设计图示钢筋（网）长度（面积）乘以单位理论质量计算	1．钢筋制作、运输； 2．钢筋安装； 3．焊接
010515002	钢筋网片				1．钢筋网制作、运输； 2．钢筋网安装； 3．焊接
010515003	钢筋笼				1．钢筋笼制作、运输； 2．钢筋笼安装； 3．焊接

注：①现浇构件中伸出构件的锚固钢筋应并入钢筋工程量内，除设计（包括规范规定）标明的搭接外，其他施工搭接不计算工程量，在综合单价中综合考虑。
②现浇构件中固定位置的支撑钢筋、双层钢筋用的“铁马”在编制工程量清单时，其工程数量可为暂估量，结算时按现场签证数量计算。

图1.3-36　钢筋工程计算规则

2）定额计算规则：以《山东2016定额》为例，计算钢筋工程量时，设计规定钢筋搭接的，按规定搭接长度计算；设计、规范未规定的，已包括在钢筋的损耗率之内，不另计算搭接长度。

无论是清单工程量计算规则，还是定额工程量计算规则，都提到钢筋设计搭接和施工搭接两个概念，并且均规定设计搭接计算工程量，施工搭接不计算工程量。

①施工搭接：钢筋出厂长度一般是9m或12m，本工程筏板长度超过50m，超过钢筋的出厂长度，需要由多根钢筋连接而成，如果是绑扎连接，就会有搭接长度，这个搭接就是施工搭接。按工程量计算规则，施工搭接不计算工程量。

②设计搭接：按设计给定的搭接为设计搭接，例如图集中给定了柱子伸出嵌固部位及楼面甩筋的长度（图1.3-37），上层钢筋需要与甩筋进行搭接，这个搭接就是设计搭接。按工程量计算规则，设计搭接长度计算工程量。

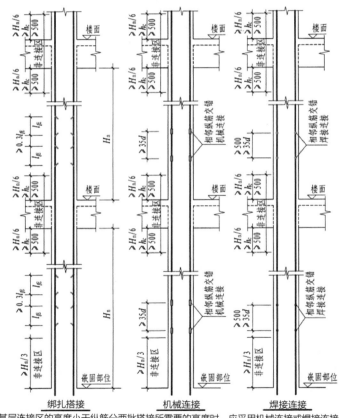

当某层连接区的高度小于纵筋分两批搭接所需要的高度时，应采用机械连接或焊接连接。

图1.3-37 平法柱纵向钢筋连接构造

（2）手算方法

1）筏板主筋

本工程筏板钢筋为双网双向，即筏板上部和下部设置两个钢筋网，筏板X方向、Y方向、底部及顶部配筋均为"Φ20@200"；筏板封边构造选用U形箍构造封边，侧面封边筋为"Φ10@200"；按22G101-3图集（图1.3-24），采用U形封边，筏板主筋计算到筏板边弯折12d。

筏板主筋手算范围：图中下方框内X向底筋及上方框内（集水坑范围内）Y向底筋，如图1.3-38所示。

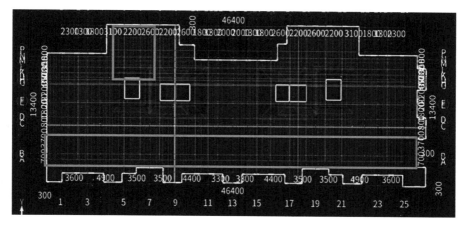

图1.3-38 手算计算范围

①X向钢筋计算

根据规则，不计算钢筋施工搭接工程量。根据平法规则（图1.3-24），筏板X向钢筋长度=筏板长度-2×筏板保护层厚度+2×筏板端部弯折（12d）。

通过CAD快速看图中测量长度的方式测量筏板长度为50000mm，筏板保护层厚度为40mm，筏板端部弯折长度为12d。

$$X向钢筋长度=50000-40×2+12×20×2=50400mm$$

钢筋比重通过软件【比重设置】（图1.3-39）查询到直径20mm的钢筋，其比重为2.47kg/m。

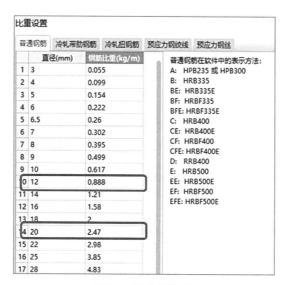

图1.3-39 钢筋比重

X向单根钢筋重量=50400/1000×2.47=124.488kg

通过CAD快速看图中测量长度的方式测量需要计算范围的筏板宽度为3500mm，筏板底筋间距为200mm，则

X向钢筋根数=3500/200=17.5根

此范围是筏板中间位置，结果向上取整，为18根（如果两侧为筏板边，计算结果需向上取整+1），则

X向计算范围内的钢筋重量=124.488×18=2240.784kg

手算与电算结果对比：通过【编辑钢筋】结合【钢筋三维】查看X向钢筋软件计算结果（图1.3-40）：钢筋长度为50400mm，根数为18，单根重量为124.488kg，总重量为2240.784kg，与手算计算结果一致。

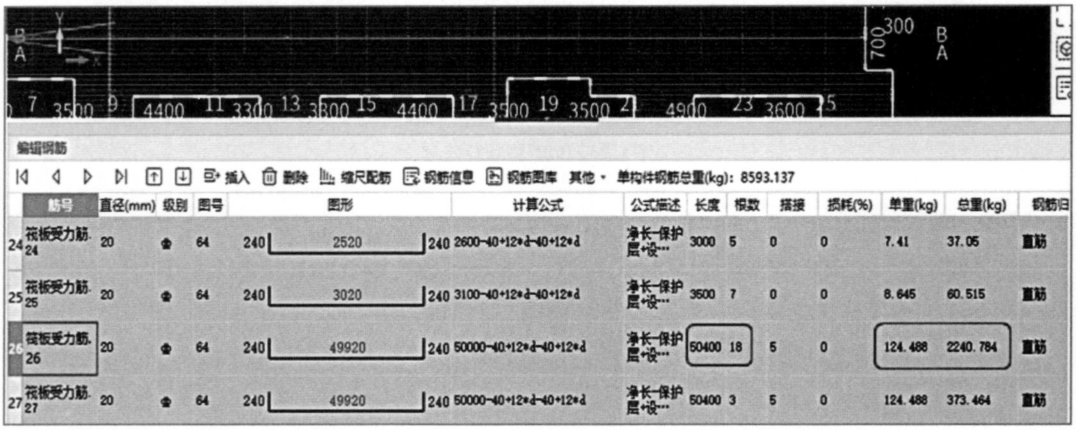

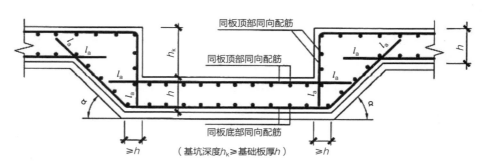

图1.3-40　X向钢筋软件计算结果

②Y向钢筋计算

Y向钢筋计算涉及与集水坑构件的扣减，首先须了解筏板钢筋遇集水坑时的钢筋构造，从22G101-3图集中可以看出（图1.3-41），筏板底筋深入基坑l_a，根据22G101-1图集（图1.3-42），筏板混凝土强度等级为C35，钢筋为三级钢，直径为20，可查询到l_a为32d。

图1.3-41　基坑构造

受拉钢筋锚固长度 l_a

钢筋种类	混凝土强度等级															
	C25		C30		C35		C40		C45		C50		C55		≥C60	
	$d{\leqslant}25$	$d{>}25$	$d{\leqslant}25$	$d{>}25$	$d{\leqslant}25$	$d{>}25$	$d{\leqslant}25$	$d{>}25$	$d{\leqslant}25$	$d{>}25$	$d{\leqslant}25$	$d{>}25$	$d{\leqslant}25$	$d{>}25$	$d{\leqslant}25$	$d{>}25$
HPB300	$34d$	—	$30d$	—	$28d$	—	$25d$	—	$24d$	—	$23d$	—	$22d$	—	$21d$	—
HRB400、HRBF400 RRB400	$40d$	$44d$	$35d$	$39d$	$32d$	$35d$	$29d$	$32d$	$28d$	$31d$	$27d$	$30d$	$26d$	$29d$	$25d$	$28d$
HRB500、HRBF500	$48d$	$53d$	$43d$	$47d$	$39d$	$43d$	$36d$	$40d$	$34d$	$37d$	$32d$	$35d$	$31d$	$34d$	$30d$	$33d$

图 1.3-42　受拉钢筋锚固长度 l_a

CAD快速看图通过【测量】→【线性】方式测量筏板边到集水坑坑边的长度为6490mm，从集水坑2-2剖面图（图1.3-52）中读取集水坑放坡终点距离坑边1650mm，筏板边距离集水坑边距离=6490-1650=4840mm。筏板边一侧需要扣除保护层后弯折12d；则，

　　Y向钢筋长度=4840-40+12×20+32×20=5680mm

　　Y向单根钢筋重量=5680/1000×2.47=14.03kg

　　Y向钢筋根数=(2020+1650×2)/200（向上取整）=27

　　Y向计算范围内的钢筋重量=14.03×27=378.81kg

手算与电算结果对比：Y向钢筋软件计算结果（图1.3-43）：钢筋长度为5680mm，根数为27，单根重量为14.04kg，总重量为378.81kg，与手算计算结果一致。

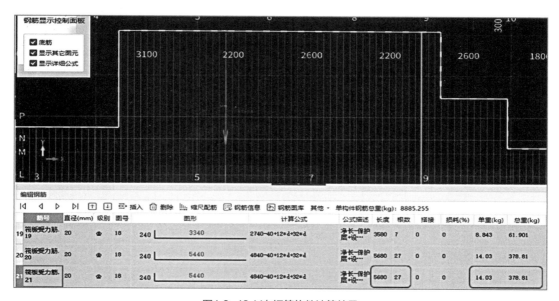

图1.3-43　Y向钢筋软件计算结果

2）筏板U形封边钢筋

U形封边钢筋布置在筏板边，本工程U形封边钢筋信息未注明，需要与设计院确认，暂且按软件中输入的⊈12@200计算。22G101-3图集（图1.3-24）中，U形封边钢筋弯折≥15d且≥200mm，故弯折长度为200mm。则，

U形封边钢筋长度=筏板厚度-2×筏板保护层厚度+2×max（15d，200）

=1050-40×2+2×200=1370mm

U形封边钢筋单根重量=1370/1000×0.888（图1.3-39）=1.217kg

U形封边钢筋沿着筏板外边以间距200mm进行布置，按计算规则，需按每边边长除以间距，计算结果"向上取整+1"的方式计算根数。

为方便计算，按筏板周长除以间距，计算结果向上取整，在此基础之上增加筏板的角点数量。但此计算结果会比软件结算结果少，因为每边边长向上取整得到的钢筋根数会大于整体边长向上取整的根数。通过CAD快速看图【测量】面积时，同时给出周长的长度为170681.68mm（图1.3-34），共54个角点。则

U形封边钢筋数量=170681.68/200+54=908根

U形封边钢筋重量=1.217×908=1105.036kg

手算与电算结果对比：筏板构件【编辑钢筋】中，U形封边钢筋长度为1370mm，单根重量为1.217kg，根数为917根，比手算结果多9根，总重为1115.989kg（图1.3-44），这是由于手算和软件计算的方法不同。

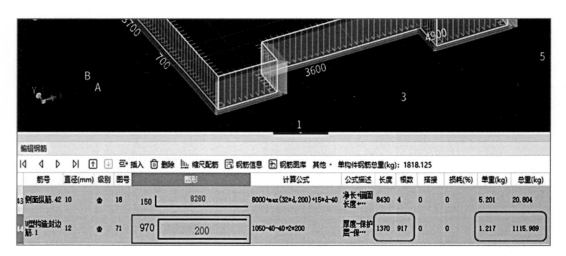

图1.3-44 筏板U形筋软件计算结果

3）筏板侧面钢筋

①筏板侧面钢筋水平布置在筏板边（图1.3-24），本工程筏板侧面钢筋信息为"Φ10@200"，沿着筏板高度范围内排布，根数计算应按"（筏板厚度-2×筏板保护层厚度）/筏板侧面钢筋间距"，计算结果"向上取整+1"。由于在筏板顶部和底部有筏板主筋，故侧面钢筋需扣除两根主筋位置数量，即2根，则，

侧面钢筋根数=（1050-2×40）/200（向上取整+1）-2=4根

②侧面钢筋长度计算，图集中没有给定侧面钢筋的构造，手算时可根据具体的施工方案进行计算。软件中侧面钢筋是每边分别计算长度：阳角处，侧面钢筋计算到筏板边弯折

图1.3-45　软件中侧面钢筋构造

$15d$；阴角处，侧面钢筋深入承台满足$\max$（l_a，200），如图1.3-45所示。

1.3.1.5　知识拓展

1. 筏板的马凳（图1.3-46）的级别型号及布置方式，在结构说明及平法中均找不到相关说明，是设计不完善或表达不充分吗？

筏板马凳是保证上下两排钢筋网片位置正确的一种保障措施，其材质可以是钢筋、水泥或是塑料。马凳具体采用何种材质、型号、布置方式属于施工单位的自由，也是其施工水平的体现，应在施工组织设计文件中体现。

图1.3-46　筏板马凳现场图片

设计人员只要保证结构安全、整体性好、达到设计目的即可，对于这种起措施作用的钢筋，是没有设计要求的。

平法图集规定了构件的平法制图规则及标准构造详图，对措施性的钢筋没有明确要求。

2. 聚苯板软垫层是筏板下都有吗？布置在筏板上部还是下部？作用是什么？

聚苯板软垫层布置在车库防水板下面，独立基础和条形基础不敷设，主楼下的筏板也不敷设，如图1.3-47所示。

主楼可以理解为恒荷载，即趋于稳定的荷载，而车库相反，承受车辆等带来的动荷载，

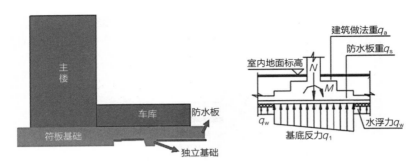

图1.3-47 软垫层敷设位置示意

导致车库下的防水板有上下活动的趋势。基础的防水是从筏板、防水板及独立基础的底部开始往上翻，包裹整体地库，敷设至勒脚以上一定距离，而车库防水板上下活动的趋势有可能对防水造成破坏，需要在车库防水板的下面铺设软垫层缓冲荷载，防止荷载对防水层造成破坏，所以软垫层的本质作用是防止防水层的撕裂。

独立基础上面是柱子，也属于恒荷载，所以独立基础和主楼筏板下方均不敷设软垫层。

3. 筏板基础的砖胎膜需要拆除吗？功能目的是什么？

砖胎膜是由标准砖砌筑，具有一定强度之后再进行混凝土的浇筑工作，充当了模板的作用，砖胎膜常设置在难以拆除的部位，所以浇筑完混凝土之后不拆除，如图1.3-48所示。

图1.3-48 砖胎膜现场图

砖胎膜有两个作用：

（1）砖胎膜对防水层起到保护作用：基础的防水是从筏板、防水板及独立基础的底部开始往上翻，包裹整体地库，敷设至勒脚以上一定距离，无论是木模板还是钢模板，其在拆除过程中容易对防水产生破坏，如果使用砖胎膜，防水可以直接贴到砖胎膜的侧壁，因为砖胎膜不拆除，对防水就起到一个保护作用，除此之外，砖胎膜还可以防止开挖土方过程中沙石滚落对防水的破坏。

（2）砖胎膜砌筑完成后，增加了筏板侧应力，辅助筏板基础可以更好地成型；如果使用木模板或钢模板，都是通过拼接的形式敷设，筏板混凝土工程量大，侧压力大，在拼缝处造成漏浆，而砖胎膜可以防止大体积混凝土的漏浆。

1.3.2 集水坑算量

1.3.2.1 案例图纸分析

1. 找图

案例工程图纸中找"结施04-基础平面布置图"（图1.3-11）；在平面图纸中包括了集水坑及电梯基坑的位置，剖面图包括了集水坑及电梯基坑的尺寸信息、配筋信息、锚固信息。

2. 识图

（1）结合软件中集水坑示意图（图1.3-49），了解基坑剖面图的各尺寸信息：

1）出边距离指坑壁至放坡起点距离。

2）放坡底宽指放坡起点至放坡终点水平长度。

3）某些工程图纸中通过放坡角度设置基坑坡度，放坡角度指坑底面与放坡面之间的夹角。

4）坑板顶标高指集水坑坑底的实际标高。

5）X向钢筋一般指集水坑底板水平方向配筋，分为底筋和面筋；Y向钢筋一般指集水坑底板垂直方向配筋，分为底筋和面筋。

6）斜面钢筋指集水坑斜边范围内的配筋；坑壁水平筋指集水坑侧壁范围内配筋。

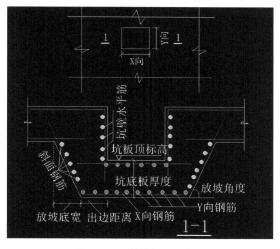

图1.3-49 基坑剖面示意图

（2）⑤轴-⑦轴、E轴-J轴处电梯基坑JSK-左1（坑A）识图

1）本工程中⑤轴-⑦轴、E轴-J轴处电梯基坑，可通过CAD快速看图中【测量】→【线性】功能标注平面尺寸，或者通过剖面图查看，其平面尺寸长×宽为2020mm×2520mm，筏板顶标高为-10.35m，坑底标高-11.9m，坑深1.55m，如图1.3-50所示。

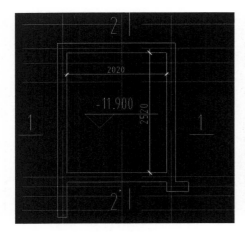

图1.3-50 电梯基坑左1平面尺寸示意图

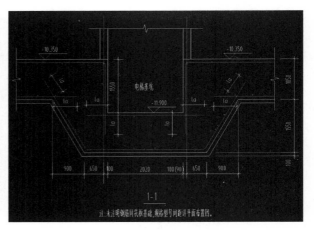

图1.3-51 集水坑1-1剖面示意图

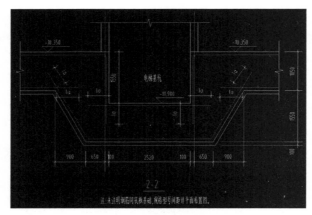

图1.3-52 集水坑2-2剖面示意图

2）据图纸描述本工程中⑤轴-⑦轴、E轴-J轴处电梯基坑配筋信息及其他尺寸信息详见剖面图，水平剖面为剖面1-1（图1.3-51），垂直剖面为剖面2-2（图1.3-52）。

本工程图纸说明中提到电梯基坑配筋信息未注明"钢筋同筏板基础，规格、型号、间距详见平面布置图"（图1.3-11）。筏板配筋信息为：上层通长筋X向±20@200、Y向±20@200；下层通长筋X向±20@200、Y向±20@200；故JSK-左1配筋XY向底筋、XY向面筋、XY向斜面钢筋及坑壁水平筋均为±20@200，锚固长度l_a。

3）剖面1-1（图1.3-51）中显示电梯基坑坑板顶标高为-11.9m，坑底边出边距离750mm，放坡底宽为900mm。

（3）⑧轴-⑩轴、E轴-G轴处电梯基坑JSK-左2（坑B）识图

1）本工程中⑧轴-⑩轴、E轴-G轴处电梯基坑JSK-左2平面尺寸长×宽为2020mm×2020mm，筏板顶标高-10.35m，坑底标高为-11.9m，坑深1.55m，如图1.3-53所示。

2）本工程中⑧轴-⑨轴、E轴-G轴处基坑配筋信息及其他信息详见水平剖面图4-4（图1.3-54）及垂直剖面图1-1（图1.3-51）。

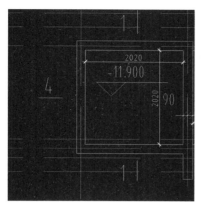

图1.3-53 电梯基坑左2平面尺寸示意图

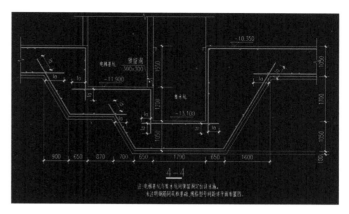

图1.3-54 集水坑4-4剖面示意图

集水坑配筋信息未注明"钢筋同筏板基础，其钢筋的规格、型号、间距详见平面布置图"（图1.3-11），故JSK-左2配筋XY向底筋、XY向面筋、XY向斜面钢筋及坑壁水平筋均为Φ20@200，锚固长度l_a。

3）剖面4-4（图1.3-54）中左侧坑为JSK-左2的剖面，显示电梯基坑坑板顶标高为-11.9m，坑底边出边距离650mm，放坡底宽为900mm。

（4）⑧轴-⑩轴、E轴-G轴处电梯基坑JSK-左3（坑C）识图

1）本工程中⑨轴-⑩轴、E轴-G轴处电梯基坑依图1.3-55所示，平面尺寸长×宽为1800mm×2020mm；筏板顶标高为-10.35m，坑底标高为-13.1m，深度为2.75m。

2）本工程中⑨轴-⑩轴、E轴-G轴处电梯基坑配筋信息详见水平剖面图4-4（图1.3-54）及垂直剖面图3-3（图1.3-56）。

集水坑配筋信息未注明"钢筋同筏板基础，其钢筋的规格、型号、间距详见平面布置图"（图1.3-11），故JSK-左3配筋中XY向底筋、XY向面筋、XY向斜面钢筋及坑壁水平筋均为Φ20@200，锚固长度l_a。

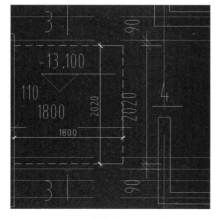

图1.3-55 基坑左3平面示意图

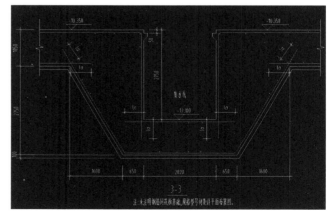

图1.3-56 集水坑3-3剖面示意图

3）剖面3-3（图1.3-56）中显示电梯基坑坑板顶标高为-13.1m，坑底边出边距离650mm，放坡底宽为1600mm。

1.3.2.2 集水坑算量实操

集水坑建模在软件中依据软件建模构件三步曲"新建→修改属性→绘制构件"进行（图1.3-18）。图纸中电梯基坑及集水坑只是叫法不同，在软件中都用集水坑构件处理。

1. 集水坑新建流程

（1）构件导航栏切换到集水坑构件中，新建时分为3种类型：矩形集水坑（俯视时坑的平面图形为矩形）、异形集水坑（俯视时坑的平面图形为异形）、自定义集水坑（可直接在筏板上绘制集水坑形状）。根据集水坑平面俯视图看到的尺寸，本工程新建矩形集水坑，如图1.3-57所示。

图1.3-57 集水坑新建示意图

（2）图纸描述本工程中所涉及的集水坑均为矩形集水坑，依据图纸位置我们从左向右依次新建并修改名称为JSK-左1、JSK-左2、JSK-左3。

2. 集水坑修改属性

（1）JSK-左1电梯基坑（矩形集水坑）新建后依据图纸信息完成属性填写，如图1.3-58所示。

1）JSK-左1中输入：截面长度2020mm、截面宽度2520mm、坑底边出边距离750mm，坑底板厚度=(1550+1050)-1550=1050mm。

2）关于坑板顶标高建议不要直接输入绝对标高（-11.9m），在软件设置中可输入基础层层底标高的相对标高，基础层层底标高为-11.4m，故坑板顶标高为：（层底标高-0.5）m。

3）图纸中给定了放坡底宽，输入时下拉选择放坡底宽，宽度为900mm。

4）图纸中集水坑配筋信息未注明钢筋同筏板基础，JSK-左1电梯基坑中涉及的XY向底

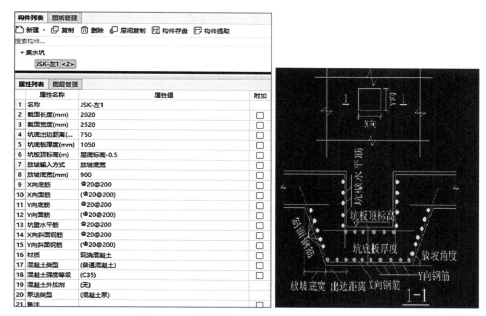

图1.3-58 电梯基坑JSK-左1属性定义示意图

筋、XY向面筋、XY向斜面钢筋及坑壁水平筋均为ϕ20@200。

5）集水坑钢筋属性定义中还有另外一个便捷的方式，本工程集水坑配筋信息未注明钢筋同筏板基础，在JSK-左1钢筋业务属性中，"取筏板/承台同向钢筋"，若选择时，集水坑中除坑壁水平筋外，其他钢筋会自动按筏板钢筋计算，不用依次录入，如图1.3-59所示。

（2）集水坑JSK-左2在属性定义中需要注意坑底板出边距离，从集水坑水平4-4剖面（图1.3-54）以及垂直方向1-1剖面（图1.3-51）可看出，两个方向的出边距离不一致，在定义时可以先按照水平方向650mm设置出边距离，绘制完成后再单独修改出边距离，如图1.3-60所示。

图1.3-59 集水坑钢筋取筏板同向钢筋　　　　　图1.3-60 集水坑JSK-左2属性定义

（3）集水坑JSK-左3属性定义同集水坑JSK-左1、JSK-左2，依次录入尺寸信息及**钢筋**信息设置即可。

3．集水坑绘制

在矩形集水坑绘制中直接使用【点】命令即可。对于图纸中看到的双集水坑，软件里分别定义两个集水坑，软件会自动扣减处理。

（1）JSK-左1集水坑点式布置。集水坑绘制时参照电子图纸所示位置，使用【点】的绘图命令，将集水坑布置在相应位置，注意在捕捉位置时，可以结合键盘F4键切换集水坑拾取点，从而在图纸中快速定位布置，如图1.3-61所示。

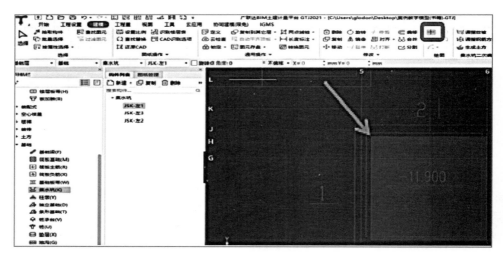

图1.3-61 集水坑点式布置

（2）集水坑二次编辑。在定义中提到JSK-左2集水坑放坡宽度水平和垂直方向不同，布置完成后可以通过集水坑二次编辑中【调整放坡】进行校正。在软件中点击【调整放坡】，选中需要调整的集水坑（JSK-左2），选择需要调整的边（上下两条边），选中的边会变成绿色，鼠标右键确认后，在弹框中输入实际出边距离750mm，确定后即可完成调整，如图1.3-62所示。

（3）JSK-左3集水坑同样使用【点】式布置，与JSK-左2集水坑相交部分，混凝土工程量软件自动扣减计算，钢筋按"能通则通，不通则相互锚固"的原则自动计算。

（4）异形集水坑。新建集水坑时除矩形集水坑外，还有异形集水坑及自定义集水坑，非矩形的集水坑都可称之为异形集水坑。实际工程中如遇异形集水坑，可通过软件中【新建异形集水坑】【设置网格】功能（设置网格主要是方便定位异形截面的各个角点），在网格中绘制异形集水坑的形状（图1.3-63），确定后使用【点】命令绘制即可。

（5）自定义集水坑。【属性】定义（图1.3-64）中可以看出自定义集水坑与矩形集水坑的区别，自定义集水坑没有长度及宽度的尺寸信息填写，可使用【直线】命令直接在筏板上绘制集水坑平面位置，直线闭合即完成绘制。

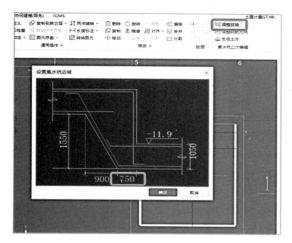

图1.3-62　集水坑调整边坡

	属性名称	属性值
	属性列表	
1	名称	JSK-左4
2	坑底出边距离(...	500
3	坑底板厚度(mm)	(500)
4	坑板顶标高(m)	筏板底标高-1
5	放坡输入方式	放坡角度
6	放坡角度	45

图1.3-64　自定义集水坑属性

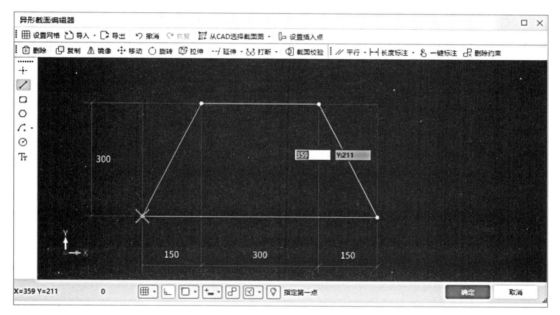

图1.3-63　异形集水坑定义

（6）软件功能拓展。修改功能区包含【删除】、【复制】、【镜像】、【旋转】等功能。本工程图纸左侧集水坑和右侧集水坑是对称的，借助软件提供的【镜像】功能可快速完成右侧集水坑布置。点击【镜像】（图1.3-65）→拉框选择需要镜像的集水坑→鼠标右键→选择镜像中线（对称线）→是否删除原来的图元（选择"否"）→完成镜像，本工程集水坑全部布置完成。

图1.3-65　集水坑镜像功能

1.3.2.3 查量核量

1. 集水坑混凝土工程量

（1）手算方法

集水坑是倒四棱台结构（图1.3-66），倒四棱台的底面积为S_1，顶面积为S_2，中间的梯形截面面积为S_0，四棱台的高度为H，四棱台的体积=$(S_1+S_2+4S_0)/6\times H$。

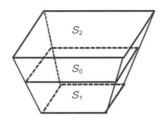

图1.3-66 四棱台示意

以工程中集水坑A（图1.3-34）为例计算工程量集水坑的体积，需计算底部面积S_1、中部面积S_0、顶部面积S_2、高度H，计算体积后再扣除中间坑所占体积，即完成集水坑体积的计算，如图1.3-67所示。

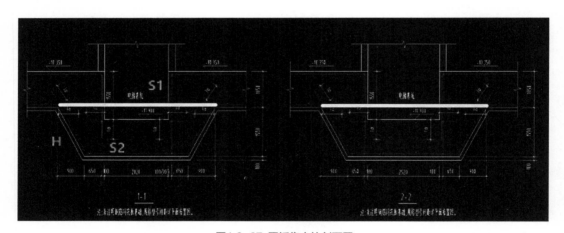

图1.3-67 图纸集水坑剖面图

底面长=$(0.65+0.1)\times 2+2.02=3.52$m

底面宽=$(0.65+0.1)\times 2+2.52=4.02$m

底面积$S_1=3.52\times 4.02=14.1504$m^2

顶面长=$(0.9+0.65+0.1)\times 2+2.02=5.32$m

顶面宽=$(0.9+0.65+0.1)\times 2+2.52=5.82$m

顶面面积$S_2=5.32\times 5.82=30.9624$m^2

中间梯形截面的长=$(3.52+5.32)/2=4.42$m

中间梯形截面的宽=(4.02+5.82)/2=4.92m

中间梯形截面面积S_0=4.42×4.92=21.7464m^2

四棱台体积=(S_1+S_2+4S_0)/6×H

=(14.1504+30.9624+4×21.7464)/6×1.55=34.12542m^3

坑所占体积=2.02×2.52×(1.55−1.05)=2.5452m^3

集水坑体积=34.12542−2.5452=31.58022m^3

(2) 手算与电算结果对比

通过软件中【查看工程量】菜单，集水坑的体积结果是31.5802m^3，计算结果与手算相同，如图1.3-68所示。

查看构件图元工程量

构件工程量 | 做法工程量

◉ 清单工程量 ○ 定额工程量 ☑ 显示房间、组合构件量 ☑ 只显示标准层单层量 ☐ 显示施工段归类

	楼层	名称	工程量名称						
			数量(个)	体积(m3)	坑立面模板面积(m2)	坑底面模板面积(m2)	底部水平面积(m2)	底部斜面面积(m2)	底部立面面积(m2)
1	基础层	JSK-左1	1	31.5802	14.074	5.0904	14.1504	31.3398	0
2		小计	1	31.5802	14.074	5.0904	14.1504	31.3398	0
3	合计		1	31.5802	14.074	5.0904	14.1504	31.3398	0

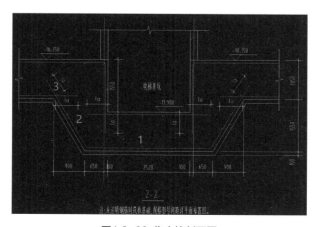

图1.3-68 集水坑体积软件计算结果

2. 集水坑钢筋工程量

(1) 手算方法

以集水坑A的2-2剖面底部钢筋为例进行计算，其他钢筋计算方法相同。集水坑剖面图下方注明了“未注明钢筋同筏板基础”，即集水坑A底部钢筋为：⌀20@200。

钢筋长度计算方法如下：

将集水坑钢筋分为3段，1段为底部平直段，2段为集水坑斜边，3段为钢筋深入筏板长度，如图1.3-69所示。

图1.3-69 集水坑剖面图

1）底部平直段1段长度=（底部长度-2×保护层厚度）

$$=(650+100)\times2+2520-2\times40=3940mm$$

2）2段集水坑为斜边长，三角形斜边长由三角形高度和宽度计算：宽度左边缩进一个保护层厚度，右侧扣除保护层厚度，宽度为900mm；高度下方需扣除保护层厚度，上方锚入筏板，不扣保护层厚度，高度为1510mm。则，

2段集水坑斜边长度=$\sqrt{(900^2+1510^2)}$=1757.87mm

3）3段为深入筏板长度。在剖面图中注明为一个锚固值l_a，如果未注明可以参考22G101-3图集的节点构造，通过查询锚固表格（图1.3-42）l_a值为32d。

3段钢筋长度=32×20=640mm

集水坑钢筋总长度=3940+1757.87×2+640×2=8735.74mm

单根钢筋重量=8735.74/1000×2.47=21.58kg

钢筋在1-1剖面（图1.3-67）底部长度范围内按200mm间距进行排布，则，

钢筋根数=(2020+2×750-2×40)/200(向上取整+1)=19根

钢筋总重量=21.58×19=410.02kg

（2）手算与电算结果对比

通过软件中【编辑钢筋】查看集水坑钢筋工程量计算结果（图1.3-70），长度为8746mm，1段长度为3974mm，比手算多34mm，主要因为集水坑有倾斜角度，转交处的1段钢筋长度比手算稍多；2段长度为1746mm，3段长度为32d=640mm。集水坑钢筋单根重量为21.603kg，根数为19根，总重量为410.457kg，比手算结果多0.437kg。

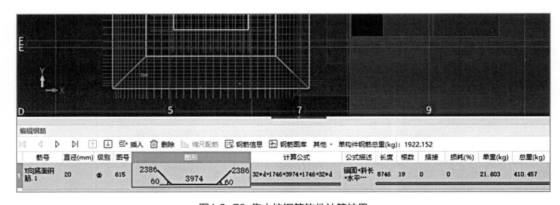

图1.3-70　集水坑钢筋软件计算结果

1.3.3 垫层算量

1.3.3.1 垫层的基本认识

1. 特点

垫层是非结构构件，其在图集中找不到标注规则和节点构造。

2. 作用

（1）工作面：在垫层上方的放线，便于筏板钢筋的绑扎和施工。

（2）保护层：保护筏板与钢筋不受地基土有害成分的侵蚀。

★注意： 如果实际图纸中，某个构件标注为垫层，但内部有钢筋，建模时则不能按垫层构件处理，应按筏板构件处理。

1.3.3.2 案例图纸分析

1. 找图

案例工程图纸中找"结施04-基础平面布置图"（图1.3-11），在图纸说明中可详见垫层相关信息描述：垫层厚度为100mm，每边出筏板边100mm，材质为素混凝土，强度为C15，如图1.3-71所示。

2. 识图

根据图纸"结施04-基础平面布置图"所示在"筏板剖面图"（图1.3-72）中找到对应垫层厚度为100mm，垫层布置在筏板底，根据筏板顶标高（-10.35m）和筏板厚度（1.05m），计算得出垫层顶标高为-11.4m。

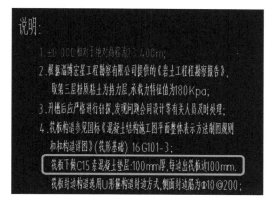

图1.3-71 基础平面布置图垫层说明

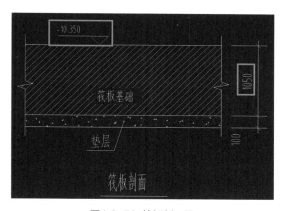

图1.3-72 筏板剖面图

1.3.3.3 垫层算量实操

垫层建模在软件中的操作流程为：新建→修改属性→绘制构件（图1.3-18）。

1. 垫层新建

新建垫层时有很多垫层类型，实际工程中常用面式垫层和线式矩形垫层，此两种垫层可以根据基础形状自动外扩。

（1）面式垫层：可【智能布置】在独基、桩承台、集水坑、下柱墩、后浇带、筏板及坡道基础下（图1.3-75），根据基础形状自动外扩。

（2）线式矩形垫层：可【智能布置】在条基、梁、螺旋板及地沟构件下，根据基础形状自动外扩。

（3）点式矩形/异形垫层：需要手动计算垫层长度、宽度。

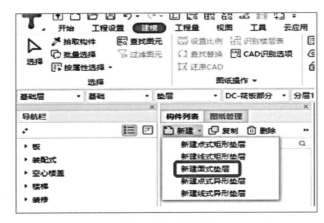

图1.3-73 垫层新建   图1.3-74 垫层属性定义

本书案例工程中【新建面式垫层】（图1.3-73），由于本工程有两个基础构件（筏板和集水坑），均可使用面式垫层处理，为分别提量，需新建2个面式垫层，名称中要对筏板垫层与集水坑垫层进行区分，例如本工程分别命名为DC-筏板部分与DC-集水坑部分（图1.3-74）。

2．修改属性

面式垫层建好后可修改垫层厚度，核实混凝土强度等级及垫层顶标高，本工程垫层厚度为100mm（图1.3-74）。

3．绘制构件

垫层在软件中可以按照基础构件如筏板、集水坑等进行【智能布置】，如图1.3-75所示。

（1）点击筏板垫层（DC-筏板部分）→【智能布置】→筏板→选择筏板构件→鼠标右键→输入出边距离100mm，完成筏板垫层布置，如图1.3-76所示。

（2）集水坑下垫层同样通过【智能布置】方式快速布置集水坑垫层，本书案例工程中涉及6个集水坑，需批量选择集水坑一次性生成垫层：切换到集水坑垫层（DC-集水坑垫层）→

图1.3-75 垫层智能
布置

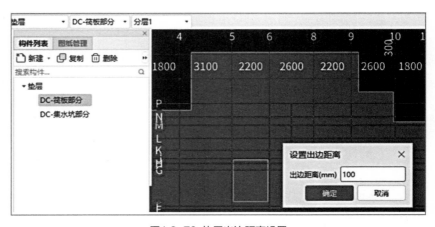

图1.3-76 垫层出边距离设置

点击【智能布置】→集水坑→选择集水坑（拉框选择所有集水坑或【批量选择】集水坑）→鼠标右键→输入出边距离0。

★**注**：批量选择快捷键为F3；集水坑垫层出边距离为0。

1.3.3.4 查量核量

1. 工程量计算规则

（1）清单工程量计算规则：《13清单计量规范》中垫层的计算规则是按设计图示尺寸以体积计算，不扣除深入承台基础的桩头所占的体积（图1.3-32），也就是垫层不扣除桩所占的体积。

（2）定额工程量计算规则：以《山东2016定额》规则为例，独立基础垫层和满堂基础垫层按设计图示尺寸乘以垫层平均厚度，以体积计算。

清单规则和定额规则均计算垫层几何体积。手算垫层分为筏板垫层和集水坑垫层两部分。

2. 筏板基础部分对应垫层

（1）手算方法

筏板垫层的体积可以先计算筏板范围内的垫层体积，再计算外扩的体积，得到垫层的原始体积；筏板上有集水坑，集水坑与筏板相交处的集水坑上口不布置垫层，所以需要扣减集水坑上口所占体积，如图1.3-77所示。

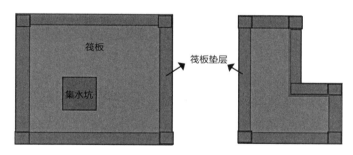

图1.3-77 垫层手算示意图

筏板垫层体积=筏板范围内垫层体积+外扩部分垫层体积-集水坑上口所占体积

1）筏板范围内垫层体积=筏板面积（图1.3-34）×垫层厚度=822.4433×0.1=82.24433m³

2）外扩部分的体积由两部分组成，一部分是角部的小正方形（图1.3-77），另外一部分是与筏板边平行的部分。

①与筏板平行部分体积=筏板周长（图1.3-34）×垫层外扩宽度×垫层厚度=170.682×0.1×0.1=1.70682m³

②角部小正方形面积为0.01m²，图1.3-77中阳角处少计算一个小正方形，故阳角需增加一个小正方形面积；但本工程既有阳角又有阴角，阴角处按筏板边线计算时会多计算一个小正方形，需减去一个小正方形面积，则

角部总面积=0.01×（阳角数量−阴角数量）=0.01×（29−25）=0.04m²

外扩部分总体积=1.70682+0.04×0.1=1.71082m³

3）计算集水坑上口面积。可使用CAD快速看图【测量】中【面积偏移】（首先【测量】三个集水坑坑边【面积】）功能，偏移长度为集水坑放坡终点距离集水坑坑边长度（通过【测量】中的【线性】功能进行测量），将3个集水坑分别偏移后，集水坑上口面积是相交的，再通过【测量】中【面积】功能，测量3个集水坑外围的面积；也可以在软件中垫层构件下，隐藏筏板构件，使用软件中【工具】下【测量面积】功能，测量集水坑外围面积（集水坑垫层角点通过【交点】功能捕捉），如图1.3-78所示。

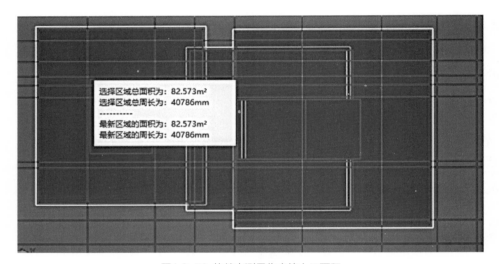

图1.3-78　软件中测量集水坑上口面积

测量结果为82.573m²，故

两个集水坑上口体积=8.2573×2=16.5146m³

筏板垫层体积=82.24433+1.71082−8.2573×2=67.4406m³

（2）手算与电算结果对比

软件中通过【查看工程量】查看筏板垫层体积为67.6768m³，比手算多0.2362m³，如图1.3-79所示。

查看构件图元工程量

构件工程量　做法工程量

⦿ 清单工程量　◯ 定额工程量　☑ 显示房间、组合构件量

楼层	名称	工程量名称		
		体积（m³）	模板面积（m²）	底部面积（m²）
1 基础层	DC-筏板部分	67.6768	17.1481	679.1211
2	小计	67.6768	17.1481	679.1211
3	合计	67.6768	17.1481	679.1211

图1.3-79　筏板部分垫层软件计算结果

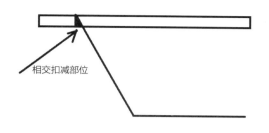

图1.3-80 扣减集水坑垫层体积多扣减的部分

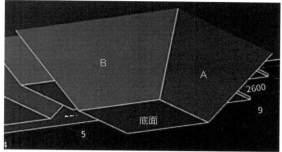

图1.3-81 集水坑手算部位

差值主要原因是手算集水坑上口面积时，是按集水坑垫层最外围与筏板垫层顶面相交面积，乘以垫层厚度来计算体积，扣除的集水坑垫层剖面是一个矩形（图1.3-80），但实际集水坑垫层是有角度的，实际扣除集水坑垫层时剖面应是一个梯形，即手算时多扣除了小三角形所占体积（图1.3-80）。已知垫层厚度为100mm，集水坑高度为1550mm，外扩宽度为900mm，通过已知条件计算出：

$$小三角形底宽=100/(1550/900)=58.06mm$$

$$小三角形面积=0.1\times0.05806/2=0.002903m^2$$

$$集水坑周长=40.786m（图1.3-78）$$

两个集水坑少计算的小三角形的体积=0.002903×40.786×2=0.2368m³

手算结果加上少计算的体积后为67.6774m³，几乎与软件计算结果一致。

3．集水坑部分对应垫层

（1）手算方法

以集水坑C（图1.3-34）为例计算集水坑部分的垫层体积。将集水坑C的垫层部位分为4部分（图1.3-81）——底面体积、两个A面体积、两个B面体积、A面对面部分与集水坑B发生扣减的体积。

集水坑C的垫层体积=（底面体积）+（2×A面体积+2×B面体积）-（相交扣减体积）

1）通过基础平面布置图中的4-4剖面（图1.3-54）及3-3剖面（图1.3-56），读取集水坑C的底面长和宽的尺寸。

$$底面长=(0.1+0.65)\times2+1.79=3.29m$$

$$底面宽=(0.1+0.65)\times2+2.02=3.52m$$

$$底面体积=3.29\times3.52\times0.1=1.15808m^3$$

2）A面是一个梯形，底边长为3-3剖面底边长，顶边长为3-3剖面顶边长，高度为4-4剖面右侧斜边长，为方便计算，集水坑斜面面积不增加外扩100mm的宽度，实际结果要比手算多一点。

$$底边长=0.65\times2+2.02=3.32m$$

$$顶边长=1.6\times2+0.65\times2+2.02=6.52m$$

$$高度=\sqrt{(1.6^2+2.75^2)}=3.1816m$$

两个A面体积（梯形）$=(3.32+6.52)\times3.1816/2\times0.1\times2=3.1307m^3$

3）B面底边为4-4剖面底边长，顶边为4-4剖面顶边长，高度为3-3剖面斜边长。

$$底边长=0.65\times2+1.79=3.09m$$

$$顶边长=1.6\times2+0.65\times2+1.79=6.29m$$

$$高度=\sqrt{(1.6^2+2.75^2)}=3.1816m$$

两个B面体积（梯形）$=(3.09+6.29)\times3.1816/2\times0.1\times2=2.9843m^3$

4）扣减部分体积计算。为更好理解，通过选择相应构件【鼠标右键】→【隐藏选中图元】，将集水坑A和集水坑A的垫层隐藏后查看，集水坑C垫层与集水坑B之间扣减的部分是一个梯形，如图1.3-82所示。

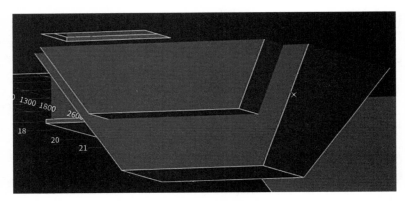

图1.3-82 扣减部分软件示意图

扣减部分底边长为1-1剖面（图1.3-51）底边长，顶边长为1-1剖面顶边长，高度为4-4剖面左侧斜边长。

$$底边长=0.75\times2+2.02=3.52m$$

$$顶边长=0.9\times2+0.75\times2+2.02=5.32m$$

$$高度=\sqrt{(0.9^2+1.55^2)}=1.7923m$$

$$扣减体积=(3.52+5.32)\times1.7923/2\times0.1=0.792m^3$$

5）集水坑垫层体积$=1.15808+3.1307+2.9843-0.792=6.481m^3$。

（2）手算与电算结果对比

软件中通过【查看工程量】查看集水坑垫层体积为6.6097m³，比手算多0.1287m³，如图1.3-83所示。

计算差值是由于手算时，集水坑斜坡部分按集水坑外皮面积计算，比实际体积少，如果斜坡部分按外扩100mm计算，在相交位置，又会多出一部分体积（图1.3-84），在此就不再详细计算。综合以上手算，对于复杂构件电算结果更加精准。

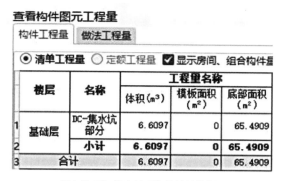

图1.3-83 集水坑C软件计算结果

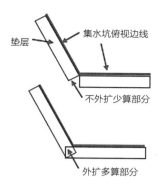

图1.3-84 集水坑垫层计算差值原因

1.3.4 土方算量

1.3.4.1 土方相关知识

1. 认识土方

（1）因土方在设计阶段不由设计人员设计，所以在图纸中一般没有土方相关说明。

（2）在实际工程中土方需按施工方案进行设计。如开挖深度超过5m则需专家论证，经过论证后才能得出相关的土方开挖尺寸及施工的方法。关于本案例，工程图纸中没有相关土方说明。

2. 土方工程量影响因素

实际工程中影响土方工程量的因素有以下3个：开挖深度、开挖范围（底部面积）、放坡坡度（图1.3-85），开挖深度通俗指开挖多深；开挖的范围泛指"多大"也就是底部的面积；放坡坡度指放坡的大小。

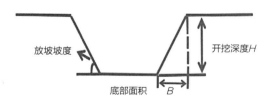

图1.3-85 土方开挖示意图

3. 土方计算

（1）开挖深度：在前期招标投标阶段（图1.3-86）一般开挖深度按设计室外地坪至垫层底部的距离计算。在没有开挖前都按照设计室外地坪计算。本工程设计室外地坪是-0.3m。

（2）开挖范围：在招标投标阶段，开挖范围的确认，第一可依据图纸确认垫层位置，大致确定出开挖的范围；第二可依据相关项目地区工作面要求确认开挖工作面宽度，如图1.3-87所示。

影响因素	业务阶段	
	招投标阶段	结算阶段
➤ 开挖深度	按设计室外地坪算至垫层底	按交付标高算至垫层底
➤ 开挖范围	工作面宽按理论要求	按土方施工方案确定开挖范围
➤ 放坡坡度	放坡坡度按理论要求	按土方施工方案确定放坡坡度

图1.3-86 土方计算影响因素示意图

表A.1-4 基础施工所需工作面宽度计算表

基础材料	每边各增加工作面宽度（mm）
砖基础	200
浆砌毛石、条石基础	150
混凝土基础垫层支模板	300
混凝土基础支模板	300
基础垂直面做防水层	1000（防水层面）

注：本表按《全国统一建筑工程预算工程量计算规则》GJDGZ-101-95 整理。

图1.3-87 工作面示意图

表A.1-3 放坡系数表

土类别	放坡起点（m）	人工挖土	机械挖土		
			在坑内作业	在坑上作业	顺沟槽在坑上作业
一、二类土	1.20	1：0.5	1：0.33	1：0.75	1：0.5
三类土	1.50	1：0.33	1：0.25	1：0.67	1：0.33
四类土	2.00	1：0.25	1：0.10	1：0.33	1：0.25

注：①沟槽、基坑中土类别不同时，分别按其放坡起点、放坡系数，依不同土类别厚度加权平均计算。
②计算放坡时，在交接处的重复工程量不予扣除，原槽、坑作基础垫层时，放坡自垫层上表面开始计算。

图1.3-88 放坡系数表

（3）放坡坡度：可根据工程情况查放坡系数表（图1.3-88），确定相关工程的放坡系数。工程若为机械挖土且坑内作业，通过查询放坡系数表，确定系数为1：0.33。0.33=B（放坡底宽)/挖土深度（H），深度H每增加1m，那么放坡底宽B从起点往外延0.33m（图1.3-85）。

1.3.4.2 案例图纸分析

本工程图纸中不能找到土方直接的标高、开挖范围及放坡坡度相关说明，下文讲解如何在图纸中找到土方计算的三类信息。

1. 开挖深度

在前期招投标阶段，开挖深度可按设计室外地坪算至垫层的底部来确定，如图1.3-89所示。

根据建筑立面图（图1.3-89）描述，室外地坪标高为-0.3m，根据筏板剖面图（图1.3-72）计算垫层底标高为-11.5m，故开挖深度为11.2m。

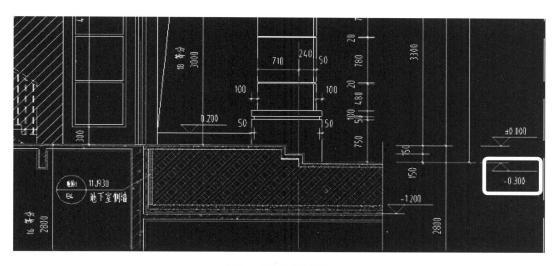

图1.3-89　建筑立面图

2．开挖范围

本工程为混凝土筏板基础，采用混凝土垫层支模。工作面的宽度按300mm考虑（图1.3-87）。通过筏板位置确认垫层位置，再通过垫层出边300mm即可确认出开挖的底部面积，如图1.3-90所示。

3．放坡坡度

按理论（图1.3-88）本书案例工程开挖深度为11.2m，一般要采用机械开挖且肯定为坑内作业。假设本工程为一类、二类土，查放坡系数表（图1.3-88）得知放坡系数为0.33。至此，影响土方工程量计算结果的3个因素已确认。

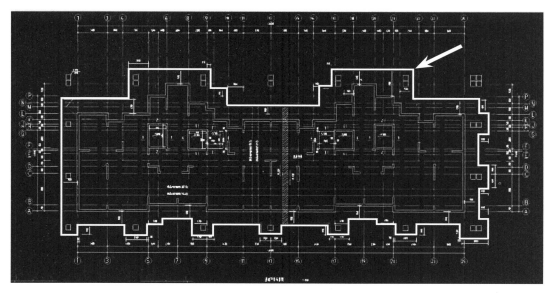

图1.3-90　筏板外轮廓线布置图

1.3.4.3 土方算量实操

依据软件建模构件三步曲"新建→修改属性→绘制构件"（图1.3-18），即完成建模。

1. 新建

（1）土方类型软件分类

根据土方开挖的几何特点，土方开挖可分为大开挖土方、基槽土方、基坑土方。在本工程中点击【新建】选择【新建大开挖土方】，即完成土方构件的建立。新建时区分筏板范围和集水坑范围，新建为两个大开挖土方构件，如图1.3-91所示。

（2）工程中如有地基处理，一般在回填时需要进行灰土回填，对应开挖土方类型回填分为大开挖灰土回填、基槽灰土回填、基坑灰土回填（图1.3-91），在软件中可对应建立。本书案例工程没有地基处理是属于自然回填，绘制大开挖土方后软件会自动计算回填，不用单独建立灰土回填构件；房心回填一般适用于没有地下室的情况，开挖做完基础，在处理首层地面时一般先做房心回填再做地面。

2. 修改属性

（1）大开挖-筏板范围：本工程大开挖土方深度11200mm，放坡系数0.33，工作面宽300mm，开挖底标高建议使用相对标高，层底标高为基础底标高，从垫层底开挖，需减去垫层厚度，故大开挖底标高为（层底标高-0.1）m，如图1.3-91所示。

（2）大开挖-集水坑范围：新建大开挖-集水坑构件后，属性中深度、放坡系数、工作面宽不用填写，集水坑垫层中已经考虑以上因素，利用集水坑垫层生成土方时软件会自动计算，在此只需修改名称即可，如图1.3-92所示。

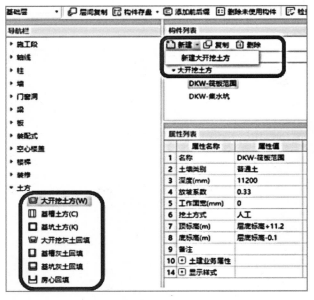

图1.3-91 土方新建示意图

图1.3-92 大开挖-集水坑新建示意图

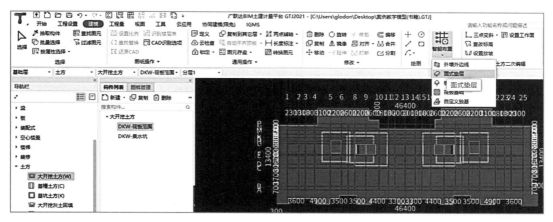

图1.3-93　大开挖智能布置建示意图

3. 绘制构件

（1）智能布置：筏板土方定义完成后点击【智能布置】→选择【面式垫层】→鼠标右键确认，筏板基础部分大开挖土方即布置完成，如图1.3-93所示。

（2）集水坑土方定义完成后点击【智能布置】→选择【面式垫层】→【批量选择】集水坑垫层→确定，集水坑部分大开挖土方即布置完成，如图1.3-94所示。

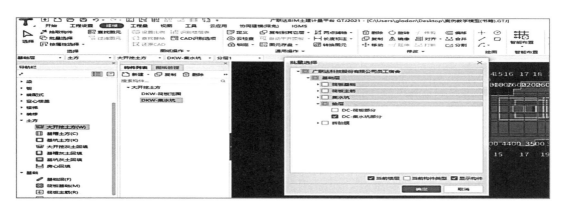

图1.3-94　集水坑大开挖土方智能布置示意图

布置后通过【三维】显示集水坑土方开挖算至室外地坪（图1.3-95），为显示形象，可以手动修改集水坑土方顶标高至筏板大开挖底，如不修改，重复部分软件也会自动扣减。

【批量选择】已生成的大开挖-集水坑土方，集水坑的土方顶标高修改为垫层底标高，即（层底标高-0.1）m，如图1.3-96所示。

（3）结算阶段的土方计算：在结算阶段土方按实际发生计算（图1.3-86）。

1）开挖深度：结算阶段开挖深度按交付标高算至垫层底（图1.3-86）。交付标高一般是指甲方交付给施工单位的自然标高。实际工程施工前，甲方有义务做三通一平。甲方的场地平整即清地表，是提前将工程所在地上方建筑垃圾、障碍物清理掉。清理完成后交给

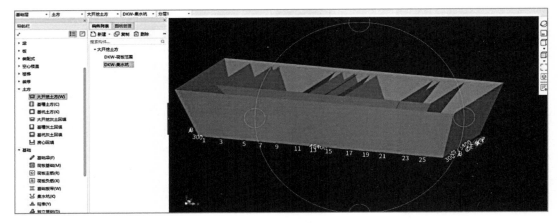

图1.3-95 集水坑土方

	属性名称	属性值	附加
1	名称	DKW-集水坑	
2	土壤类别	普通土	☐
3	深度(mm)	(11100)	☐
4	放坡系数	0	☐
5	工作面宽(mm)	0	☐
6	挖土方式	人工	☐
7	顶标高(m)	层底标高+11.1	☐
8	底标高(m)	层底标高	☐
9	备注		☐
10	⊞ 土建业务属性		
14	⊞ 显示样式		

图1.3-96 集水坑土方标高调整

工程信息

工程信息　计算规则　编制信息　自定义

	属性名称	属性值
1	⊞ 工程概况:	
17	⊞ 建筑结构等级参数:	
20	⊞ 地震参数:	
25	⊟ 施工信息:	
26	钢筋接头形式:	
27	室外地坪相对±0.000标高(m):	-0.3
28	基础埋深(m):	
29	标准层高(m):	
30	地下水位线相对±0.000标高(m):	-2
31	实施阶段:	招投标
32	开工日期:	
33	竣工日期:	

图1.3-97 室外地坪标高调整

施工单位即为交付标高。所以实际结算阶段在土方计算时要按交付标高设置，如图1.3-97所示。

2）开挖范围：开挖范围按实际开挖方案计算（图1.3-98）。实际中无法实现按照垫层的外边线走向来施工，一般是以"垫层外边线+工作面（上、下、左、右）"为界，矩形开

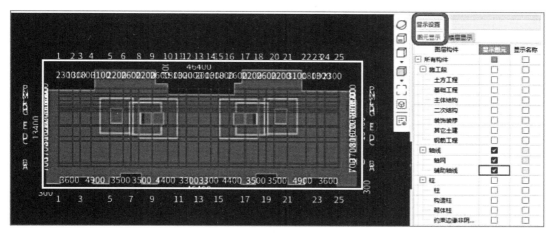

图1.3-98 开挖范围-结算阶段

挖施工。在软件中第一步找边界，即垫层外边线+300mm红色框，在【显示设置】中只选择轴网及垫层构件，如图1.3-98所示。

3）绘制大开挖土方：

①土方新建时考虑了工作面300mm，故在绘制矩形土方范围时，只需要捕捉垫层最外围角点，软件自动在垫层范围基础上外扩300mm。

②点击【两点辅轴】（图1.3-99），在右下角找到垫层外边线，两点绘制出水平辅轴和垂直辅轴，即可确定垫层右下角位置。

③左上角辅轴可利用软件中【交点】功能找到垫层外边线交点，点击【两点辅轴】→【交点】→选择垫层水平和垂直两条外边线→点击垫层角点，完成水平辅轴绘制，再使用【两点辅轴】完成垂直方向辅轴绘制，如图1.3-100所示。

④利用绘图【矩形】，点击左上角辅轴角点与右下角辅轴角点，绘制大开挖土方完成土方计算，如图1.3-101所示。

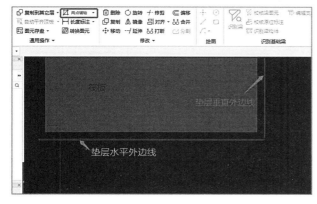

图1.3-99 两点辅轴

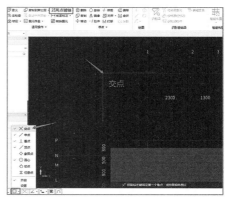

图1.3-100 交点捕捉

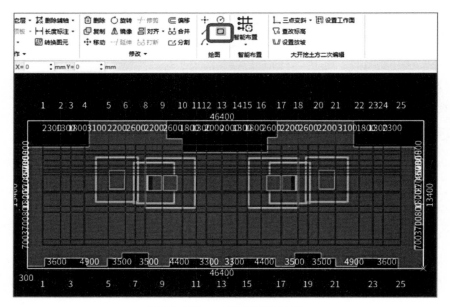

图1.3-101 土方矩形绘制示意图

1.3.4.4 查量核量

1．工程量计算规则

（1）清单工程量计算规则

《13清单计量规范》中土方的计算规则是按设计图示尺寸以体积计算，如图1.3-102所示。

（2）定额计算规则

以《山东2016定额》计算规则为例：土石方开挖与运输均按开挖前的天然密实体积计算。

综上所述，无论是清单规则还是定额规则，土方的计算均是按图示尺寸以体积计算。

010101002	挖一般土方			按设计图示尺寸以体积计算	
010101003	挖沟槽土方	1．土壤类别； 2．挖土深度	m³	1．房屋建筑按设计图示尺寸以基础垫层底面积乘以挖土深度计算。 2．构筑物按最大水平投影面积乘以挖土深度（原地面平均标高至坑底高度）以体积计算	1．排地表水； 2．土方开挖； 3．围护（挡土板）、支撑； 4．基底钎探； 5．运输
010101004	挖基坑土方				

图1.3-102 13清单计量规范土方计算规则

2. 土方工程量计算

(1) 手算方法

大开挖土方也是一个倒四棱台结构（图1.3-66），计算方法与集水坑体积计算相同，四棱台体积=$(S_1+S_2+4S_0)/6\times H$。

1) 通过CAD快速看图中【测量】→【线性】功能测量筏板水平方向最长距离为51.18m，垂直方向最长距离为19.6m，垫层外扩0.1m，工作面宽0.3m。

$$底面长=51.18+0.4\times2=51.98m$$
$$底面宽=19.6+0.4\times2=20.4m$$
$$底面积S_1=51.98\times20.4=1060.392m^2$$

2) 土方放坡系数=宽度/高度，$B/H=0.33$；垫层底标高为-11.5m，室外地坪标高为-0.3m，土方高度为11.2m，则，

$$B=H\times0.33=11.2\times0.33=3.696m$$
$$顶面长=51.98+3.696\times2=59.372m$$
$$顶面宽=20.4+3.696\times2=27.792m$$
$$顶面面积S_2=59.372\times27.792=1650.0667m^2$$

3) 中间长=(51.98+59.372)/2=55.676m

中间宽=(20.4+27.792)/2=24.096m

中间面积S_0=55.676×24.096=1341.5689m^2

4) 土方体积=$(S_1+S_2+4S_0)/6\times H$

$$=(1060.392+1650.0667+4\times1341.5689)/6\times11.2=15076.571m^3$$

(2) 手算与电算结果对比

软件中通过【查看计算式】功能查看土方体积为15076.4463m^3，与手算结果相差0.124m^3，这是软件计算的小数位数与手算小数位数不同导致，如图1.3-103所示。

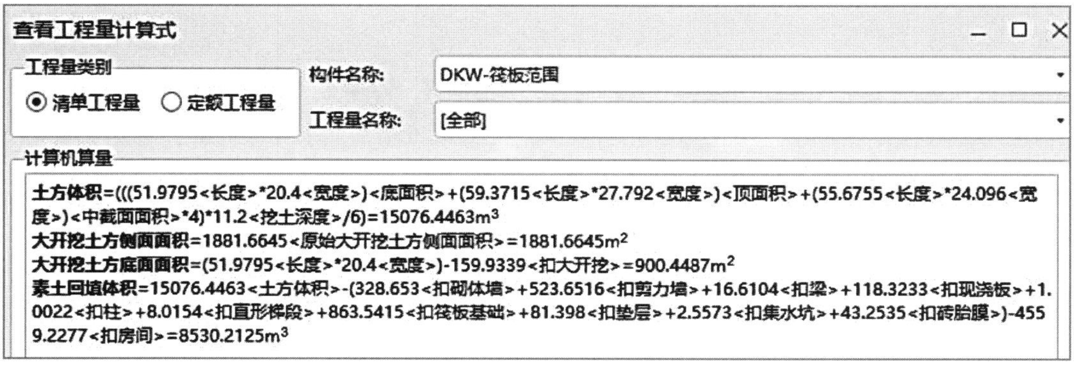

图1.3-103 筏板大开挖土方软件计算结果

习 题

一、选择题

1.【多选】筏形基础根据构件中是否有梁区分为哪两类（　　）

    A. 柱下板带 　　　　　　　　　　　　B. 跨中板带

    C. 梁板式筏形基础 　　　　　　　　　D. 平板式筏形基础

    正确答案：CD

2. 手算异形区域面积可以通过CAD快速看图中什么功能实现（　　）

    A.【测量】→【线性】 　　　　　　　B.【测量】→【面积】

    C.【测量】→【矩形面积】 　　　　　D. 测量统计

    正确答案：B

3. 清单规则和定额规则，规定（　　）搭接不计算工程量

    A. 设计搭接 　　　　　　　　　　　　B. 施工搭接

    C. 都要计算工程量 　　　　　　　　　D. 均不计算工程量

    正确答案：B

4. 聚苯板软垫层布置在（　　）位置

    A. 主楼下筏板基础 　　　　　　　　　B. 独立基础

    C. 车库下筏板基础 　　　　　　　　　D. 均需布置

    正确答案：C

5.【多选】筏板属性定义中影响工程量的有哪些（　　）

    A. 厚度 　　　　B. 马凳筋 　　　　C. 保护层厚度 　　　　D. 封边钢筋

    正确答案：ABCD

6. 如果筏板底部、侧面、顶部保护层的厚度不一样，在软件中应如何输入（　　）

    A. 40/40/25 　　　　　　　　　　　　B. 40+40+25

    C. 40.40.25 　　　　　　　　　　　　D. 40：40：25

    正确答案：A

7. 工程中新建独基/筏基、集水坑垫层时一般采用哪种垫层类型最为便捷（　　）

    A. 点式垫层 　　　B. 面式垫层 　　　C. 线式垫层 　　　D. 异形垫层

    正确答案：B

8. 在集水坑配筋说明中提及集水坑钢筋与筏板基础一致时，可以用什么功能快速设置钢筋（　　）

    A. 复制钢筋 　　　　　　　　　　　　B. 编辑钢筋

    C. 取筏板/承台同向钢筋 　　　　　　D. 设置钢筋

    正确答案：C

9. 集水坑中坑的各边放坡不同时用什么功能实现边坡设置（ 　 ）

    A．调整放坡 　　　 B．设置出边 　　　　 C．偏移 　　　　 D．设置边坡

    正确答案A

10. 在招投标阶段大开挖深度一般是指（ 　 ）

    A．按设计室外地坪算至筏板底 　　　　　 B．按设计室外地坪算至筏板顶

    C．按设计室外地坪算至垫层顶 　　　　　 D．按设计室外地坪算至垫层底

    正确答案：D

11.【多选】影响土方计算的主要因素有哪些（ 　 ）

    A．放坡坡度 　　　 B．开挖深度 　　　　 C．开挖范围 　　　　 D．开挖方式

    正确答案：ABC

二、问答题

1. 筏板分为哪两类？分别有哪些特点？

2. 倒楼盖概念是什么？倒楼盖的受力与楼盖的受力有什么不同？

3. 简述平板式筏形基础平法标注方式。

扫码观看
本章小结视频

1.4 主体结构算量

1.4.1 主体结构算量——剪力墙

1.4.1.1 剪力墙基础知识

1. 剪力墙的概念

剪力墙为钢筋混凝土做成的墙体。

2. 剪力墙结构的分类

剪力墙分为：框架剪力墙结构、框支剪力墙结构、纯剪力墙结构，均适用于高层建筑，如图1.4-1～图1.4-3所示。

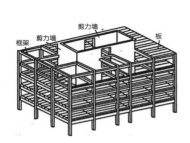

图1.4-1 框架剪力墙结构

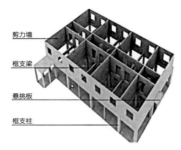

图1.4-2 框支剪力墙结构

图1.4-3 纯剪力墙结构

3. 剪力墙结构的受力分析

（1）剪力墙墙身钢筋：①剪力墙水平钢筋：类似梁中的箍筋，用于抵抗建筑物的剪力破坏叫剪力墙水平钢筋。②剪力墙垂直钢筋：类似梁中的纵筋，用于抵抗建筑物的弯矩破坏。以上两类钢筋组成了剪力墙墙身的钢筋网片，按规范要求，剪力墙钢筋网片不能少于2道，墙厚不小于160mm。

（2）暗柱与端柱：对于单个墙肢来说，受力时最软弱的部位是墙肢最外边缘，因此这个部位就需要加重配筋，随之产生了"暗柱"和"端柱"这两个构件。

（3）连梁：上下洞口之间的墙体是薄弱部位，故需要加重配筋，诞生了"连梁"构件。

（4）暗梁与边框梁：楼层与楼层的交界处，也属于薄弱环节，因此需要加重配筋，诞生了"暗梁"构件与"边框梁"构件。

（5）快速记忆：一墙：由混凝土和钢筋网片组成的钢筋混凝土墙体。二柱：看不见的"暗柱"和看得见的"端柱"。三梁：看不见的"暗梁、连梁"和看得见的"边框梁"。

4. 剪力墙的注写方式

列表注写：是分别在剪力墙柱表、剪力墙身表和剪力墙梁表中，对应于剪力墙平面布置的图上的编号，用绘制截面配筋图并注写几何尺寸与配筋具体数值的方式，来表达剪力墙平法施工图，如图1.4-4～图1.4-6所示。

编号	标 高	墙厚	水平分布筋	垂直分布筋	拉筋(矩形)
Q1	-0.030~30.270	300	Φ12@200	Φ12@200	Φ6@600@600
	30.270~59.070	250	Φ10@200	Φ10@200	Φ6@600@600
Q2	-0.030~30.270	250	Φ10@200	Φ10@200	Φ6@600@600
	30.270~59.070	200	Φ10@200	Φ10@200	Φ6@600@600

图1.4-4 剪力墙身表

编号	所在楼层号	梁顶相对标高高差	梁截面 $b \times h$	上部纵筋	下部纵筋	箍 筋
LL1	2~9	0.800	300×2000	4Φ25	4Φ25	Φ10@100(2)
	10~16	0.800	250×2000	4Φ22	4Φ22	Φ10@100(2)
	屋面1		250×1200	4Φ20	4Φ20	Φ10@100(2)
LL2	3	-1.200	300×2520	4Φ25	4Φ25	Φ10@150(2)
	4	-0.900	300×2070	4Φ25	4Φ25	Φ10@150(2)
	5~9	-0.900	300×1770	4Φ25	4Φ25	Φ10@150(2)
	10~屋面1	-0.900	250×1770	4Φ22	4Φ22	Φ10@150(2)
LL3	2		300×2070	4Φ25	4Φ25	Φ10@100(2)
	3		300×1770	4Φ25	4Φ25	Φ10@100(2)
	4~9		300×1170	4Φ25	4Φ25	Φ10@100(2)
	10~屋面1		250×1170	4Φ22	4Φ22	Φ10@100(2)
LL4	2		250×2070	4Φ20	4Φ20	Φ10@120(2)
	3		250×1770	4Φ20	4Φ20	Φ10@120(2)
	4~屋面1		250×1170	4Φ20	4Φ20	Φ10@120(2)
AL1	2~9		300×600	3Φ20	3Φ20	Φ8@150(2)
	10~16		250×500	3Φ18	3Φ18	Φ8@150(2)
BKL1	屋面1		500×750	4Φ22	4Φ22	Φ10@150(2)

图1.4-5 剪力墙梁表

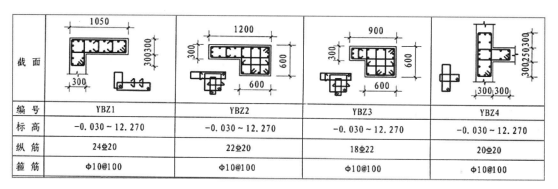

截面	(见图)	(见图)	(见图)	(见图)
编号	YBZ1	YBZ2	YBZ3	YBZ4
标高	-0.030~12.270	-0.030~12.270	-0.030~12.270	-0.030~12.270
纵筋	24Φ20	22Φ20	18Φ22	20Φ20
箍筋	Φ10@100	Φ10@100	Φ10@100	Φ10@100

图1.4-6 剪力墙柱表

5. 墙柱编号

约束边缘暗柱:YBZ,构造边缘暗柱:GBZ,非边缘暗柱:AZ,扶壁柱:FBZ。

6. 墙梁编号

墙梁编号:连梁:LL,暗梁:AL,边框梁:BKL。

1.4.1.2 案例图纸——剪力墙识图解析

识图方法和顺序:

(1)对应楼层表,先看有几张剪力墙施工平面图,通过平面施工图纸读取尺寸和配筋信息。

(2)识图顺序是从底层到顶层的方式,按墙身、墙柱、墙梁的顺序识图。

1)墙身:通过平面图标注及说明,对照"剪力墙配筋表"获取墙的配筋信息。

2)墙柱:对照墙柱表,获取柱的配筋信息。

3)墙梁:对照连梁表,获取连梁的配筋信息。

1.4.1.3 算量实操

剪力墙构件绘图顺序:暗柱→剪力墙→墙洞→墙梁。

1．墙柱

（1）手工绘制

1）暗柱构件类型选择

导航栏选择构件类型"柱"，结构类型选"暗柱"。注意：此处是软件功能的归类，便于查找和使用，但概念层面不要受此影响，墙柱的本质是墙，不是柱，如图1.4-7所示。

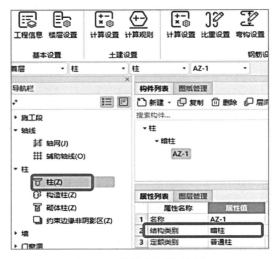

图1.4-7　柱构件及类别选择

2）新建暗柱：构件根据实际图纸，选择"新建矩形柱、异形柱或参数化柱"，如图1.4-8所示。

图1.4-8　新建柱构件

3）暗柱属性定义：

①矩形暗柱：新建【矩形暗柱】，对应图纸属性框中修改截面信息，在【截面编辑】里，处理暗柱的钢筋信息。

截面编辑中操作顺序：清空默认钢筋→配置角筋→配置边筋→配置箍筋。

★**注：** 生成角筋时不受输入钢筋根数的影响，生成边筋时对应根数需要设置正确，如图1.4-9所示。

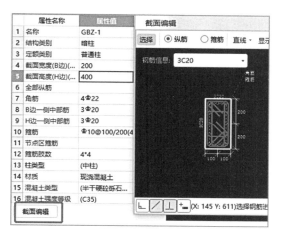

图1.4-9 截面编辑窗口

②**参数化暗柱：** 新建【参数化暗柱】，对应图纸选择参数化图形（图1.4-10），在"截面编辑"里，对照图纸先修改截面尺寸，处理暗柱的钢筋信息。

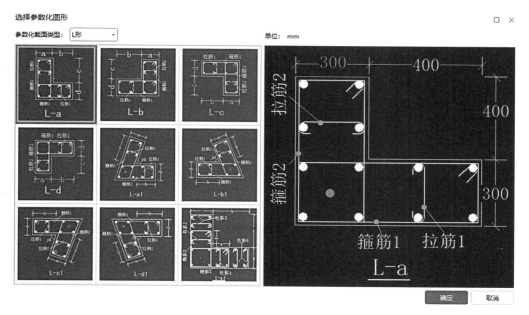

图1.4-10 选择参数化图形窗体

③**异形暗柱：** 如果参数化图形里没有满足当前工程的异形暗柱，那么就需要利用新建"异形暗柱"，对应图纸，选择【从CAD图选择截面图】或【从CAD图中绘制截面图】，新建异形暗柱，如图1.4-11所示。

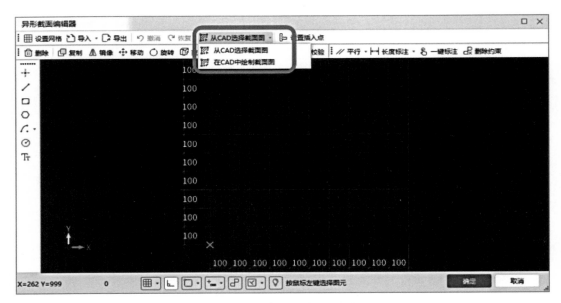

图1.4-11 异形截面编辑器窗体

★注: 不能从详图中选择CAD截面图或绘制截面图,因为详图比例是放大的,这样建立出构件的尺寸就是错误的。可以结合前面【设置比例】功能验证平面图比例是否正确。

4)图元绘制

①本工程中5轴、D轴交点为GBZ-1,可利用【点】绘制的方式,如图1.4-12所示。

图1.4-12 点绘制功能示意

②在绘制过程中,可在【图层管理】中使用【隐藏指定图层】隐藏掉填充图层,提升绘图效率,如图1.4-13所示。

③在柱的选中状态下,"F3"为镜像快捷键,"F4"为拾取点切换,这两个功能灵活使用。

④灵活掌握快捷功能:对齐、旋转、移动、复制、镜像。

(2)GTJ剪力墙墙柱CAD识别

用CAD识别的方式,无需手动创建构件,无需定义构件属性,识别取代了手工创建与定义构件的过程。

1)生成构件

①识别柱表:用于将CAD图纸中的柱表识别成柱构件(本案例不适用)。

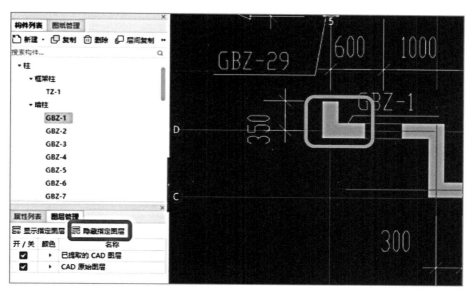

图1.4-13 隐藏指定图层功能示意

在"建模"页签下，选择【识别柱表】功能，按住鼠标左键拉框选择柱表中的数据，图1.4-14中的范围为框选的范围，按鼠标右键确认选择。

柱号	标高	B×H	角筋	B每侧中部筋	H每侧中部筋	箍筋类型号	箍筋
KZ1	基础顶~3.800	500×500	4B22	3B18	3B18	1（4×4）	A8@100
	3.800~14.400	500×500	4B22	3B16	3B16	1（4×4）	A8@100
KZ2	基础顶~3.800	500×500	4B22	3B18	3B18	1（4×4）	A8@100/200
	3.800~14.400	500×500	4B22	3B16	3B16	1（4×4）	A8@100/200
KZ3	基础顶~3.800	500×500	4B25	3B18	3B18	1（4×4）	A8@100/200
	3.800~14.400	500×500	4B22	3B18	3B18	1（4×4）	A8@100/200

图1.4-14 柱表示意图

②识别柱大样：提取边线→提取标注→提取钢筋线→识别生成构件（图1.4-15）。按照从上到下的顺序依次进行操作。以上方法取代的是手工建立构件与定义构件属性的过程。

2）定位图元位置

①识别柱：提取边线→提取标注→自动识别（图1.4-16）。按照从上到下的顺序依次进行操作（本案例不适用）。

②填充识别柱：提取边线→提取标注→填充识别（图1.4-17）。按照从上到下的顺序依次进行操作。以上方法取代的是手工定位构件的过程（本案例适用）。

说明：实际工作中建模的场景是"手工建模+导图"两种方式结合，不能仅依赖导图。

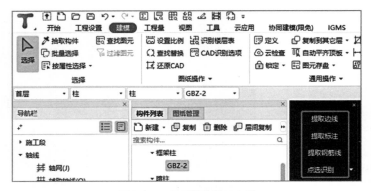

图1.4-15 识别柱大样示意图

图1.4-16 识别柱示意图

图1.4-17 填充识别柱示意图

2. 墙身

（1）剪力墙墙身手工绘制

1）墙身构件类型选择

①构件类型选择"墙"-剪力墙，如图1.4-18所示。

②墙身构件列表：

a. 划分维度：根据位置划分为内墙和外墙。

b. 截面类型：根据截面类型划分为参数化墙和异形墙（图1.4-19），其中异形墙可以在参数化中找不到对应墙截面的时候使用。一个工程肯定有内外墙，一定注意区分，否则会影响脚手架、装饰工程的布置与工程量的准确性。

　　2）定义属性

　　①水平与垂直分布筋：根据实际图纸确定配筋形式，对于两排钢筋网片左右配筋不同、隔一布一等情况的输入形式，软件可以通过钢筋小助手辅助，如图1.4-20所示。

图1.4-18 剪力墙构件示意图

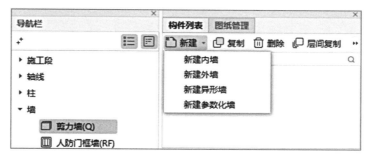

图1.4-19 新建剪力墙构件示意图

图1.4-20 钢筋小助手示意图

　　②墙身拉筋的定义：拉筋通常有矩形与梅花形布置两种形式，通过图纸判断形式，可以在钢筋计算设置→节点设置→剪力墙→剪力墙身拉筋的布置构造中设置。如图1.4-21所示。

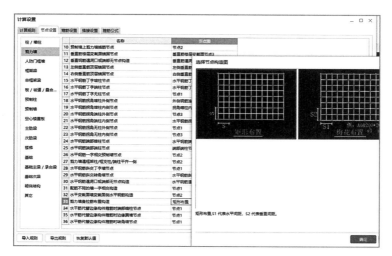

图1.4-21 拉筋布置构造切换位置示意图

★**注意：**梅花形布置工程量＞矩形布置工程量，如果图纸没有明确，前期可以按利己处理，后期按双方商定确认。

3）构件定位

绘图时剪力墙使用"直线"功能，注意事项如下：

①暗柱部位要完全填充。

②墙体与墙体需要中心线相交，若不相交，会影响后期板构件、装饰构件的布置操作及工程量的准确。

③剪力墙在洞口位置要完全拉通布置，不得断开，若断开不封闭，筏板基础上方的墙体，会影响筏板防水工程量的准确，同时会影响墙体钢筋工程量的准确以及LL工程量的归属。

（2）剪力墙墙身CAD识别

1）识别剪力墙表生成构件

点击【识别剪力墙】，框选【剪力墙配筋表】，如图1.4-22所示。

剪力墙配筋表

名称	墙厚	水平分布筋	垂直分布筋	拉筋
Q-1（2#）	180	C8@200	C10@200	A6@400
Q-2（2#）	250	C10@200	C10@200	A6@400

图1.4-22 拉筋布置构造切换位置示意图

2）定位图元位置

提取剪力墙边线→提取墙标识→提取门窗线→识别剪力墙，按照从上到下的顺序依次进行操作。以上方法取代的是手工建立构件与定义构件属性的过程，如图1.4-23所示。

图1.4-23 拉筋布置构造切换位置示意图

3）墙洞识别

①识别门窗表生成构件：设计图纸会在总说明中列出一张门窗表，其中有门窗的名称

及尺寸，此时我们就可以使用软件提供的"识别门窗表"功能对CAD图纸中的门窗表进行识别。

　　a. 点击菜单"建模"页签，"识别门窗表"分栏，点击【识别门窗表】。

　　b. 鼠标左键拉框选择门窗表中的数据，同柱表。

②识别门窗洞：定位构件顺序：提取门窗线→提取门窗洞标识。

★**注意：** 墙洞用识别门窗表的方式，要检查墙洞离地高度是否准确，若不准确直接手动修改；用识别方式定位构件，要检查定位的平面位置是否准确，若不准确直接手动修改。

3．墙梁

（1）识别连梁表：生成构件。

（2）识别梁：定位构件：提取梁边线—提取梁标注—识别。

★**注意：** 应进行连梁离地高度的检查，确认连梁定位位置是否正确，若不准确，直接人为调整与修改。

1.4.1.4 核量查量

1．剪力墙混凝土体积工程量计算

清单、定额均按照设计图示尺寸以体积进行计算，计算公式：

$$V=长×宽×高$$

案例 以-3层（层高3.4m）4轴和E轴交点为例（图1.4-24），混凝土墙长度的计算是直接量取，长：1.9m、宽：0.2m、高：3.4m（层高）/3.28m（净高）。

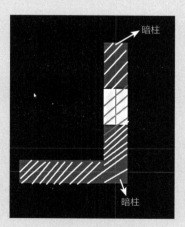

图1.4-24 剪力墙示意图

墙体清单工程量：$V=1.9×0.2×3.4=1.292m^3$。

墙体定额工程量：$V=1.9×0.2×3.28=1.2464m^3$。

2．剪力墙钢筋工程量

需要计算的钢筋有：水平钢筋、垂直钢筋、拉筋。

（1）水平钢筋

水平钢筋一般是抗裂钢筋，如图1.4-25所示。需计算单根钢筋的长度和钢筋根数。

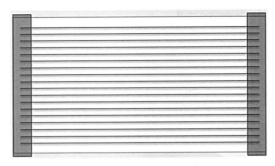

图1.4-25 水平钢筋示意图

1）水平筋长度计算。需要根据端部是暗柱或端柱，取不同的做法。一字端部有暗柱时水平筋端部做法，水平钢筋伸至端部弯折10d，如图1.4-26所示。

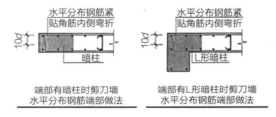

图1.4-26 端部有暗柱示意图

2）水平筋长度公式=墙长-2×保护层+2×10d。

案例 以-3层4轴和E交点的剪力墙为例，水平筋单根长度=1200-2×15+2×10×10=1370mm，如图1.4-27所示。

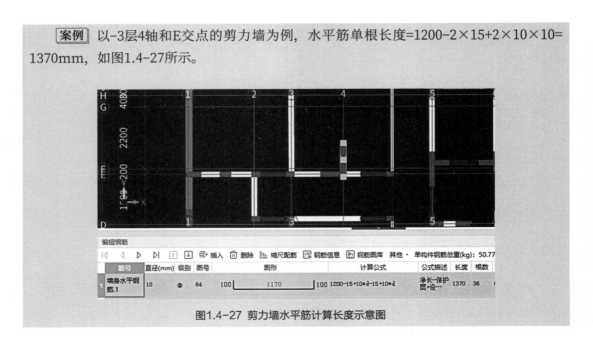

图1.4-27 剪力墙水平筋计算长度示意图

3）剪力墙水平筋根数计算。根数=[ceil(墙高−起步)/间距]+1，当梁（框架梁、连梁、暗梁、边框梁）属性中输入了侧面钢筋时，需要扣减。

案例 以−3层4轴和E轴交点的剪力墙为例，水平筋根数=2×(3400/200+1)=36根，如图1.4−27所示。

（2）垂直钢筋

垂直钢筋一般是构造钢筋，如图1.4−28所示。

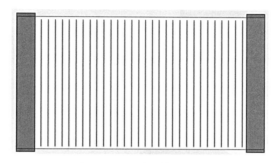

图1.4−28　垂直钢筋示意图

1）垂直钢筋长度计算：

①基础层

插筋长度=露出长度+搭接长度+基础厚度−保护层+弯折，

垂直筋长度=层高−本层露出长度+上层露出长度（见22G101−1）。

②中间层

垂直筋长度=层高−本层露出长度+上层露出长度（见22G101−1）。

③顶层

垂直筋长度=墙高−本层露出长度−节点高+锚固（见22G101−1）。

2）根数=[ceil（净长−2×起步)/间距]+1，扣洞口。

案例 以−3层4轴和E轴交点的剪力墙为例，计算剪力墙插筋与垂直钢筋的长度。

插筋长度1=1050−40+150+1.2×34×10=1568mm

插筋长度2=1050−40+150+1.2×34×10+500+1.2×34×10=2476mm

垂直筋长度=3400+1.2×34×10=3808mm

（3）拉筋

1）长度计算

拉筋长度=bw(墙厚)−2×保护层+2×拉筋弯勾长度，如图1.4−29所示。

8.4 拉结筋用作剪力墙分布钢筋（约束边缘构件沿墙肢长度l_c范围以外，构造边缘构件范围以外）间拉结时，可采用如下两种构造做法。当采用构造做法（b）时，拉结筋需交错布置。

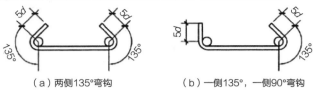

（a）两侧135°弯钩　　　　　　（b）一侧135°，一侧90°弯钩

图1.4-29 拉结筋构造详图

> **案例** 以-3层4轴和E轴交点的剪力墙为例。
>
> 拉筋长度=200-2×15+2×6.9×6.5=260mm

2）拉结筋双向布置计算方法

N=ceil（墙净面积/拉筋面积）+1

拉筋面积=$S_1 \times S_2$

3）拉结筋梅花布置计算方法

N=2×[ceil（墙净面积/拉筋面积）+1]

布筋形式如图1.4-30所示。

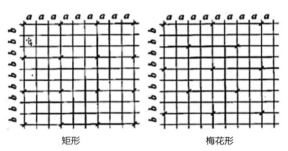

矩形　　　　　　梅花形

图1.4-30 拉结筋布筋形式

3. 暗柱混凝土工程量计算

暗柱混凝土工程量实际为0，暗柱属于剪力墙的加筋带，故暗柱部分的混凝土在剪力墙中计算。

4. 暗柱钢筋的计算

> **案例** 计算-3层4轴和E轴交点的暗柱YBZ-8的钢筋工程量。

（1）纵筋长度公式同剪刀墙纵筋

（2）箍筋长度

箍筋长度=[（长度-2×保护层）+（宽度-2×保护层）]×2+2×13.57d

本案例中，双肢箍筋长度=［（400-2×20）+（200-2×20）]×2+2×13.57×8=1257.12mm

单肢箍筋长度=200-20×2+2×13.57×8=377.12mm

（3）箍筋根数

箍筋根数=层高/间距+1

> **案例** -3层4轴和E轴交点的暗柱YBZ-8为例，计算箍筋根数。

案例中的箍筋根数由两部分组成，柱内箍筋根数：工程中-3层层高3400mm，故柱内箍筋根数=3400/100+1=35根；基础内箍筋根数：不少于两根的箍筋，根据基础厚度1050mm计算，基础内箍筋根数=3根，如图1.4-31所示。

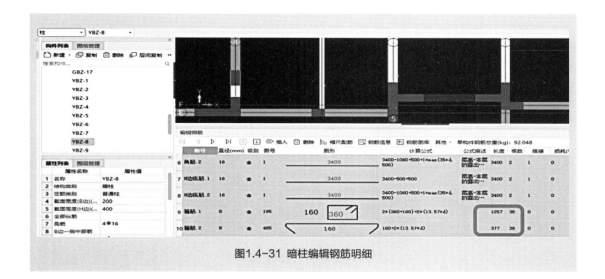

图1.4-31 暗柱编辑钢筋明细

5．连梁混凝土工程量计算

连梁混凝土工程量实际为0，连梁的混凝土工程量也是归属于墙体。

6．连梁钢筋的计算

纵筋长度=洞口宽+ 2max{600, lae}，

箍筋根数=(洞口宽−2×50)/间距+1

案例 以−3层的连梁LL1为例，计算纵筋长度、箍筋长度和箍筋根数。

纵筋长度=1000+2×34×20=2360mm，共4根纵筋

箍筋长度=[(200−20×2)+(1150−20×2)]×2+2×13.57×8=2757.12mm

箍筋根数=(1000−100)/100+1=10根，如图1.4-32所示。

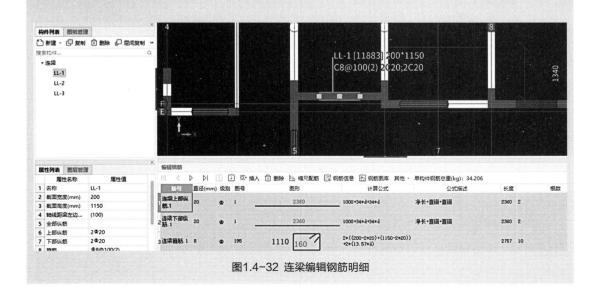

图1.4-32 连梁编辑钢筋明细

1.4.1.5 争议解析

1. 实际工程图纸中，连梁构件的属性和施工环境与框梁无区别，连梁混凝土工程量归剪力墙体计算还是连梁计算？（如图1.4-33所示）

图1.4-33 连梁示意图

争议解析：到底归谁，看甲乙双方协商。

2. 剪力墙洞口上方放不放过梁？

争议解析：不放置过梁，如图1.4-34所示。

图1.4-34 连梁现场示意图

3. 墙体在套清单和定额时会有内、外墙之分，按项目名称又分为"直形墙"和"弧形墙"等，绘制的时候是否需要考虑不同的墙体类型？

争议解析：墙体属性中区分内墙、外墙，绘制时需要区分。清单中分为直形墙、短肢剪力墙等，故套项时也应按清单方式执行。如图1.4-35所示。

4. 软件中如果只定义构件名称，想要区分直行墙和短支剪力墙的工程量，如何操作？

争议解析：可以在计算设置中调整设置，计算设置→剪力墙与砌体墙→13项→混凝土墙是否判断短支剪力墙→选择"判断"即可，汇总计算时软件会自动体现对应工程量；同时也可以在清单套项时选择对应工程量表达式。如图1.4-36所示。

E.4　现浇混凝土墙

现浇混凝土墙工程量清单项目设置、项目特征描述的内容、计量单位及工程量计算规则应按表 E.4 的规定执行。

表 E.4　现浇混凝土墙(编号:010504)

项目编码	项目名称	项目特征	计量单位	工程量计算规则	工作内容
010504001	直形墙	1. 混凝土种类 2. 混凝土强度等级	m^3	按设计图示尺寸以体积计算扣除门窗洞口及单个面积 >0.3m^2 的孔洞所占体积，墙垛及突出墙面部分并入墙体体积计算内	1. 模板及支架(撑)制作、安装、拆除、堆放、运输及清理模内杂物、刷隔离剂等 2. 混凝土制作、运输、浇筑、振捣、养护
010504002	弧形墙				
010504003	短肢剪力墙				
010504004	挡土墙				

注：短肢剪力墙是指截面厚度不大于 300mm、各肢截面高度与厚度之比的最大值大于 4 但不大于 8 的剪力墙；各肢截面高度与厚度之比的最大值不大于 4 的剪力墙按柱项目编码列项。

图1.4-35 现浇混凝土墙计算规则

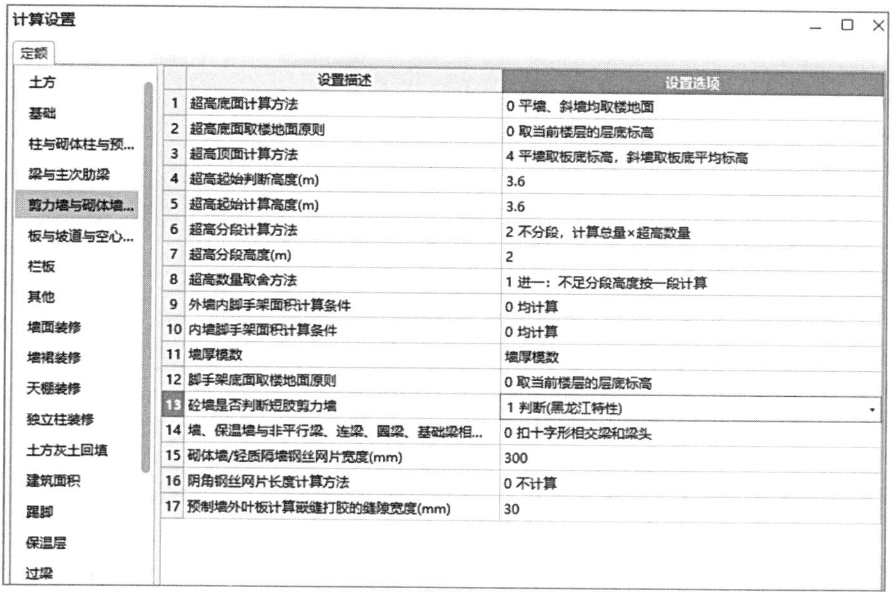

	设置描述	设置选项
1	超高底面计算方法	0 平墙、斜墙均取楼地面
2	超高底面取楼地面原则	0 取当前楼层的层底标高
3	超高顶面计算方法	4 平墙取板底标高，斜墙取板底平均标高
4	超高起始判断高度(m)	3.6
5	超高起始计算高度(m)	3.6
6	超高分段计算方法	2 不分段，计算总量×超高数量
7	超高分段高度(m)	2
8	超高数量取舍方法	1 进一：不足分段高度按一段计算
9	外墙内脚手架面积计算条件	0 均计算
10	内墙脚手架面积计算条件	0 均计算
11	墙厚模数	墙厚模数
12	脚手架底面取楼地面原则	0 取当前楼层的层底标高
13	砼墙是否判断短肢剪力墙	1 判断(黑龙江特性)
14	墙、保温墙与非平行梁、连梁、圈梁、基础梁相...	0 扣十字形相交梁和梁头
15	砌体墙/轻质隔墙钢丝网片宽度(mm)	300
16	阴角钢丝网片长度计算方法	0 不计算
17	预制墙外叶板计算嵌缝打胶的缝隙宽度(mm)	30

图1.4-36 混凝土墙软件计算设置

习 题

一、选择题

1. 从以下哪张表可以读取到剪力墙的配筋信息（　　）

A. 连梁表　　　　　B. 剪力墙配筋表　　　　C. 门窗表　　　　D. 柱大样图

正确答案：B

2. 暗柱的绘制方式是以下哪种（　　）

A. 点画　　　　　　B. 三点画弧　　　　　　C. 直线　　　　　D. 矩形

正确答案：A

3. 【多选】柱构件新建时有哪几种选择（　　）

A. 矩形柱　　　　　B. 圆形柱　　　　　　　C. 异形柱　　　　D. 参数化柱

正确答案：ABCD

4. 【多选】下列属于定位暗柱图元位置功能的是（　　）

A. 识别剪力墙　　　B. 识别柱表　　　　　　C. 识别柱　　　　D. 填充识别柱

正确答案：CD

5. 【多选】在软件中，剪力墙使用什么功能绘制（　　）

A. 点　　　　　　　B. 直线　　　　　　　　C. 矩形　　　　　D. 折线

正确答案：BC

6. 【多选】以下哪种是剪力墙的拉筋布置形式（　　）

A. 点式布置　　　　B. 矩形布置　　　　　　C. 梅花布置　　　D. 线性布置

正确答案：BC

7. 【多选】下列属于剪力墙结构的是（　　）

A. 框架结构　　　　B. 框架剪力墙结构　　　C. 框支剪力墙结构

D. 纯剪力墙结构　　　　　　　　　　　　　E. 立面注写

正确答案：BCD

二、简答题

1. 简述案例图纸中剪力墙的识图方法和顺序。

_____

_____

_____

2. 简述剪力墙构件绘图顺序。

_____

_____

_____

3. 新建"暗柱"构件时，应该在导航栏哪个位置下新建构件，结构类型选什么？

4. 简述识别柱大样功能的顺序。

5. 简述剪力墙中拉筋的两种设置形式。在软件中的哪个位置可以对此两种形式进行切换？

6. 简述剪力墙水平钢筋长度及根数的计算公式。

7. 连梁纵筋长度如何计算？

8. 软件中如果只定义构件名称，想要区分直行墙和短支剪力墙的工程量，可以通过什么功能实现？

扫码观看
本章小结视频

1.4.2 主体结构算量——柱

1.4.2.1 柱基础知识

1. 柱的认识

柱在结构中承受梁和板传来的荷载，并将荷载传给基础，是主要的竖向支撑构件，如图1.4-37所示。

图1.4-37 柱认识

2. 柱的受力环境

柱承受上部梁板传来的竖向荷载；承受侧面水平荷载，如风荷载、水平的地震力等，如图1.4-38所示。

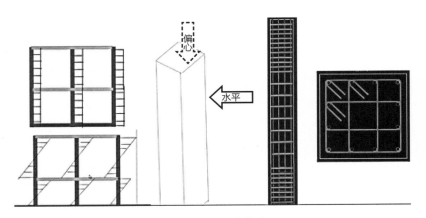

图1.4-38 柱受力荷载

3. 柱的类型

柱按类型可以分为框架柱、转换柱、芯柱，具体代号和特征如表1.4-1所示。

柱的类型　　　　　　　　　　　　　　表1.4-1

柱类型	代号	特征
框架柱	KZ	柱根部嵌固在基础或地下结构上，并与框架梁刚性连接构成框架。在框架结构中主要承受竖向压力
转换柱	ZHZ	是两种受力体系的转换。上面可能是框架剪力墙或剪力墙结构体系，下面是框架体系。设置于两种受力体系之间的转换部位的柱子叫作转换柱。转换柱这一层上面的梁叫作框支梁（KZL）
芯柱	XZ	设置在框架柱、框支柱、剪力墙柱核心部位的暗柱

4. 柱的平法注写方式

包含截面注写和列表注写两种方式，如图1.4-39、图1.4-40所示。

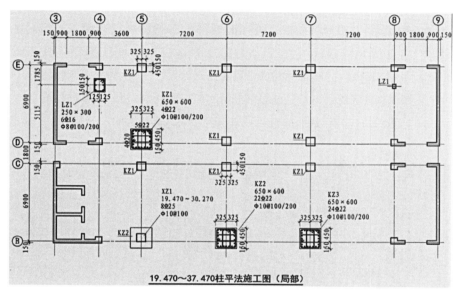

图1.4-39 截面注写

柱表

柱编号	标高（m）	$b \times h$（mm×mm）（圆柱直径D）	b_1（mm）	b_2（mm）	h_1（mm）	h_2（mm）	全部纵筋	角筋	b边一侧中部筋	h边一侧中部筋	箍筋类型号	箍筋	备注
KZ1	-4.530~-0.030	750×700	375	375	150	550	28⚎25				1(6×6)	Φ10@100/200	—
	-0.030~19.470	750×700	375	375	150	550	24⚎25				1(5×4)	Φ10@100/200	
	19.470~37.470	650×600	325	325	150	450		4⚎22	5⚎22	4⚎20	1(4×4)	Φ10@100/200	
	37.470~59.070	550×500	275	275	150	350		4⚎22	5⚎22	4⚎20	1(4×4)	Φ8@100/200	
XZ1	-4.530~8.670						8⚎25				按标准构造详图	Φ10@100	⑤×ⓒ轴KZ1中设置

-4.530~59.070柱平法施工图（局部）

图1.4-40 列表注写

1.4.2.2 案例图纸分析

本工程结构类型为框剪结构，竖向承重构件以剪力墙为主，框架柱很少，在墙柱平面图中也没有框架柱的配筋信息。

经过图纸分析，本工程-1层门厅处有框架柱，如图1.4-41所示。

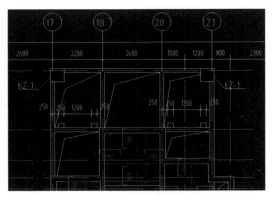

图1.4-41 负一层标高板平面布置图

KZ-1的标注信息：KZ-1信息在-1层标高板平面布置图中具体标注。框柱的名称是 KZ-1，截面尺寸600mm×600mm，纵筋为12根直径为16mm的三级钢，箍筋直径8，三级钢，加密区间距100mm，非加密区间距200mm。KZ-1标注中注明标高（车库梁—屋面）需要结合建筑图确定底标高。通过图纸分析，KZ-1底标高为车库梁顶标高（-1.2m），顶标高为4.9m。如图1.4-42、图1.4-43所示。

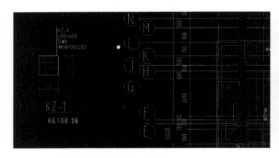

图1.4-42 柱标注信息

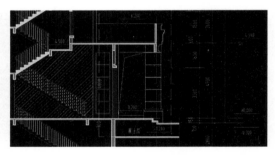

图1.4-43 柱标高

1.4.2.3 算量实操

框架柱绘制方式和墙柱基本一致。本案例框架柱很少，可直接采用手工建模方式绘制。具体操作流程如下。

1. 新建构件

点击新建，类别选择"矩形柱"，如图1.4-44所示。

图1.4-44 新建柱

2. 修改属性

根据图纸依次输入名称、截面和钢筋信息等，如图1.4-45所示。

图1.4-45　柱属性定义

3. 绘制构件

直接用"点"画，注意修改柱的标高，如图1.4-46所示。

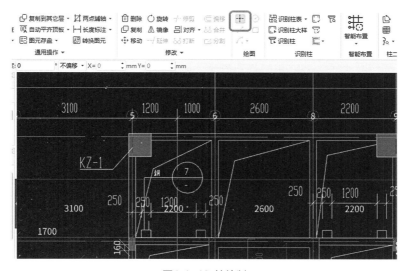

图1.4-46　柱绘制

1.4.2.4　查量核量

1. 柱混凝土与钢筋手算

如图1.4-47所示，柱截面及钢筋信息如下，层高3.3m，梁高600mm，保护层厚度25mm。计算柱混凝土与钢筋工程量。

解析：

（1）柱混凝土体积：$V=0.4\times0.4\times3.3=0.528\text{m}^3$

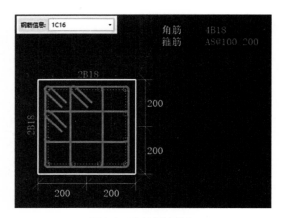

图1.4-47 柱标注信息

（2）柱箍筋计算：

大箍筋单根长度=（400-2×25）×4+2×11.9×8=1590.4mm，根数26根。

小箍筋单根长度=（400-25×2+139）×2+2×11.9×8=1168.4mm，根数52根。

（3）纵筋计算：

中间层纵筋=3300-500+max（2700/6,400,500）=3300mm，根数12根。

2．软件计算

软件计算结果见图1.4-48。

经对比，软件计算结果与手工计算一致。

筋号	直径(mm)	级别	图号	图形	计算公式	公式描述	长度	根数	搭接	损耗(%)	单重(kg)	总重(kg)	钢筋归
1 角筋.1	18	Φ	1	3300	3300-500+max(2700/6,400,50 0)	层高-本层的露出…	3300	2	1	0	6.6	13.2	直筋
2 角筋.2	18	Φ	1	3300	3300-1130+max(2700/6,400,5 00)+1*max(35*d,500)	层高-本层的露出…	3300	2	1	0	6.6	13.2	直筋
3 b边纵筋.1	18	Φ	1	3300	3300-1130+max(2700/6,400,5 00)+1*max(35*d,500)	层高-本层的露出…	3300	2	1	0	6.6	13.2	直筋
4 b边纵筋.2	18	Φ	1	3300	3300-500+max(2700/6,400,50 0)	层高-本层的露出…	3300	2	1	0	6.6	13.2	直筋
5 H边纵筋.1	18	Φ	1	3300	3300-500+max(2700/6,400,50 0)	层高-本层的露出…	3300	2	1	0	6.6	13.2	直筋
6 H边纵筋.2	18	Φ	1	3300	3300-1130+max(2700/6,400,5 00)+1*max(35*d,500)	层高-本层的露出…	3300	2	1	0	6.6	13.2	直筋
7 箍筋.1	8	Φ	195	350 350	2*(360+350)+2*(11.9*d)		1590	26	0	0	0.628	16.328	箍筋
8 箍筋.2	8	Φ	195	139 350	2*(360+139)+2*(11.9*d)		1168	52	0	0	0.461	23.972	箍筋

图1.4-48 软件计算结果

1.4.2.5 柱识图及建模争议问题

1．构造柱、抱框柱、砌体柱、芯柱、暗/端柱到底是不是柱？

争议解析：从结构层面来讲，构造柱、抱框柱、砌体柱、芯柱、暗/端柱不是柱。

（1）**构造柱**：构造柱是为了增强建筑物的整体性和稳定性，多层砖混结构建筑的墙体中还应设置钢筋混凝土构造柱，并与各层圈梁相连接，形成能够抗弯、抗剪的空间框架，它是防止房屋倒塌的一种有效措施。在砖混结构中，构造柱不是承重构件，而是用于增加砖混结构整体稳定性，属于抗震措施。框架结构或框剪结构中的构造柱，用于增加砌体墙单面墙的稳定性。如图1.4-49所示。

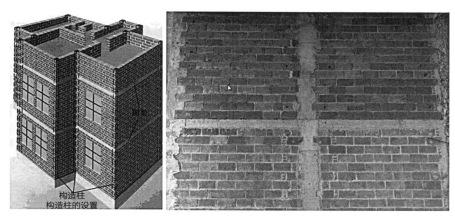

图1.4-49　构造柱

（2）**抱框柱**：抱框柱是为了便于门窗固定而设置的，通常柱顶端到门窗顶结束（图1.4-50），这一点与构造柱不同。构造柱一般到层顶或梁下，出现在门或窗洞口的两侧，增加门或窗安装之后的稳定性。

（3）**砌体柱**：在一些简易的砖混工程或木结构工程中，当不能用墙体来承重时，会用到砌筑的柱，柱的结构也分基础和柱身两部分。多出现在围墙中的柱垛不承重。如图1.4-51所示。

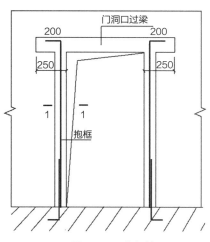

图1.4-50　抱框柱

图1.4-51　砌体柱示意图

（4）芯柱：框架芯柱就是在框架柱截面中1/3左右的核心部位配置附加纵向钢筋及箍筋而形成的内部加强区域，相当于在柱内的薄弱部位再做加强的部位，如图1.4-52所示。

（5）暗/端柱：暗柱、端柱不是柱，属于剪力墙的加强带，如图1.4-53所示。

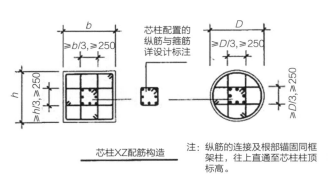

芯柱XZ配筋构造

注：纵筋的连接及根部锚固同框架柱，往上直通至芯柱柱顶标高。

图1.4-52 芯柱

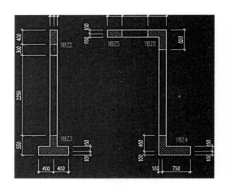

图1.4-53 暗柱

2. 梯柱到底属于框架柱还是构造柱？

争议解析： 在框架结构中，楼梯间休息平台位置的梯柱，起到受力作用，属于框架柱；砖混结构中，休息平台下部设有梯柱，是在墙体砌筑时预留相应位置，浇筑形成的，属于构造柱，不起到结构受力的作用。图1.4-54中，左侧框架结构中的梯柱为框架柱，右侧砖混结构中的梯柱为构造柱。

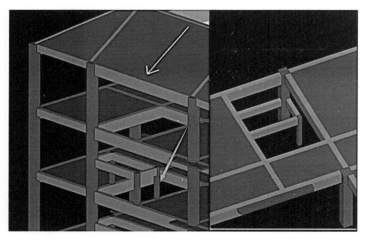

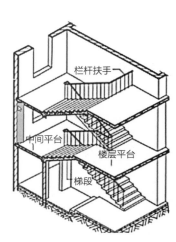

栏杆扶手

中间平台

楼层平台

梯段

图1.4-54 梯柱

柱算量习题

一、选择题

1. 【多选】柱平法注写方式包含（　　）

    A. 原位标注　　　　B. 截面注写　　　　　C. 列表注写

    正确答案：BC

2. 【多选】柱类型包含（　　）

    A. 框架柱　　　　　B. 框支柱　　　　　　C. 芯柱

    正确答案：ABC

3. 从结构层面来讲，以下哪些构件属于柱（　　）

    A. 框架柱　　　　　B. 构造柱　　　　　C. 芯柱　　　　　D. 抱框柱

    正确答案：A

4. 以下说法正确的是（　　）

    A. 在砖混结构中，构造柱用于增加砖混结构整体稳定性

    B. 框架结构或框剪结构中的构造柱，起到结构受力作用

    C. 端柱属于柱

    D. 以上说法都正确

    正确答案：A

5. 以下关于梯柱，说法正确的是（　　）

    A. 在框架结构中，楼梯间休息平台位置的梯柱起到受力作用，属于框架柱

    B. 砖混结构中，休息平台下部设有梯柱，属于构造柱，起到结构受力的作用

    C. 梯柱既不属于框架柱又不属于构造柱

    D. 以上说法都错误

    正确答案：A

二、简答题

1. 柱有哪些类型？柱的平法注写方式有哪些？如何识图？

2. 柱混凝土和钢筋工程量的手算思路是什么？怎样通过软件进行核量查量？

3. 构造柱、抱框柱、砌体柱、芯柱、暗/端柱的区别是什么？

扫码观看
本章小结视频

1.4.3　主体结构算量——梁

1.4.3.1　梁基础知识

1. 梁的认知

由支座支承、承受的外力以横向力和剪力为主、以弯曲为主要变形的构件称为梁。梁属于线性构件，一般水平放置，梁和板共同组成建筑的楼面和屋面结构，如图1.4-55所示。

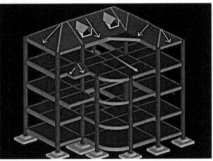

图1.4-55　梁的认知示意图

2. 梁钢筋分类

梁钢筋可以分为纵筋、箍筋和其他钢筋。纵筋包括上部通长筋、支座负筋、架立筋、下部通长筋、构造钢筋、抗扭钢筋；箍筋包含双肢箍、多肢箍；其他钢筋包括吊筋、拉筋、附加筋，如表1.4-2所示。

梁钢筋类型　　　　　　　　　　　　　　　　　　　　　表1.4-2

梁的配筋	纵筋	上部筋：上部通长筋、支座负筋、架立筋
		下部通长筋
		中部筋：构造钢筋、抗扭钢筋
	箍筋	双肢箍、多肢箍
	其他	吊筋、拉筋、附加筋

3. 梁平法注写方式

包含平面注写和截面注写（图1.4-56），其中平面注写包含集中标注和原位标注。

（1）梁集中标注解析

集中标注中必须包含梁编号、截面尺寸、箍筋、上部通长筋、架立筋，如图1.4-57所示。集中标注含义解析见表1.4-3。

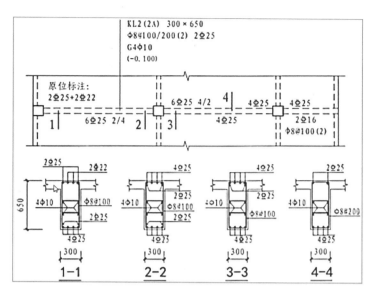

图1.4-56 梁平面注写和截面注写

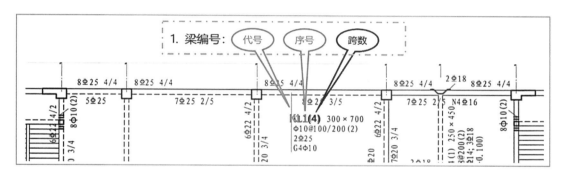

图1.4-57 集中标注

<table>
<tr><td colspan="2" align="center">梁集中标注解析</td><td align="right">表1.4-3</td></tr>
</table>

标注信息	标注含义详解
代号	KL—框架梁，KBL—楼层框架扁梁，WKL—屋面框架梁，KZL—框支梁，TZL—托柱转换梁，L—非框架梁，XL—悬挑梁，JZL—井字梁
序号	同类型梁，尺寸或配筋不同时，依次编号； 常见序号码：1，2，3…
跨数	根据支座情况表达跨的数量，如果一端悬挑，跨数后面加A；如果两端悬挑，跨数后面加B，例（2B）
截面	梁宽×梁高
梁加腋标注	竖向加腋：300×700GY500×250　　　水平加腋：300×700PY500×250
箍筋	箍筋格式：级别直径+间距+肢数，如图1.4-57中梁箍筋为：A10@100/200（2）
上部通长筋	格式：根数+级别直径，如图1.4-57中梁上部通长筋为2Φ25
架立筋	格式：根数+级别直径，用括号括起来表示架立筋，如（2Φ12）

注：集中标注中的选注项有：下部通长筋、梁顶面标高高差、侧面构造钢筋、受扭钢筋。

（2）原位标注

原位标注表达的钢筋类型包含支座负筋（标注位置：左支座、右支座）、梁下部通长筋（标注位置：梁下部的跨中）和附加钢筋（标注位置：主次梁交接处），如图1.4-58所示。

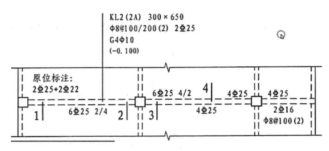

图1.4-58 梁原位标注

原位标注具体含义解析见表1.4-4。

梁原位标注解析   表1.4-4

标注信息	标注含义详解	
支座负筋 （左支座、右支座）	6⚌25 4/2表示上排负筋为4⚌25，下排负筋为2⚌25； 2⚌25+2⚌22表示共一排负筋，2⚌25放在角部，2⚌22放中间；4⚌25表示上部负筋为4⚌25； 有的负筋会有3排的情况，表达方式为：例9⚌22 4/3/2	
梁下部通长钢筋 （梁下部跨中）	6⚌25 2/4表示上排纵筋为2⚌25，下排纵筋为4⚌25； 2⚌25+2⚌22表示一排纵筋，2⚌25放在角部，2⚌22放中间	
梁附加钢筋的 原位标注	附加箍筋	作用：抵抗集中荷载引起的剪力破坏。 标注方式：直接标注在平面图的主梁上，并用引线引注出附加箍筋的配筋值
	吊筋	作用：抵抗集中荷载引起的剪力破坏。 标注方式：直接标注在平面图的主梁上，并用引线引注出吊筋的配筋值

★**注意：** 梁的侧面构造/抗扭钢筋、箍筋信息如果在"集中标注"中出现，表示全梁设置；如果在"原位标注"中出现，表示在当前跨设置。

1.4.3.2 案例图纸分析

1. KL20（图1.4-59）梁集中标注表示的含义

解析： 图中为框架梁，梁编号为KL20，跨数为1跨，截面宽200mm，截面高400mm；箍筋级别为三级钢，直径8mm，箍筋加密区间距100mm，非加密区间距200mm，双肢箍；上部通长筋为2⚌12，下部通长筋2⚌14。

2. 梁识图顺序与识图内容概述

梁识图一般先确定梁标高和所在楼层，再通读梁标注，判断梁名称、类别、跨数等信息是否表达正确。如图纸信息有问题，及时确认纠正，确认无误后再根据图纸进行算量。

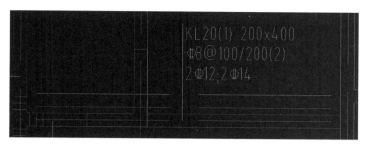

图1.4-59　梁集中标注

（1）楼层对应：结合梁结构平面施工图（标高）和楼层表标高，确定平面图梁所在楼层。以本案例工程为例，某层梁结构施工图中平面图标高是-6.950m（图1.4-60），通过楼层表（图1.4-61）判断-6.950m为地下室负2层底标高，则可判断图1.4-60中为地下室负3层的梁。

图1.4-60　梁结构平面施工图名称

图1.4-61　楼层表

（2）通读梁信息，判断梁名称表达是否正确。如，案例图纸（图1.4-62）中的梁名称是LL6（1），平法规范中LL代表连梁，根据图中位置和钢筋信息判断该梁实际上为框架梁，按框架梁计算即可。

（3）根据梁标注和位置判断梁跨数。案例图纸（图1.4-63）中的梁名称为KL16（1），但从梁原位标注信息和梁支座判断梁有2跨，可以判断是图纸跨数标注问题，以实际跨数2跨计算即可。

图1.4-62　梁名称标注

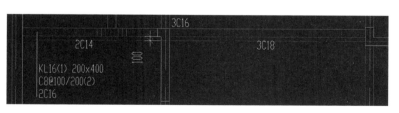

图1.4-63　梁跨数判断

1.4.3.3 算量实操——梁手工建模

1. 准备工作：图纸识图

熟悉梁的标高、楼层和标注等基本信息，将楼层对应好。

2. 梁构件建模

新建构件→修改属性→绘制构件→梁原位标注→生成吊筋。

（1）新建构件：定义界面点击新建，选择梁类型，案例中直接选择"新建矩形梁"（图1.4-64）。

图1.4-64 新建构件

（2）修改属性：根据图纸中梁集中标注的信息在属性中逐一输入。如图1.4-65所示，根据图纸依次输入名称KL16、截面宽度200、截面高度400、箍筋信息为Φ8@100/200（2）、上部通长筋2Φ16。跨数会根据梁绘制情况自动判断梁支座，无需手动输入跨数。

图1.4-65 修改属性

（3）绘制构件：选择【直线】，左键选择梁的起点和终点，软件会根据支座自动判断梁跨数量，如图1.4-66所示。

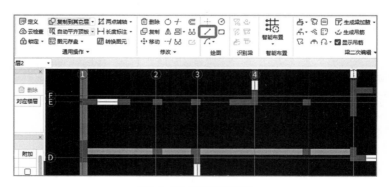

图1.4-66 直线绘制构件

（4）梁原位标注：所有梁绘制完成后，点击【原位标注】按钮，根据图中原位标注依次输入梁支座筋信息，如图1.4-67所示。

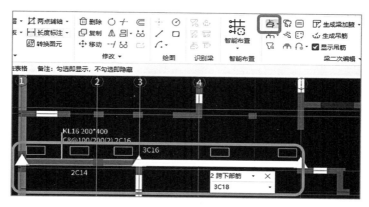

图1.4-67 梁原位标注

（5）生成吊筋：所有梁绘制并完成原位标注输入后，根据图纸信息（图1.4-68）设置吊筋及附加箍筋信息。本图纸中无吊筋，两侧各3根附加箍筋，通过【生成吊筋】功能输入附加箍筋信息生成即可，如图1.4-69所示。

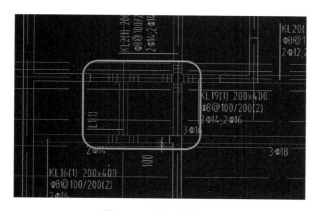

图1.4-68 附加箍筋标注

图1.4-69 生成吊筋

3. 梁建模常用功能

（1）删除支座、设置支座：绘制过程中如果支座有问题需要修改，可以通过【删除支座】【设置支座】进行修改，如图1.4-70所示。

（2）重提梁跨：绘制过程中跨数不一致或者无原位标注的梁需要快速原位标注时，可以通过【重提梁跨】刷新支座，如图1.4-70所示。

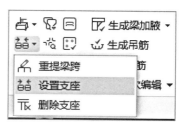

图1.4-70 修改支座

（3）刷新支座尺寸：梁图元复制到其他楼层后，支座尺寸与数目可能发生变化，可利用此功能快速更新支座信息，如图1.4-71所示。

（4）应用同名称梁：当梁名称相同时，可以先完成其中一根梁原位标注信息输入，再通过该功能批量将梁截面、钢筋信息等同步到其他同名称梁，如图1.4-72所示。

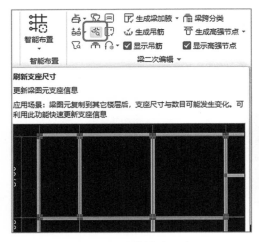

图1.4-71 刷新支座尺寸

图1.4-72 应用到同名称梁

（5）生成侧面筋：一般来说，当梁腹板高度或梁高超过450mm时需要设置侧面钢筋，有些图纸会针对满足条件且集中标注中未注明侧面筋信息的在结构说明中统一说明（本案例中集中标注已标注，无统一说明）。如需批量生成侧面筋，可以通过【生成侧面筋】批量布置侧面钢筋，在弹出的对话框中设置侧面钢筋的型号、生成范围与方式，如图1.4-73所示。

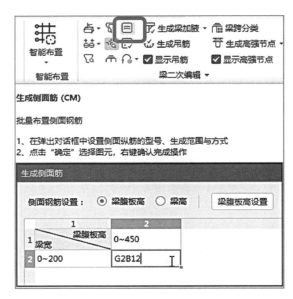

图1.4-73 生成侧面筋

4．梁手工建模总结

梁手工建模总结见表1.4-5。

梁手工建模总结

表1.4-5

前期准备	图纸识图、分割图纸对应楼层、定位。 注意：实际工程中有很多图纸，表达时要遵循平法表达的"向上精神"，切记要对应标高，不要读错楼层
新建构件	1．新建梁的维度：梁截面特点→矩形、异形、参数化。 2．属性定义：属性列表中填写的信息，对应的是梁集中标注的信息；结构类型必须保证准确，否则影响梁在支座内的节点构造。 3．下部通长筋、侧面构造钢筋、拉筋图纸没有标注就不用输入，蓝色字体是公有属性
绘制构件	绘制时选择起点、终点两个点，中间不可断开
原位标注	1．原位标注的顺序：所有梁绘制完之后再标注，避免中途标注支座还不完善。原位标注前梁显示为粉红色，原位标注后变为绿色。 2．图纸常见的错误：跨数、名称、支座等

1.4.3.4 算量实操——梁构件CAD导图建模

1．准备工作

图纸识图→分割图纸→定位图纸。

（1）图纸识图：熟悉图纸，了解梁的标高及楼层信息等。

（2）分割图纸：点击【分割】，鼠标左键选中需要分割的图纸，单击右键，在弹框中输入图纸名称和对应楼层，确定即可。

（3）定位图纸：检查图纸的定位是否正确，如不对，则通过【定位】功能手动定位。

2．梁构件识别

识别梁→识别梁原位标注→识别吊筋。

（1）识别梁

提取边线→提取标注→识别梁（自动识别、点选识别）→校核梁图元→二次编辑，如图1.4-74所示。

1）提取边线：鼠标左键选择其中一根梁的边线，所有梁边线选择完成后右键确定。

2）提取标注：集中标注与原位标注在同一图层时使用"自动提取标注"，软件自动区分集中标注和原位标注；集中标注与原位标注在不同图层时，则分别提取。

3）自动识别梁：识别梁时可优先使用【自动识别】，自动识别后会弹出集中标注校核窗口，可以双击梁名称检查梁信息是否遗漏，确认无误后点击"继续"，如图1.4-75所示。

继续识别后，会弹出识别梁校核窗口，可能出现梁跨支座不匹配、梁漏识别或缺少截面等问题，可直接双击问题描述，软件会自动定位到相应梁，进行相应检查修改即可。针对梁跨不匹配问题，通常可以通过【编辑支座】快速增加或删除支座（图1.4-76），如果无法编

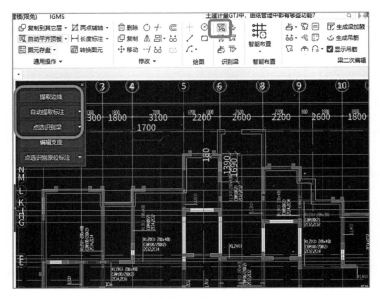

图1.4-74 识别梁

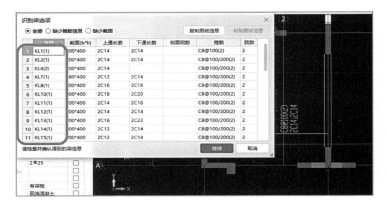

图1.4-75 梁集中标注校核

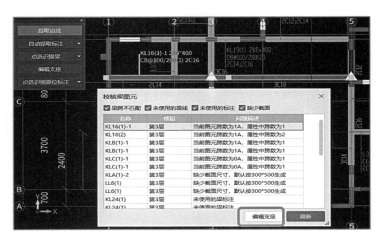

图1.4-76 编辑支座

辑，可以核实梁端是否延伸到支座内部，如断开，可以通过【延伸】修改后再编辑支座；未使用梁线或标注，可以检查是否梁有漏识别的情况，通过【点选识别梁】或【直线】绘制辅助修改；缺少梁截面则核实属性是否正确，如有问题，在属性中直接修改即可。

4）点选识别梁流程：点选梁集中标注→鼠标右键→选择梁边线（多跨梁只选起跨和末跨即可）→鼠标右键，如图1.4-77所示。

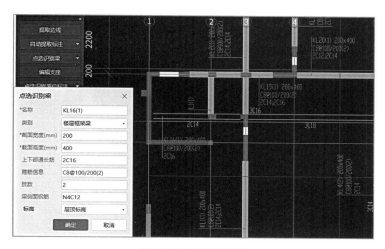

图1.4-77 点选识别梁

（2）识别梁原位标注

识别梁并确认本层梁识别无误后，进行原位标注的识别。一般可选用【点选识别原位标注】或【单构件识别原位标注】进行识别。识别后梁构件显示集中标注与原位标注，可与CAD底图进行对比检查，识别错误时直接在下方的"梁平法表格"中修改，另外识别前梁为粉红色，识别检查后梁变成绿色，注意识别过程中的校核（图1.4-78）。

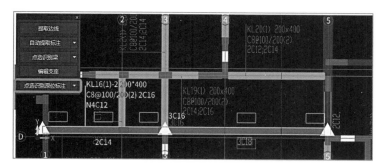

图1.4-78 点选识别原位标注

（3）识别吊筋

识别吊筋→提取钢筋线和标注→自动识别。

当梁的CAD平面图上有吊筋及吊筋钢筋标注时，可使用【识别吊筋】功能自动识别

（图1.4-79），如平面图中无吊筋及吊筋钢筋标注，可通过手工建模中的【生成吊筋】完成吊筋布置。

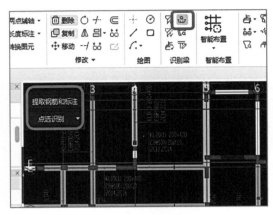

图1.4-79 识别吊筋

3．识别梁常见问题

（1）梁识别顺序建议：先识别以墙/柱为支座的梁（框架梁），再识别以框架梁为支座的梁（非框架梁）；先识别已经标注集中标注信息的梁，再识别仅标注名称的梁。

（2）识别过程中【编辑支座】的使用技巧，如梁断开注意结合【延伸】等功能进行辅助。

（3）如果图纸边线不全，可以单独识别梁构件，然后手动绘制。

（4）吊筋的识别与修改，如果识别没有成功，可以在平法表格中手动填入。

（5）图纸中常见的错误：梁的跨数、名称、支座等。

1.4.3.5 查量核量

1．梁混凝土与钢筋手算

以案例中KL16为例，梁截面及钢筋信息见图1.4-80，板厚120mm，根据案例图纸计算梁混凝土和钢筋工程量（已知梁第一跨净长为3240mm，第二跨净长为4700mm，第一跨梁两侧板厚120mm，第二跨梁两侧板厚分别为120mm和130mm）。

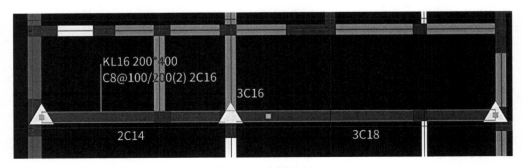

图1.4-80 案例KL16

解析：

（1）梁混凝土体积计算

$V=0.2×(0.4-0.12)×3.24+4.7×0.1×(0.4-0.12)+4.7×0.1×(0.4-0.13)$

$=0.43994m^3$

（2）梁钢筋计算

1）端支座锚固判断如下：

$l_{aE}=34d=34×14=476$

左支座锚固：$hc-bhc=250-20<l_{aE}$，弯锚长度$=hc-bhc+15d$

右支座锚固：$hc-bhc=200-20<l_{aE}$，弯锚长度$=hc-bhc+15d$

2）上部通长筋计算：上部通长筋根数为2根，则，

单根长度=梁净长+左支座锚固+右支座锚固$=8230+(250-20+15d)+(200-20+15d)$

$=9120mm$

3）支座负筋计算：支座负筋根数为1根，位置在中间支座，则，

单根长度$=Ln/3×2$（以左右两侧较大跨净长为准）+支座宽

$=4700/3×2+290=3424.33mm$

4）下部通长筋计算：

第一跨单根长度$=(250-20+15×14)+3240+476=4156mm$，根数2根

第二跨单根长度$=200-20+15×18+4700+34×18=5762mm$，根数3根

5）箍筋计算：

单根箍筋长度=周长+弯钩×2$=[(200-2×20)+(400-2×20)]×2+2×13.57×8$

$=1257.12mm$

（3）箍筋根数计算

箍筋加密区长度$=max(1.5Hb,500)=max(1.5×400,500)=600mm$

加密区箍筋根数=[（加密区长度-50）/箍筋加密区间距向上取整+1]×2

$=[(600-50)/100+1]×2${第一跨}$+[(600-50)/100+1]×2${第二跨}

$=28$根

非加密区箍筋根数=（梁净跨长-加密区长度×2）/箍筋非加密区间距，向上取整-1

$=(3240-600×2)/200${第一跨}$+(4700-600×2)/200${第二跨}

$=27$根

箍筋根数$=28+27=55$根

2．KL16软件计算结果

（1）该梁土建工程量如图1.4-81所示。

（2）该梁钢筋工程量如图1.4-82所示。

经上述对比，软件计算结果与手工算量一致。

图1.4-81 土建工程量

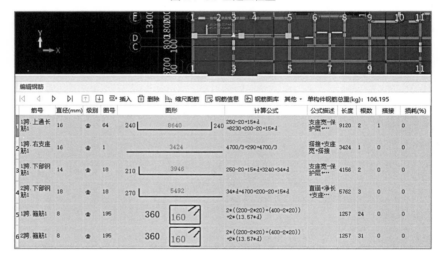

图1.4-82 钢筋工程量

1.4.3.6 梁建模高频问题解析

1. 为什么梁原位标注中负筋的根数与钢筋三维图中的根数不对应?(以图1.4-83为例)

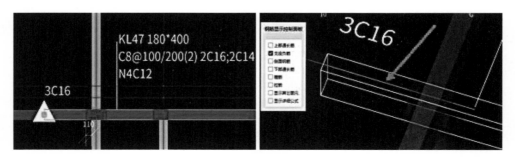

图1.4-83 梁负筋示意图

解析： 梁上部通长筋，一般是指受力上通长，而不是一根钢筋通到底。框梁在设计时，按照抗震规范要求至少配置两根直径不小于14mm（一二级）或12mm（三四级）的上部通长筋，因此梁肯定有上部通长筋，这是把与负筋平行且等长的"通长筋部分"充当了支座负筋。

2. 梯梁的类型究竟是KL还是L？（如图1.4-84所示）

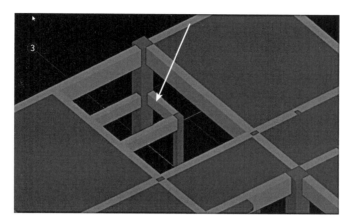

图1.4-84 梯梁示意图

解析： 按框架梁考虑。梯梁支承在梯柱上时，其构造应符合22G101-1中框架梁KL的构造做法，箍筋宜全长加密。

习　题

一、选择题

1. 【多选】平法梁的表达方式包含（　　）

　　A. 平面注写　　　　B. 截面注写　　　　C. 列表注写　　　D. 大样注写

　　正确答案：AB

2. 【多选】梁集中标注必须标注的内容包含（　　）

　　A. 梁编号　　　　　B. 上部通长筋　　　　C. 下部通长筋　　D. 箍筋

　　正确答案：ABD

3. 梁左支座负筋为6Φ25 4/2，表示（　　）

　　A. 表示共一排负筋，4Φ25放在角部，2Φ25放中间

　　B. 表示上排负筋为4Φ25；下排负筋为2Φ25

　　C. 表示共一排负筋为6Φ25

　　D. 表示上排负筋为2Φ25；下排负筋为4Φ25

　　正确答案：B

4. 梁原位标注钢筋包含（　　）

　　A. 支座负筋（标注位置：左支座、右支座）

　　B. 下部通长筋（标注位置：梁下部的跨中）

　　C. 附加钢筋

　　D. 以上都包含

　　正确答案：D

5. 梁下部钢筋为2Φ25+2Φ22，表示（　　）

　　A. 表示共一排负筋，2Φ25放在角部，2Φ22放中间

　　B. 表示上排负筋为2Φ25；下排负筋为2Φ22

　　C. 表示共一排负筋为2Φ25

　　D. 表示上排负筋为2Φ22；下排负筋为2Φ25

　　正确答案：A

6. 框架梁集中标注中箍筋信息为Φ8@100/200（2），以下正确的是（　　）

　　A. 箍筋级别为三级钢，直径8mm，箍筋加密区间距100mm，非加密区间距200mm，双肢箍

　　B. 箍筋级别为一级钢，直径8mm，箍筋加密区间距100mm，非加密区间距200mm，双肢箍

　　C. 箍筋级别为三级钢，直径8mm，箍筋间距100mm，双肢箍

　　D. 箍筋级别为三级钢，直径8mm，箍筋加密区间距100mm，非加密区间距200mm，单肢箍

正确答案：A

7. 针对无原位标注的梁，如何快速原位标注（　　）

 A. 删除支座   B. 只能手动在原位标注信息中一个个点

 C. 重提梁跨   D. 不同梁跨逐个设置支座

 正确答案：C

8. 梁图元复制到其他楼层后，支座尺寸与数目可能发生变化，利用以下哪个功能可以批量更新支座信息（　　）

 A. 设置支座   B. 刷新支座尺寸   C. 重提梁跨   D. 删除重新绘制

 正确答案：B

9.【多选】识别梁原位标注的方式有（　　）

 A. 自动识别梁原位标注   B. 点选识别梁原位标注

 C. 框选识别梁原位标注   D. 单构件识别梁原位标注

 正确答案：ABCD

二、问答题

1. 梁钢筋有哪些类型？其平法注写方式有哪些？

_____

_____

_____

2. 梁混凝土和钢筋工程量的手算思路是什么？怎样通过软件进行核量查量？

_____

_____

_____

3. 梁构件CAD识别的流程和注意事项是什么？

_____

_____

_____

扫码观看
本章小结视频

1.4.4 主体结构算量——板

1.4.4.1 板平法解析

1. 楼板的概念

楼板将建筑垂直方向分隔为若干层，其主要承受竖向荷载，并将荷载传给墙/柱，再由墙/柱传给基础，如图1.4-85所示。

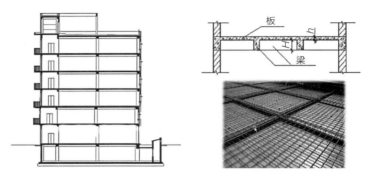

图1.4-85 板图示意

板在承受正弯矩时，从受力方向来说，板承受上部压强荷载，板内钢筋承受拉力荷载。板是面式构件，因此受力上下两个方向都有。板的受力情况如图1.4-86所示。

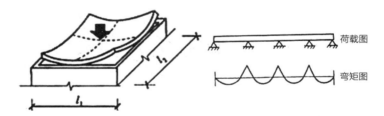

图1.4-86 板受力图

板钢筋包含：

（1）下部钢筋网片。板内钢筋在下层需要承受双向荷载（通长贯通布置），如图1.4-87所示。

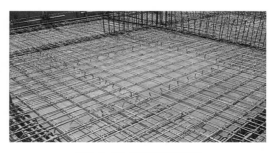

图1.4-87 板下部钢筋网片

（2）上部钢筋网片/支座负筋（前者通长贯通，后者支座位置有），如图1.4-88所示。

图1.4-88　板上部钢筋及支座负筋示意图

（3）分布筋、温度筋（非受力筋）

分布筋：处在受力筋上面与受力筋成90°，起固定受力钢筋位置的作用，并将板上的荷载分散到受力钢筋上。

温度筋（温度收缩钢筋）：在温差、收缩应力较大的现浇板区域内，钢筋间距宜取150～200mm，并应在板的未配筋表面布置温度收缩钢筋。温度筋是防止构件由于温差较大产生裂缝而设置，温度筋可利用原有钢筋贯通布置，也可另行设置构造钢筋网，并与原有钢筋按受拉钢筋的要求搭接或在周边构件中锚固（图1.4-89）。

（4）马凳筋：上下钢筋网之间支撑，如图1.4-90所示。

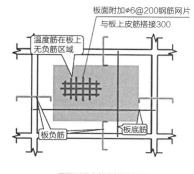

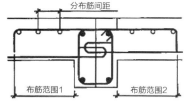

图1.4-89　温度筋以及分布筋示意图

图1.4-90　马凳筋

2．平法板的注写方式

（1）注意事项

22G101-1图集中所表述的板的配筋是"分离式配筋"，此种配筋方式适用于民用建筑（楼面上荷载为非震动荷载）。还有一种配筋方式是"弯起式配筋"，"弯起式配筋"主要应用于工业建筑中（楼面上荷载为震动荷载）。如图1.4-91所示。

分离式配筋   弯起式配筋

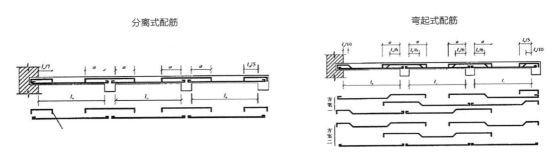

图1.4-91 板筋表述示意图

★**注：**同样的设计，弯起式配筋较分离式配筋会让构件更"结实"一些，因为钢筋不截断，增强了整体性。

（2）板平法注写方式

1）集中标注：板块编号、板厚、下部纵筋、上部纵筋、标高高差。

2）原位标注：板支座上部非贯通纵筋（板负筋）、悬挑板上部受力钢筋。

★**注：**集中标注板以"板块"为单位进行标注，如图1.4-92所示。

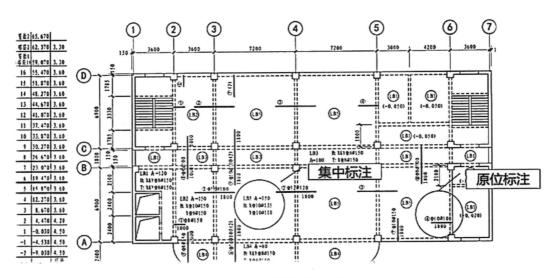

图1.4-92 板平法注写方式

3. 板集中标注注写元素详解

板集中标注包含的元素有：板块编号、板厚、上部贯通筋、下部纵筋、标高高差。

（1）板块编号：楼面板标注为LB，屋面板标注为WB，悬挑板标注为XB。

（2）板厚注写：板厚标注为$h=\times\times\times$，单位mm。例：$h=180$指的是板厚度为180mm的现浇板；悬挑板$h=120/80$，指根部厚度120mm、端部厚度80mm的悬挑板。如图1.4-93所示。

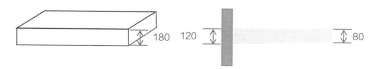

图1.4-93 板厚度标注示意

（3）纵筋标注：分上下层钢筋表示：B（Bottom，底部）——下部纵筋；T（Top，顶部）——上部贯通钢筋；X是水平方向，Y是垂直方向，X&Y代表双方向。

例：B：X&Y ⌀8@200，T：X&Y ⌀8@200，代表的是板内钢筋是上层和下层均为双层双向的⌀8间距200mm的钢筋。

（4）楼面高差：正值代表高出楼面标高相对值，如果是负值代表低于当前楼面标高相对值。

例：（-0.050），表示此板比楼面标高低-0.050m。

4. 板原位标注注写元素详解

板原位标注包含的元素有：板支座上部非贯通纵筋、悬挑板上部受力钢筋。

（1）板支座上部非贯通纵筋（俗称：板支座负筋/扣筋）

标注方式：用垂直于支座的中粗线表示。

注写内容：

1）扣筋上部：钢筋编号、配筋值、跨数（注意：跨数及是否布置悬挑端的表达方式同梁）。

2）扣筋下部：自支座向跨内延伸的长度。

★**注意：**①自支座中线和自支座边缘标注，详情按图纸要求。②两侧延伸长度可缺省标记，如图1.4-94所示。⌀12间距200mm的钢筋，默认自支座中心线向钢筋延伸方向长度为1800mm。

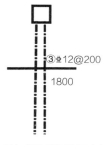

图1.4-94 板负筋标注示意图

（2）悬挑板上部受力钢筋

标注方式及注写内容同板上部非贯通钢筋，不再赘述。

5. 总结

板钢筋常见种类总结，如图1.4-95所示。

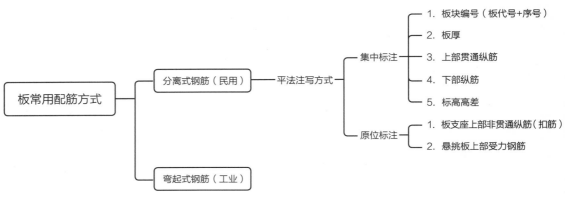

图1.4-95 板常用配筋方式

1.4.4.2 案例图纸——板识图解析

实际图纸中的板标注，可能会随着设计人员的不同，标注形式会有一定的不同，因此针对不同图纸，需要有一定的查看顺序，以方便进行信息提取，为建模提供数据支撑。以本次图纸结构图为例，查看"结构_t3.dwg"图。

查看顺序：参照板筋集中标注和原位标注总结，即图1.4-95所示内容。

（1）找到板图，整个图纸最后右侧一列为板图，板图名称上会注明当前层板高度，对照楼层表进行定位，如图1.4-96所示。以"图16-2.9m标高板平面布置图"作为案例（以下简称"图16"）

图1.4-96 板高度名称图

（2）找到对应板图后，进行板基本信息核对，核对时按照"先集中标注，后原位标注"的顺序进行。

结构图查看时并没有发现有集中标注的存在，这是因为图纸标注在设计时并没有按照集中标注的方式进行。但是识图时，我们可以根据识图元素在图纸上找到对应信息，集中标注包含的元素分别有：板块编号、板厚、下部纵筋、上部纵筋、标高高差。

1）从"图16"的下半部分可以看到文字描述，从中提取有用信息，如图1.4-97所示。

图1.4-97 板集中标注信息

由图1.4-97可以得出：板块无编号，板厚100mm，板下部和上部未注明的纵筋均为Φ8@200，阴影部分相对于结构顶标高抬升0.02m，卫生间、厨房板顶标高下沉0.03m。

同时在图上也可以识读出很多其他内容，如图1.4-98所示。

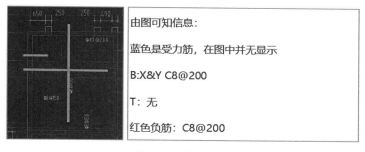

图1.4-98 板图信息

2）同时，图中左侧负筋标注可以参考结构设计说明10.6.1条规定，从支座边缘计算，如图1.4-99所示。

图1.4-99 负筋标注位置

补充知识点：负筋和跨板受力筋如何区分？

跨板受力筋有经过一整块板以后再挑出，但是负筋没有经过一整块板，如图1.4-100所示。

3）在负筋挑出部位，需要进行加强的集束钢筋一般称之为分布筋，"图16"结构设计说明10.6.8条规定，分布筋为Φ6@200，如图1.4-101所示。

4）在板上部没有钢筋的区域，需要查看图纸是否有要求布置温度钢筋。一般上部是素混凝土的情况下，需要布置温度钢筋来防止混凝土开裂。本工程温度筋设置依据来源于图纸结构设计说明10.6.7，如图1.4-102所示。

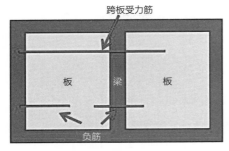

图1.4-100 跨板受力筋和负筋示意图

10.6.8 除注明外,受力钢筋的分布钢筋均为Φ6@200。

图1.4-101 分布筋钢筋信息

10.6.7 板短边跨度大于等于3.0米的板顶跨中部位加设焊接钢筋网,(所有配置双向双层钢筋网的现浇板不执行该条),钢筋网为Φ6@200,与原结构负筋之间的搭接长度为300mm。

图1.4-102 温度钢筋布置要求

根据要求，短边大于3m时需要布置钢筋网，以图1.4-103为例进行讲解。

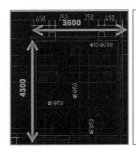

短边尺寸 3.6 > 3m,因此需要布置温度筋

温度筋要求是 C6@200 钢筋，搭接长度

300mm 。

由于有上部钢筋和下部钢筋，这里酌情考虑是否需要加马凳钢筋。

图1.4-103 温度筋计算案例

1.4.4.3 算量实操——板手工建模

1. 准备工作：图纸识图

熟悉板的厚度、标高、楼层和标注等基本信息，将楼层对应好。

2. 板构件建模

新建构件→修改属性→绘制板构件→布置板钢筋→生成分布筋。

（1）新建构件：定义界面点击【新建】，选择板构件，案例中直接选择"新建现浇板"，如图1.4-104所示。

（2）修改属性：根据图纸中板集中标注的信息在属性中输入，如图1.4-105所示。根据图纸依次输入：名称B-120、厚度120，类别默认为有梁板。

图1.4-104 新建构件   图1.4-105 修改属性

3. 绘制构件

选择【点画】，左键选择梁围成的封闭区域，板会根据支座自动填充，未封闭时需要在梁构件中设置封闭，如图1.4-106所示。

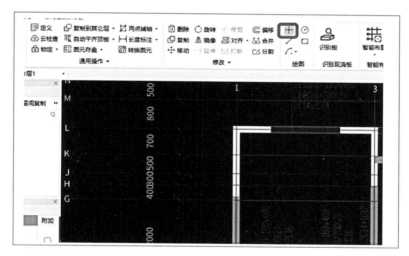

图1.4-106 画板

4. 布置板钢筋

（1）准备工作

首先看图例，末端弯折45°一般表示的是底部钢筋，如果是90°弯钩一般是上部钢筋，没有标注说明，按照本书案例"图纸16"要求即为⊈8@200。一般受力筋两种情况都有，分别为上、下部钢筋。负筋只有一种，即90°弯折。

（2）布置受力筋

左侧导航栏切换到【板受力筋】，界面右上角选择【布置受力筋】按钮，布置时在绘图区的上方选择功能按钮。

对于单块板选择：选择【单板】【XY向布置】两个按钮，此时会自动弹出窗口，如图1.4-107所示。这里有几种输入方式：①双向布置，即底部钢筋的直径和间距一样，输入一次生成X和Y两个方向钢筋。温度筋中间层筋可采用同样的操做。②双层双向布置，指的是上部钢筋网片和下部钢筋网片，X和Y这两个方向配筋的规格和间距均相同，那么直接设置一个即可。③XY方向布置，底筋或面筋在X和Y方向配筋规格或间距不同时，使用此方法布置。

采用双向布置，输入 ⻌8@200，然后把鼠标移到板上，当板块有选中的提示的时，点击鼠标左键，底部钢筋就布置完成。

温度筋同受力钢筋，不再重复赘述。

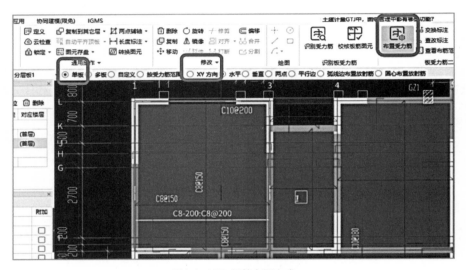

图1.4-107 板筋布置方式

（3）布置负筋

第一步，左侧导航栏切换到【板负筋】，会发现受力筋消失但软件默认有 ⻌8@200的负筋，刚好满足要求，可以修改属性参数。以图1.4-108为例进行负筋建立和布置的示范。

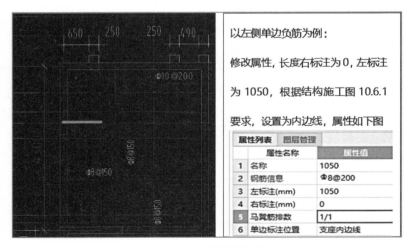

图1.4-108 新建负筋案例

第二步，进行负筋布置。选择【布置负筋】，负筋的布置范围是线，因此可以在布置方式中选择画线布置，本工程可以采用按梁布置，因为本工程负筋大部分都在梁上且梁形式较简单。鼠标移动到需要布置负筋的梁上，小范围移动鼠标确定布筋位置，点击左键即完成负筋布置，如图1.4-109所示。

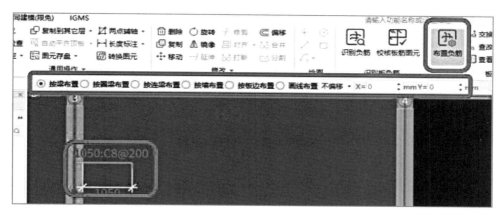

图1.4-109　布置负筋方式

其他方式根据工程情况选择即可，画线布置是最准确的，但范围需要手动确定。

（4）分布钢筋设置

图纸在结构设计说明中对分布钢筋进行了确定，详见本书案例中的"图纸16"结构设计说明10.6.8条款。在软件中可以在钢筋设置界面统一设置，如图1.4-110所示。

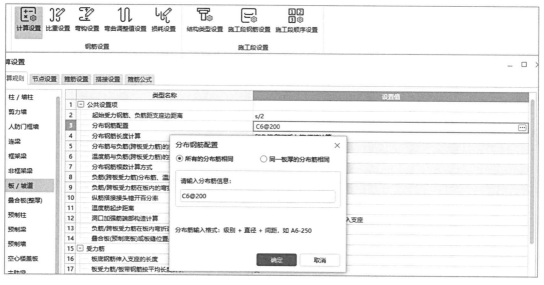

图1.4-110　分布筋设置

在工程设置中，选择钢筋设置中的【计算设置】，在计算规则页签选择【板/坡道】，在选项3中点击三点按钮进行修改，本工程显示未标注的钢筋均为±6@200，则在【所有的分布筋都相同】中输入，然后点击确定即可。如遇上不同板厚采用不同分布筋的情况，选择【同一板厚分布筋相同】，按照不同板厚填入分布筋即可。

5．板手工建模总结

板手工建模总结如图1.4-111所示。

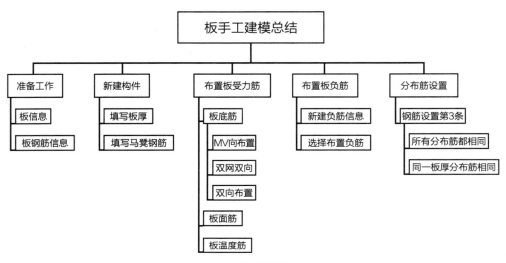

图1.4-111　板建模总结

1.4.4.4　算量实操——板识图建模

前文介绍了板的手工建模，大型工程对图元数量和设置的内容限制较大，那么手工建模布置板和钢筋严重影响建模速度。本节内容注重建模效率，从CAD识别角度对板建模效率作提升。但不是所有情况都可以使用板的识别，建议将识别与手工建模相结合，才能平衡准确度和效率。

1．准备工作

图纸识图→分割图纸→定位图纸。

（1）图纸识图：熟悉图纸，了解板的标高及钢筋信息等。

（2）分割图纸：点击【分割】，鼠标左键选中需要分割的图纸，单击右键，在弹框中输入图纸名称和对应楼层，点击确定即可。

（3）定位图纸：检查图纸的定位是否正确，如果不正确，则通过【定位】功能手动定位。

2．板构件识别

识别板→点选识别板受力筋→识别负筋。

识别板：提取板标识→提取板洞线→自动识别板→校核板图元，如图1.4-112所示。

（1）提取板标识：鼠标左键选择板集中标注信息，左键选择完成后单击鼠标右键确定。

图1.4-112 识别板

（2）提取板洞线：提取板无需布置的部位，常见于楼梯、电梯井等部位，有斜线或者折线标注，提取完成后鼠标右键确定。注意根据清单要求，单个面积大于0.3m²的孔洞是需要计算的，因此不需要提取。

（3）自动识别板：识别板选项卡只有【自动识别板】，自动识别后图纸上会出现板图元，需要根据图纸补足缺失的部分，并删除多余的部分。

★**注意：**自动识别不能解决所有问题，只是提升效率的一种功能。

3．识别板受力筋

识别受力筋：提取板筋线→提取板筋标注→点选识别板受力筋，然后点击【应用同名板】将钢筋快速应用到相同板中，如图1.4-113所示。

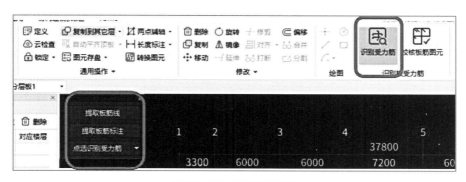

图1.4-113 板受力筋识别

1）提取板筋线：鼠标左键选择单根的板钢筋线，右键确定，提取所有钢筋线。

2）提取板筋标注：提取图上钢筋标注，提取时注意包括钢筋型号和尺寸在内的信息均需提取，依旧左键选择，右键确定。

3）点选识别受力筋：点击【点选识别受力筋】，点选钢筋线，在弹出的窗口中检查钢筋信息是否正确，无误后点击【确定】，如有错误直接在弹出界面上修改即可。最后在钢筋所在板范围内点击即可完成绘制。熟练后即可使用简易口诀[左键（点选钢筋线）→右键（确定）→左键（点画）]，从而快速完成绘制。

4. 识别板负筋

识别负筋：提取板筋线→提取板筋标注→点选/自动识别负筋，如图1.4-114所示

图1.4-114 板负筋识别

1）提取板筋线：如板受力筋中已经识别过，则这一步跳过，如没有提取，参照板受力筋提取方式进行提取。

2）提取板筋标注：提取图上钢筋型号和尺寸，同板筋线，之前提过就不用二次提取。

3）点选识别负筋：点击【点选识别负筋】，点选钢筋线，在弹出的窗口检查钢筋信息是否正确，无误后点击【确定】，有错误直接在弹出界面上修改即可，最后直线绘制负筋布置范围。

自动识别负筋：点击【自动识别负筋】，会弹出自动识别界面，清除两个界面中所有受力筋信息后，点击确定即可识别，如图1.4-115所示。

图1.4-115 板负筋自动识别

★**注意：** 识别后不能保证所有负筋信息均为正确的，需要进行校验，除了钢筋信息需要对照图纸进行核对外，负筋还需要校验布置范围。

校验板筋是否正确可以使用【查看布筋范围】和【查看布筋情况】。

查看布筋范围：该功能适用于在查看工程时，板筋布置比较密集，想要查看具体某根受力筋或负筋的布置范围。

查看布筋情况：该功能下能够查看受力筋、负筋布置的范围是否与图纸一致，进行检查和校验。

1.4.4.5 板高频问题解析

1. 板温度筋能不能用"上部受力筋"绘制？若不能，为什么？（如图1.4-116所示）

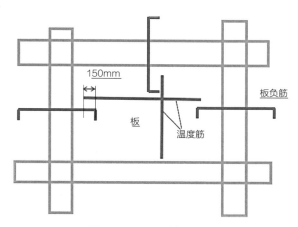

图1.4-116 温度筋表示方式

解析： 板温度筋不能用"上部受力筋"来代替绘制。温度筋只起到拉结作用，属于措施钢筋或者补救钢筋，不受力，因此不能认为是上部受力筋，并且计算长度也不同。

2. 如果在实际图纸中，有多个连续板块的底部配筋相同，那么应用软件设置底部钢筋时，单板布置与多板布置这两种布置方式会带来量差吗？

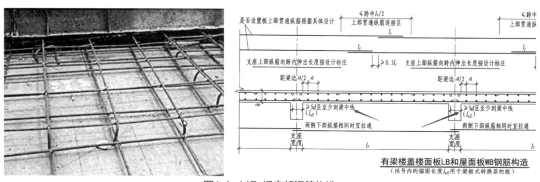

图1.4-117 板底部钢筋构造

解析： 不会带来量差。因为板底部钢筋在支座内的构造方式是深入支座内"$\geq 5d$且到梁的中心线"，如图1.4-117所示，而板的底部钢筋一般直径都很小，这样$5d$的取值，绝大多数会小于到梁中心线的长度。所以钢筋按贯通计算（对应多板布置）和非贯通计算（对应单板布置），底部钢筋的计算工程量是一样的，所以就不会带来量差了。

3. 支座负筋单边标注位置对钢筋工程量有影响吗？

解析： 有影响，原理如图1.4-118所示。

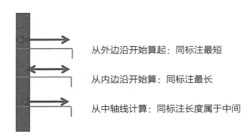

图1.4-118　板负筋计算简图

1.4.4.6　板混凝土、钢筋手算解析

1. 混凝土

板的混凝土计算主要集中在清单和定额计算规则的区别上。

清单：计算时板如果和墙相交，则扣除板与墙相交部分。

定额：计算时板如果和墙相交，则扣除板与外墙相交部分，内墙部分不扣除。

此处我们使用A-D轴与1-3轴相交的这块板作为计算案例，如图1.4-119所示。

参考软件计算结果（图1.4-120），完全符合清单和定额计算规范，因此也符合我们理解的情况。

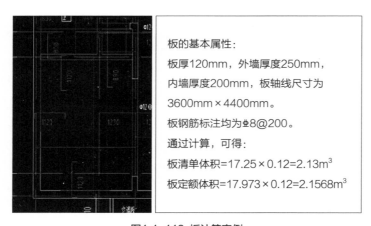

图1.4-119　板计算案例

板的基本属性：

板厚120mm，外墙厚度250mm，内墙厚度200mm，板轴线尺寸为3600mm×4400mm。

板钢筋标注均为Φ8@200。

通过计算，可得：

板清单体积=17.25×0.12=2.13m³

板定额体积=17.973×0.12=2.1568m³

图1.4-120　软件计算结果

2. 钢筋

（1）底部钢筋

底部钢筋计算参考平法图集22G101-1的计算规范。

长度=锚固+净跨长+锚固（如果HPB300钢筋加180°弯钩）

根数=(净长-起步×2)/间距，所得结果向上取整加1（起步距离为$s/2$，s为底筋间距）

本案例中底筋计算结果：

水平方向长度：$3330+\max(250/2, 5d)+\max(200/2, 5d)=3555mm$

水平方向根数：(5140−100×2)/200，所得结果向上取整加1，为26根

垂直方向长度：5140+max(250/2，5d)+max(200/2，5d)=5365mm

垂直方向根数：(3330−100×2)/200，所得结果向上取整加1，为17根

与软件的对比结果如图1.4−121和图1.4−122所示。

编辑钢筋

|< < > >| 插入 删除 缩尺配筋 钢筋信息 钢筋图库 其他 ▾ 单构件钢筋总量（kg）：36.504

	筋号	直径(mm)	级别	图号	图形	计算公式	公式描述	长度	根数	搭接	损耗(%)	单重(kg)	总重(kg)	钢筋归
1	C8-200.1	8	Φ	1	3555	3300+max(200/2，5×d)+max（250/2，5×d）	净长+设定锚固+…	3555	9	0	0	1.404	12.636	直筋
2	C8-200.2	8	Φ	1	3555	3300+max(200/2，5×d)+max（250/2，5×d）	净长+设定锚固+…	3555	17	0	0	1.404	23.868	直筋

图1.4−121 横向钢筋软件计算结果

编辑钢筋

|< < > >| 插入 删除 缩尺配筋 钢筋信息 钢筋图库 其他 ▾ 单构件钢筋总量（kg）：36.023

	筋号	直径(mm)	级别	图号	图形	计算公式	公式描述	长度	根数	搭接	损耗(%)	单重(kg)	总重(kg)	钢筋归
1	C8-200.1	8	Φ	1	5365	5140+max(200/2，5×d)+max（250/2，5×d）	净长+设定锚固+…	5365	17	0	0	2.119	36.023	直筋

图1.4−122 竖向钢筋软件计算结果

（2）本案例中选取负筋计算结果

以图1.4−119为例，选择左侧标注1120的单边负筋进行计算。单边标注负筋参考22G101−1平法图集。

负筋长度=锚固（如果是HPB300钢筋则加180°弯钩）+净长+弯折

负筋根数=(净长−起步×2)/间距，所得结果向上取整加1（起步为s/2，s为负筋间距）

负筋为Φ8@200，则

负筋长度=250−15+15×8+1120−250=1225mm

负筋根数与间距相同，与水平底筋根数一样，为26根。

再计算分布钢筋范围和长度，分布钢筋垂直于负筋。分布钢筋为Φ6@200，前期已说明，标注从内边线开始。则，

分布钢筋长度=5140−(690+1120−250)+300(搭接)×2=4180mm

分布钢筋根数=(1120−250−100)/200，向上取整+1，结果为5根

与软件的计算结果（图1.4−123）进行对比，可以发现二者完全符合，计算正确。

|< < > >| 插入 删除 缩尺配筋 钢筋信息 钢筋图库 其他 ▾ 单构件钢筋总量(kg)：18.290

	筋号	直径(mm)	级别	图号	图形	计算公式	公式描述	长度	根数	搭接	损耗(%)	单重(kg)	总重(kg)	钢筋归
1	板负筋.1	8	Φ	64	105 1105 120	870+105+250−15+15*d	左净长+弯折+设…	1330	26	0	0	0.525	13.65	直筋
2	分布筋.1	6	Φ	1	4180	3580+300+300	净长+搭接+搭接	4180	5	0	0	0.928	4.64	直筋

图1.4−123 负筋软件计算结果

习　题

一、选择题

1.【单选】板负筋的布置方式不包括以下哪种（　　）

　　A. 根据梁布置　　B. 根据墙布置　　　C. 根据板边布置　　　D. 根据基础布置

　　正确答案：D

2.【多选】板的纵筋表示正确的有（　　）

　　A. B：X╚10@100；Y╚10@120　　　B. T：X╚10@100；Y╚10@120

　　C. B&T：X╚10@100，Y╚10@120　　D. B&T：X&Y╚10@100

　　正确答案：ABD

3.【单选】板受力筋布置方式不包括（　　）

　　A. 双向布置　　　B. 双网双向布置　　　C. XY向布置　　　D. 按板布置

　　正确答案：D

4.【单选】以下说法正确的是（　　）

　　A. 板可以使用自动识别板一次识别出所有的板构件

　　B. 板钢筋可以有识别和布置两种方式，且任何情况都能使用

　　C. 板负筋自动识别时需要删除板受力筋信息

　　D. 板受力钢筋完全可以使用自动识别来搞定

　　正确答案：C

5.【多选】板受力筋布置形式包括（　　）

　　A. XY向布置　　　B. 水平　　　C. 垂直　　　D. 按板边布置

　　E. 平行边布置

　　正确答案：ABCDE

二、问答题

1. 板钢筋有哪些类型？平法注写方式有哪些？

_____

_____

_____

2. 简述板构件CAD识别的流程和注意事项。

_____

_____

_____

_____

扫码观看
本章小结视频

1.4.5 主体结构算量——楼梯

1.4.5.1 楼梯的分类

1. 板式楼梯

板式楼梯是指由梯段板承受该梯段的全部荷载，并将荷载传递至两端平台梁上的现浇式钢筋混凝土楼梯。其受力简单、施工方便，可用于单跑楼梯、双跑楼梯。板式楼梯是将楼梯作为一块板考虑，板的两端支承在休息平台的边梁上，休息平台支承在墙上，如图1.4-124所示。

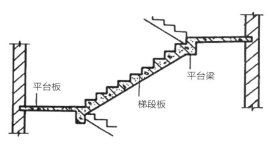

图1.4-124 板式楼梯图

2. 梁板式楼梯

楼梯板下有梁的板式楼梯，因此又叫梁板楼梯。梁板式楼梯是梯段踏步板直接搁置在斜梁上，斜梁搁置在梯段两端（有时由于受力需要，斜梁设置3根）的楼梯梁上。梁式楼梯纵向荷载由梁承担。目前一般建筑中梁式楼梯很少用。

梁式楼梯传力路线：踏步板→斜梁→平台梁→墙或柱。当踏步板产生裂缝，若楼梯梁完好，则只是局部问题，影响部大。

梁式楼梯的配筋方式：梯段横向配筋，搁在斜梁上，另加分布钢筋。平台主筋均短跨布置，依长跨方向排列，垂直于分布钢筋，如图1.4-125所示。

★注意：平法图集22G101-2都是板式楼梯，如果是梁板式楼梯则不适用该图集，如图1.4-126所示。

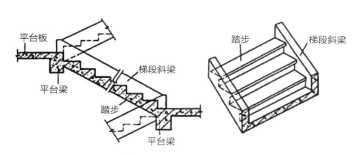

图1.4-125 梁式楼梯图

图1.4-126 混凝土平法板式楼梯

1.4.5.2 楼梯的组成

楼梯由梯段、梯梁、休息平台板和梯柱组成，梯柱不是所有情况下都存在。楼梯主要有图1.4-127所示的几种形式，其中：

AT型楼梯：梯段板直接架在梯梁上。

BT型楼梯：梯段板底部有小平台。

CT型楼梯：梯段板顶部有小平台。

DT型楼梯：上下梯段板都有小平台。

ET型楼梯：梯段中间有小平台。

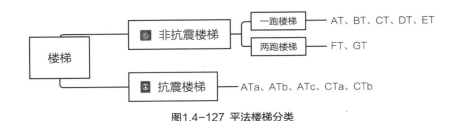

图1.4-127 平法楼梯分类

1.4.5.3 楼梯的注写方式

楼梯的注写方式有表格形式、截面标注形式以及平法标注形式。目前主要使用平法标注形式，其他方式因不符合平法原理已淘汰。

平法注写方式分集中标注和原位标注。

1．集中标注

包含梯段板名称、梯段板厚、踏步高度级数、上下钢筋以及分布筋信息，如图1.4-128所示。

解析：

AT1，$h=100$——梯板类型及编号，板厚100mm；

梯板板厚1300/8——踏步段总高度/踏步级数；

Φ8@200；Φ8@200——上部纵筋；下部纵筋；

F6@200——梯板分布筋（可统一说明）。

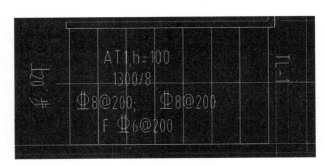

图1.4-128 楼梯集中标注样式

2. 外围标注

外围标注包含楼梯间平面尺寸、楼层结构标高、层间结构标高、楼梯上下方向、梯板平面几何尺寸、平台板配筋、梯梁及梯柱配筋，如图1.4-129所示。

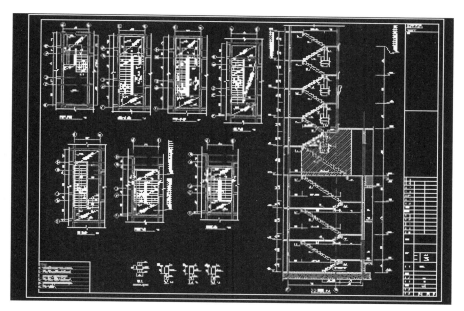

图1.4-129 楼梯图示意

1.4.5.4 楼梯图纸的平法识图

本案例图纸中有3种不同的楼梯，分别进行图纸识读及相应分析。

1. 地下楼梯

本案例中，地下楼梯形式为上下梯段不等的楼梯，我们取用-6.9～-3.5m地下二层楼梯，以图1.4-130为例进行识读。AT2和BT2梯段板从图1.4-131和图1.4-132所示进行信息提取。

可以识读得出：

（1）梯段板AT2：梯段板厚140mm；楼梯竖向高度2720mm，分16级；横向梯段长度3900mm，分15段，每段宽度260mm；上部钢筋Φ10间距180mm，下部钢筋Φ12间距130mm，分布筋信息为Φ8间距200mm。

（2）梯段板BT2：梯段板厚140mm；楼梯竖向高度680mm，分4级；横向梯段长度780mm，分3段，每段宽度260mm；下部小平台板长3120mm、宽度1160mm；上部钢筋Φ10间距200mm，下部钢筋Φ12间距180mm，分布筋信息为Φ8间距200mm。

（3）休息平台板标高为-6.22m，根据楼梯图中地下二层平面图，可以识读出休息平台板尺寸为2110mm×4240mm，梯段板厚100mm；钢筋为Φ8间距200mm，双层双向；同时识读出对应梯梁为TL1，根据详图可以得出TL1的尺寸为180mm×350mm，下部为3根

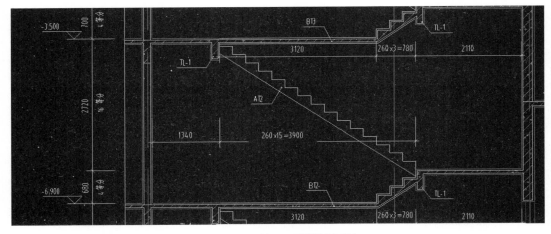

图1.4-130 地下二层楼梯侧面图

图1.4-131 AT2属性图

图1.4-132 BT2属性图

直径14的钢筋，上部是2根直径14的钢筋，箍筋ф8，间距150mm。

2. 首层楼梯

首层楼梯比较特殊，梯段形式是直接一跑，从首层地面直接到2层，没有转折和休息平台板。由图1.4-133和图1.4-134所示进行识读。可以得出：

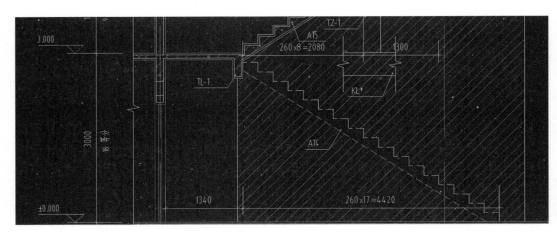

图1.4-133 首层楼梯立面

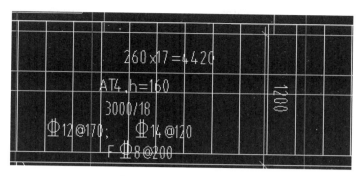

图1.4-134 首层楼梯平面

首层楼梯集中标注：AT4楼梯，梯段板厚160mm；楼梯竖向高度3000mm，分18级；横向梯段长度4420mm，分17段；上部钢筋Φ12间距170mm，下部钢筋Φ14间距120mm，分布筋Φ8间距200mm；其中只有一道梯梁TL1，尺寸为180mm×350mm；下部为3根直径14的钢筋，上部为2根直径14的钢筋，箍筋Φ8间距150mm。

3. 地上层楼梯

以3层，即6~9m这一层为例，讲解楼梯构件和尺寸内容：

（1）楼梯先读取集中标注，从图1.4-135中可以识读到的内容有：AT5，梯段板厚100mm；楼梯竖向高度1500mm，分9级；宽260mm，分8级，共2080mm；上部筋Φ8间距200mm，下部钢筋Φ10间距200mm，分布筋Φ6间距200mm。

（2）楼梯有上下两个梯段，均为AT5梯段的板，同时单段梯板高度1500mm，等分9步，梯梁为TL2，且有一根梯柱，如图1.4-136所示。

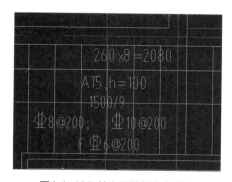

图1.4-135 地上层楼梯集中标注

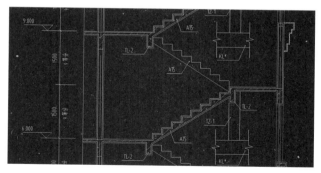

图1.4-136 三层楼梯详图

此段楼梯为标准的单跑楼梯组合，由图1.4-137所示，中间休息平台板尺寸为1300mm×2420mm，板厚100mm，钢筋Φ8间距200mm，双层双向。同时图中识读出的梯梁为TL2，在该图下部有详图，可识读出：梯梁TL2的尺寸为180mm×300mm，下部为2根直径14的钢筋，上部同样为2根直径14的钢筋，箍筋Φ8，间距150mm。

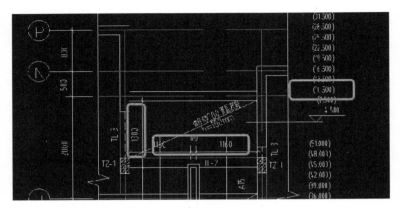

图1.4-137 三层楼梯休息平台板属性

1.4.5.5 楼梯的建模

1. 准备工作：图纸识图

熟悉楼梯的基本信息，切换到对应楼层。

2. 楼梯构件建模

（1）基本思路

定义→新建→绘图。

楼梯没有自动识别，因此基本是采用新建的方式进行创建，新建时软件提供了参数化形式，可以根据图纸形式选择最接近的参数图，根据图纸识读内容进行参数修改，最后进行点选布置。

（2）新建构件

在左侧导航栏找到楼梯，在定义界面选择新建参数化楼梯，新建参数化楼梯后自动弹出参数化界面，见图1.4-138。

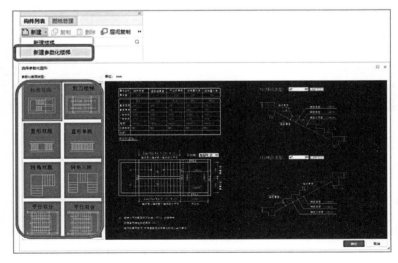

图1.4-138 楼梯图新建

1）在参数化界面中，优先选择左侧的参数图：例如地下楼梯可以选择双跑楼梯。首层楼梯可以选择直行单跑。原则是首先选择最接近的、修改最少的参数图。

2）选择完参数图后，就需要在右侧输入具体的参数，参数输入分梯段、平面和基本属性梯梁表格3个部分，分别对照图纸进行修改，以下对三个部分分别讲解。

梯段修改：梯段修改时，如梯段形式符合要求则鼠标左键点击绿色数字直接修改；如不能满足要求，点击上部"三点按钮"重新选择梯段类型（包含了目前平法中楼梯类型）后再修改参数。如图1.4-139所示。

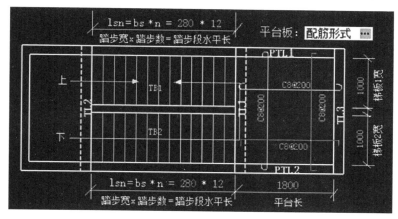

图1.4-139　梯段属性修改

如果上部梯段属性相同，则直接在上部梯段"三点按钮"下点击同下部梯段即可，不用二次输入。

楼梯平面属性的修改，主要是楼梯集中属性的内容，根据图纸对应梯段填入即可。注意：休息平台板是从台阶边缘到平台梁内侧的距离，如图1.4-140所示。

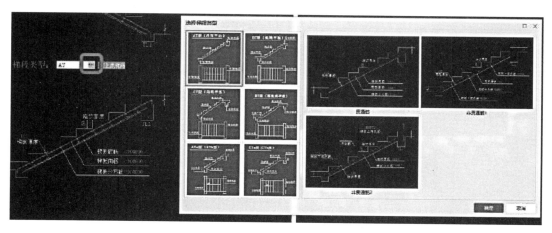

图1.4-140　楼梯平面标注

基本属性和梯梁表中包含了楼梯的一些基本属性，梯梁的数据输入既可以点击输入，也可以使用"梯梁快速输入"功能，在弹出的表格中对照图纸进行快速输入，类似Excel的操作方式，如图1.4-141所示。

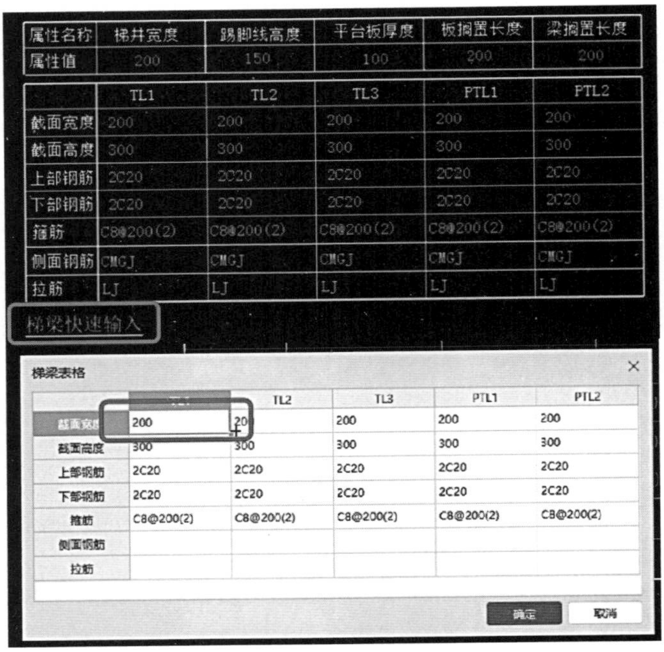

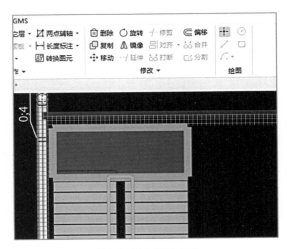

图1.4-141 基本属性和梯梁表

（3）绘制楼梯

楼梯的参数图设置完成后，应用工具栏中的点画按钮进行点画，可使用快捷键F4切换捕捉点，如图1.4-142所示。

图1.4-142 楼梯点画

1.4.5.6 查量核量

楼梯混凝土与钢筋手算：

例：如图1.4-143所示，求现浇钢筋混凝土整体楼梯工程量并套用定额及清单（已知为4层楼梯）。

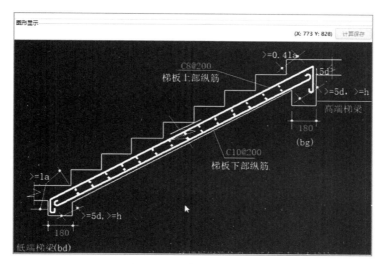

图1.4-143 楼梯案例示意

（1）混凝土体积：梯段长×梯段宽。识图即可，比较简易，不作讲解。

（2）钢筋：

1）梯板底部钢筋长度=底边长(去梯梁部分)+锚固长度$\max(5d,板厚)\times2$

底边长=$\sqrt{(梯段长-2\times梯梁宽)^2+(梯段高-1级踏步高)^2}$=$\sqrt{2080^2+(1500-1500/9)^2}$

   =2470mm

梯板底部钢筋长度=$2470+100\times2=2670$mm

梯板底部钢筋根数=(宽度-起步)/间距=$(1160-100)/200$，向上取整+1，为7根

2）梯板顶部钢筋长度=顶边长+$2\times(0.4l_a+15d)$=$2470+320+0.4\times320+15\times8$

       =3040mm

梯板顶部钢筋根数=7根

3）分布筋：

长度=$1160-2\times15=1130$mm

根数=$(2470-100)/200$，向上取整+1，为13根

2个梯段26根。

钢筋计算结果与软件对比发现，长度和根数基本一致，如图1.4-144。

筋号	直径(mm)	级别	图号	图形	计算公式	公式描述	长度	根数	搭接	损耗(%)	单重(kg)	总重(kg)	钢筋
梯板下部纵筋	10	亚	3	2671	2080*1.188*2*100		2671	7	0	0	1.648	11.536	直筋
2 梯板上部纵筋	8	亚	781	120 2795 124	2080*1.188*320+248		3039	7	0	0	1.2	8.4	直筋
3 梯板分布钢筋	6	亚	3	1130	1160-2*15		1130	26	0	0	0.251	6.526	直筋

图1.4-144　楼梯软件计算结果

1.4.5.7　楼梯构件常见争议

1. 全楼第一跑楼梯如何与主体构件（一般是基础）连接？（如图1.4-145所示）

争议解析： 图1.4-145中写明，钢筋锚入筏板。但是正常图纸很多时候不会有标注，第一跑楼梯会和基础筏板之间有一定的距离，常见于使用短梁或者短墙进行加固。如果图纸中没有标注"钢筋锚入筏板"，一定要求设计人员进行补全，如图1.4-146所示。

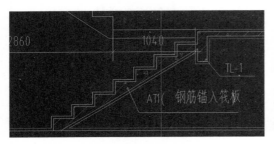

图1.4-145　楼梯与主体构件相交示意图

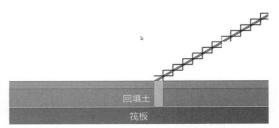

图1.4-146　楼梯与基础的常见连接方式

2. 剪刀型楼梯的休息平台是不是应该算到楼梯范围内？（如图1.4-147所示）

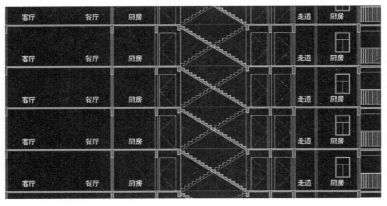

图1.4-147　剪刀型楼梯示意图

争议解析： 剪刀型楼梯的休息平台板和楼板是一个标高，施工难度上并没有区别，所以休息平台不能算到楼梯范围内，而是应该按照楼层板进行计算。

习　题

一、选择题

1. 【单选】在GTJ2021中参数化楼梯想查看单根钢筋布置效果可通过什么功能查看（　　）

    A. 查看钢筋三维　　　　　　　　　B. 表格输出

    C. 编辑钢筋　　　　　　　　　　　D. 查看钢筋量

    正确答案：A

2. 【单选】根据《房屋建筑与装饰工程工程量计算规范》GB 50854—2013，楼梯水平投影面积与楼梯井扣减正确的是（　　）

    A. 不扣除宽度≤300mm的楼梯井　　B. 不扣除宽度＜300mm的楼梯井

    C. 不扣除宽度≤500mm的楼梯井　　D. 不扣除宽度＜500mm的楼梯井

    正确答案：C

3. 【多选】以下关于楼梯说法错误的是（　　）

    A. 楼梯土建工程量只计算混凝土量

    B. 楼梯计算建筑面积时规则为计算一半的建筑面积

    C. 软件默认楼梯的计算建筑面积为不计算

    D. 楼梯使用参数化时不能使用快捷键修改捕捉位置

    正确答案：ACD

二、问答题

1. 楼梯的分类有哪些，各有什么特点？

    _____

    _____

    _____

2. 简述楼梯识图的基本信息提取方式。

    _____

    _____

    _____

3. 简述楼梯绘制方法和查量。

    _____

    _____

    _____

扫码观看
本章小结视频

1.5 二次结构算量

1.5.1 二次结构基础知识

此处所讲解的二次结构识图规则是指二次结构构件在图纸中的表达方式，这些构件不会出现在平法图集中。平法图集表达的是主体结构构件：基础、柱、梁、墙、板、楼梯。平法图集是不适用于二次结构的。

所谓二次结构是在一次结构（也就是主体结构）的承重构件（柱、梁、墙、板、楼梯）施工完成之后才施工的。属于非承重结构，或者说围护结构，比如构造柱、圈梁、过梁、止水反梁、女儿墙、压顶、填充墙和隔墙等等。

1.5.1.1 二次结构的主要构件类型

1. 构造柱、圈梁

在砖混结构里面。构造柱会设置在墙与墙相交处，或者说墙体拐角的位置。基本上墙墙相交都会有构造柱，圈梁会出现在墙体的顶部，并且沿着墙体的方向形成封闭的闭合梁。在砖混结构里面，构造柱和圈梁增加整个结构的整体稳定性，属于抗震构件，如图1.5-1所示。

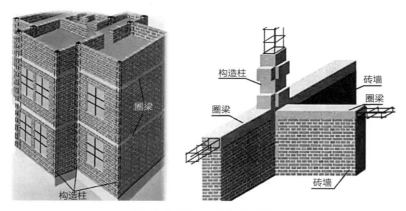

图1.5-1 构造柱、圈梁示意图

随着结构形式的变化，在框架结构或者说框架剪力墙结构里面，构造柱和圈梁布置在单面的墙体上。墙体的长度或者高度超过一定数值，通俗来讲，我们认为这面墙足够大，大到觉得这个墙不够稳定了，就需要在墙竖向和横向位置设置构造柱和圈梁，两者共同作用，增加单面墙体的整体稳定性。

2. 过梁

门、窗、洞口的上部要继续砌筑砌块，那么就需要有一个承载构件，并且把上面的荷载分散到两边的墙体，这个承载构件就叫过梁，如图1.5-2所示。

3. 止水反梁

在厨房、卫生间、阳台这样潮湿或者多水的房间，沿着墙体的走向在墙体位置的下部，设置一个混凝土台，就是止水反梁，也称为防水台、止水台、止水板等（图1.5-3）。它的作用是防止潮湿房间的水分侵蚀到其他房间。

图1.5-2 过梁示意图

图1.5-3 止水台示意图

4. 女儿墙、压顶

女儿墙是建筑物屋顶周围的矮墙，主要在屋顶起到防护作用，如图1.5-4所示。

压顶是指在女儿墙的顶部或者在窗口的下部等位置做的混凝土带，窗口下部的压顶是因为窗口两侧的墙体和窗口底部的墙体交界的位置，因为剪应力的存在，而造成斜向的裂缝，所以在这个位置要设置一个压顶，防止裂缝的产生，如图1.5-5所示。

图1.5-4 女儿墙示意图

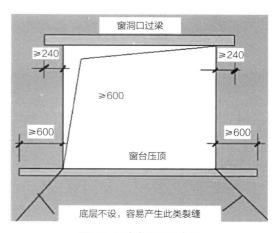

图1.5-5 窗台压顶示意图

5. 填充墙

填充墙是指为了满足使用的需求，起到维护和分隔作用的非承重墙体，它常常出现的位置在框架梁的下部和框架柱的内侧，如图1.5-6所示。

图1.5-6 填充墙

1.5.1.2 二次结构构件在图纸中的呈现

二次结构构件在工程图纸的位置如表1.5-1所示。

二次结构构件在图纸中的位置   表1.5-1

二次构件名称	识图内容位置	描述关键词	案例描述
构造柱	结施-结构说明	墙体长度+隔墙转角处+电梯井四角+墙端头	10.11.5/8
圈梁	结施-结构说明	墙体高度+兼做过梁+电梯井顶部	10.11.6
过梁	结施-结构说明	选用图集+施工做法+支撑长度	10.11.3
止水反梁	结施-结构说明	设置位置+上翻高度+施工位置	10.6.10
女儿墙	结施-结构说明 结施-屋面结构图	剖面图+加强做法（圈梁、构造柱、压顶）	结施-14
压顶	结施-结构说明	厚度+配筋+位置	10.11.11
填充墙	建施-平面图	厚度+材质	各建施平面图

1. 构造柱

一般图纸的结构说明给出构造柱的布置位置和配筋信息，具体位置在本案例结构说明的10.11.5及10.11.8，如图1.5-7和图1.5-8所示。

图1.5-7 构造柱在案例工程中的说明   图1.5-8 电梯井处构造柱的说明

通过图纸中的说明，可以得出以下信息：

（1）构造柱的布置位置：填充墙长度超过5m时，构造柱布置在墙中位置，除此之外，构造柱还布置在砌体墙转角、悬臂梁隔墙端头、内外墙相交处、直墙端头、电梯井道的四角。

（2）构造柱的尺寸信息：截面宽度为240mm，截面高度同墙厚。

（3）构造柱的配筋信息：4根直径为12的HRB400的纵筋；箍筋为直径为6的HRB400的钢筋，间隔250mm布置。

2. 圈梁

一般图纸的结构说明会给出圈梁的布置位置和配筋信息，具体见本案例结构说明10.11.6和10.11.8，如图1.5-9所示。

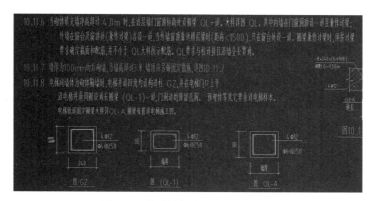

图1.5-9　构造柱在案例工程中的说明

通过图纸说明，可以得出以下信息：

（1）圈梁的布置位置：①填充墙净高超过4m时，圈梁在该层墙门窗顶标高处设置，并给出了内外墙设置的位置；②电梯井道周围要布置圈梁；③电梯轨道固定位置布置圈梁。

（2）圈梁的尺寸信息：截面宽度同墙厚，截面高度为200mm，电梯规定固定圈梁的截面高度为300mm。本案例工程的电梯井道是剪力墙，所以电梯井道周围的圈梁可以不用布置。

（3）圈梁的配筋信息：4根直径为12的HRB400的纵筋；箍筋为直径为6的HRB400的钢筋，间隔250布置。

3. 过梁

一般图纸的结构说明中会给出过梁的信息，具体见本案例结构说明10.11.3，如图1.5-10所示。

10.11.3　过梁：砌体填充墙上的过梁选用 03G322-1中的 2级荷载过梁，宽度同墙厚。当过梁与柱或钢筋混凝土墙相碰时，改为现浇，应按相应过梁的配筋，在柱(墙)内预留插筋；过梁在砖石砌体中每边支承长度不小于250mm。

图1.5-10　过梁在案例工程中的说明

过梁的布置位置在门窗洞口上方，有的工程会直接在结构说明中给出过梁按照不同宽度的门窗应该如何布置，如何配筋，有的工程会给出过梁参照的图集，本案例通过图集的方式呈现，所以要结合过梁图集查找尺寸及配筋信息。

4. 止水反梁

一般图纸的结构说明会给出止水反梁的信息，具体见本案例结构说明10.6.10条，如图1.5-11所示。

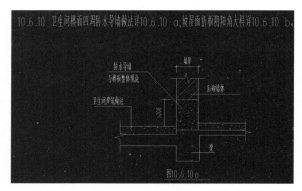

图1.5-11　止水反梁在案例工程中的说明

结构说明一般会描述止水反梁设置的位置，比如哪些房间需要做止水反梁。本案例在卫生间四周上反的高度要大于200mm，一般宽度是同墙宽。

5. 女儿墙、压顶

女儿墙布置位置一般可以在屋面结构图或者屋面平面布置图找到，需要结合剖面图了解高度信息，有的工程女儿墙是有造型的，需要结合大样图或者详图处理。

女儿墙上的压顶见本案例结构说明10.11.11（图1.5-12）；窗台压顶在本案例结构说明的10.11.4中，如图1.5-13所示。

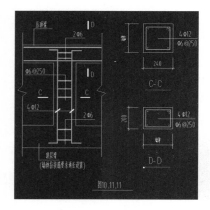

图1.5-12　压顶示意图

图1.5-13　窗台压顶在案例工程中的说明

6. 填充墙及拉结筋

填充墙是非承重构件，所以不在结构图中呈现，建模绘制时参照建施图中每一层的平面图布置，每层的平面图也会绘制门窗位置，门窗的大小一般结合建筑说明中的门窗表，窗的离地高度一般需要结合剖面图、立面图查看，有时也会在门窗表里注明。平面图如图1.5-14所示。

填充墙墙体材质和厚度一般会在建筑说明或者平面图的图纸说明中呈现，本案例是在每张平面图右侧位置标注的，如图1.5-15所示。

填充墙中要布置砌体拉结筋，一般拉结筋的布置要求会在结构说明中注明，如图1.5-16所示。

本工程拉结筋要求通常布置，沿着墙高每隔500mm布置2根直径为6的HRB400的钢筋。

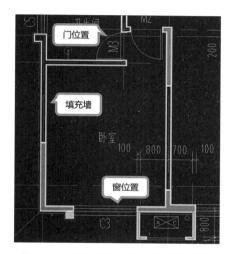

图1.5-14 填充墙及门窗平面布置示意图

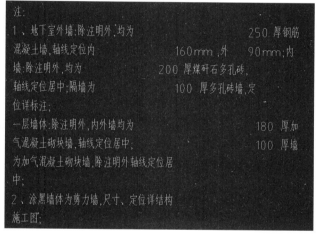

图1.5-15 砌体填充墙材质及厚度说明

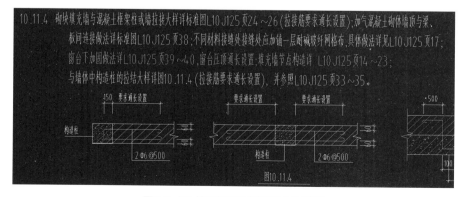

图1.5-16 拉结筋在案例工程中的说明

1.5.2 二次结构构件处理

1.5.2.1 算量实操——砌体墙

1. 算量实操

（1）手工建模：新建构件→修改属性→绘制构件。

1）新建构件：新建砌体墙时，需注意内外墙的区分，内外墙区分正确与否直接影响后期脚手架工程量、外墙装饰工程量以及外墙钢丝网片工程量的准确性。完成砌体墙的新建如图1.5-17所示。

2）修改属性：新建完毕之后，进行属性列表的修改，如图1.5-18所示。

3）绘制构件：选择【直线】绘制墙体，注意一定要拉通布置，尤其在门窗的位置必须拉通，否则门窗无法布置，如图1.5-19所示。

图1.5-17 新建砌体墙   图1.5-18 属性修改

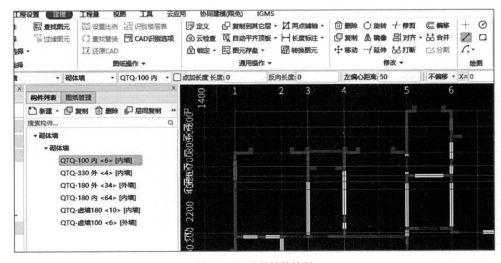

图1.5-19 砌体墙的绘制

（2）CAD导图

1）准备工作：图纸识图→分割图纸→定位图纸。

①图纸识图：熟悉图纸，从图纸中可了解到材质以及墙厚的要求，如图1.5-20所示。

在结构总说明中的砌体墙节点中可以查看到砌体墙的通长筋为"2Φ6@500"，如图1.5-21所示。

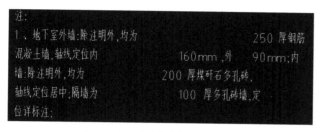

图1.5-20 砌体墙内外墙注释说明

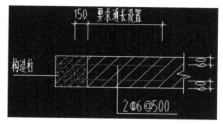

图1.5-21 砌体墙节点大样图

针对横向断筋，图纸中无特殊注明可不进行设置。横向短筋为与砌体通长筋垂直的钢筋，两者形成一个在墙体内部小的钢筋网片，整体上增加了墙体的稳定性。

②分割图纸：点击【分割】，鼠标左键选中需要分割的图纸，鼠标右键，在弹框中输入图纸名称和对应楼层，确定即可。

③定位图纸：检查图纸的定位是否正确，如果不对，则通过【定位】功能手动定位。

2）构件识别：点击【识别砌体墙】，按左上方出现的指引由上往下依次进行操作，如图1.5-22所示。

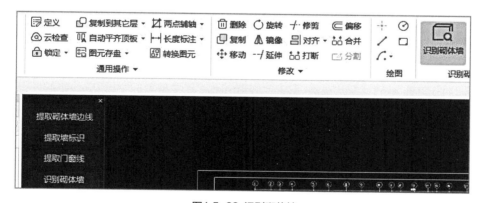

图1.5-22 识别砌体墙

本书案例中无墙标识，直接操作提取门窗线，然后点击识别砌体墙，如图1.5-23所示。

绘制完成的砌体墙通过识别，全部是内墙，并没有区分外墙，此时需要进行内、外墙的区分，点击判断内外墙，如图1.5-24所示。

图1.5-23 砌体墙识别信息完善　　　　　　　图1.5-24 判断内外墙

2. 查量核量

（1）砌体墙手工算量

1）砌体墙体积计算

计算规则：砌体墙以体积计，需扣除非砌体部分体积，包含门、窗、过梁、梁等构件，但不是任意的门窗都需要扣除，不扣除小于$0.3m^2$的门窗洞口部分。

算量分析：以三层8-9轴之间G轴砌体墙为例，首先需考虑砌体墙原始体积的计算，扣除梁高0.4m，因此墙体高为3-0.4=2.6m，墙体长度2.16m，墙体宽0.18m。门体积为$1.2×2.1×0.18=0.4536m^3$；过梁体积为$0.06264m^3$。

砌体墙的原始体积为$2.6×2.16×0.18=1.01m^3$，扣除需要扣除的体积。

最终得出砌体墙的体积=$1.01-0.4536-0.06264=0.49376m^3$。

2）砌体墙钢筋计算

算量分析：砌体墙的钢筋有砌体通长筋、预埋件、预留钢筋等，先计算砌体通长筋，在墙体边缘留有60mm的锚固，在砌体墙中的预埋件需考虑弯折长度60mm。整道墙体的长度为2160mm，门的宽度为1200mm。

①钢筋长度计算

单根砌体通长筋长度=$(2160-1200)-60+60+6.25d+60+6.25d=1120mm$。

②钢筋根数计算

砌体通长筋布置范围为：层高-梁高=2600mm，其中需考虑空出250mm的间距，上下共计空出500mm，可得出实际布筋高度。

根数=$(2.6-0.5)/0.5+1=5$根$×2=10$根。

1.5.2.2 算量实操——门窗

1. 算量实操

（1）手动绘图：新建构件→修改属性→绘制构件

1）新建构件：以M2洞口（洞口尺寸：900mm×2100mm）为例，新建矩形门。

2）修改属性：在属性列表中修改尺寸信息，尤其需要注意离地高度的修改，门的离地高度就是装饰层的厚度，也称之为结构标高和建筑标高之间的差值，如图1.5-25所示。

3）绘制构件：新建完毕后直接通过【点】布置即可。

图1.5-25 门的新建及属性列表

（2）CAD导图

1）准备工作：图纸识图→分割图纸→定位图纸。

①图纸识图：熟悉图纸，找到说明中的门窗表。

②分割图纸：点击【分割】，鼠标左键选中需要分割的图纸，单击右键，在弹框中输入图纸名称和对应楼层，确定即可。

③定位图纸：检查图纸的定位是否正确，如果不对，则通过【定位】功能手动定位。

2）构件识别：点击【识别门窗表】。

通过识别门窗表进行门窗的定义，鼠标左键框选，右键确认，进行无效行和列的删除，如图1.5-26所示。

名称	宽度*高度	离地高度	备注	类型	所属楼层
FM丙1	900*1800	100	丙级防火…	门	广联达科…
FM甲1	1000*2100	100	甲级防火…	门	广联达科…
FM甲2	1000*2100	100	甲级防火门	门	广联达科…
FM甲3	900*2100	100	甲级防火…	门	广联达科…
FM乙1	1200*2100	100	乙级防火门	门	广联达科…
FM乙2	1000*2100	100	乙级防火门	门	广联达科…
M1	2600*3300	100	可视对讲…	门	广联达科…
M2	900*2100	100	夹板门	门	广联达科…
M3	800*2100	100	夹板门	门	广联达科…
M4	900*2000	100	储藏室铁…	门	广联达科…
M5	1000*2100	100	复合保温门	门	广联达科…
JFM1	1000*2100	100	机房门	门	广联达科…
MLC1	2400*2500	100	断热桥铝…	门联窗	广联达科…

图1.5-26 识别门窗表

在识别门窗表的界面中，可进行离地高度的修改，信息确认完毕即可识别门窗洞，如图1.5-27所示。

识别绘制完毕后，对于门窗进行校核，校核无误即可。

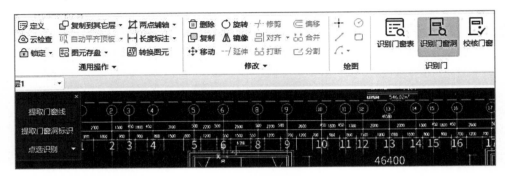

图1.5-27 识别门窗洞

1.5.2.3 算量实操——构造柱

1. 算量实操

（1）手动绘图：新建构件→修改属性→绘制构件

1）新建构件：在构件列表新建矩形构造柱。

2）修改属性：根据构造柱的说明在属性列表中直接输入尺寸信息，如图1.5-28所示。

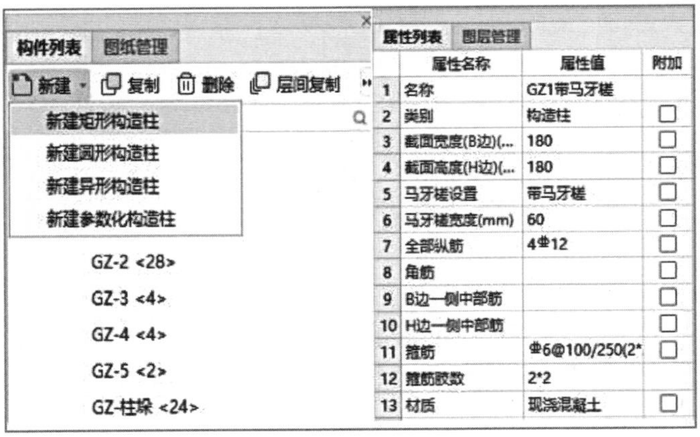

图1.5-28 GZ的建立

3）绘制构件：通过【点】布绘制好构造柱即可。

（2）CAD导图

1）准备工作：图纸识图→分割图纸→定位图纸。

①图纸识图：熟悉图纸，在结构说明中给出构造柱的布置位置和配筋信息，具体位置在本案例结构说明的10.11.5及10.11.8，如图1.5-29所示。

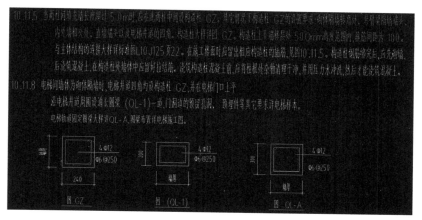

图1.5-29　构造柱在案例工程中的说明

②分割图纸：点击【分割】，左键选中需要分割的图纸，右键，在弹框中输入图纸名称和对应楼层，确定即可。

③定位图纸：检查图纸的定位是否正确，如果不对，则通过【定位】功能手动定位。

2）构件生成：点击【生成构造柱】。

通过点击【生成构造柱】，在弹出的窗体中进行生成方式的选择，如图1.5-30所示。

图1.5-30　生成构造柱

2. 构造柱的两大特点

特点一：构造柱属于抗震构件，不论是什么结构形式，构造柱都在一面墙体中与圈梁一起达到增加单面墙体整体稳定性的作用。因此，称构造柱都属于抗震构件。

特点二：构造柱无相关对应平面施工图，也无相关具体尺寸配筋信息。构造柱相关描述需要在结构说明中查找，通过文字的方式了解相关尺寸信息及配筋。

3. 构造柱柱垛的绘制

以模型中第五层6-8轴定位C轴的构造柱为例，在构造柱侧边距离门窗侧壁有一些距离的情况下，对应图纸中会有相关门垛的处理方式说明，如图1.5-31所示。

在构造柱的施工过程中需要对马牙槎范围进行找补，其中纵筋按照2Φ8考虑，拉筋按照Φ6@200考虑。

在软件中同样点击新建矩形构造柱，单独命名为柱垛，类别仍然是构造柱，宽度按110mm，厚度按墙厚180mm，然后在截面编辑中手工定义纵筋为2Φ8，如图1.5-32所示，其余操作同构造柱的绘制。

10.11.9 当洞口两侧填充墙长度≤200时，填充墙可采用C20混凝土补齐。

图1.5-31 混凝土补齐说明

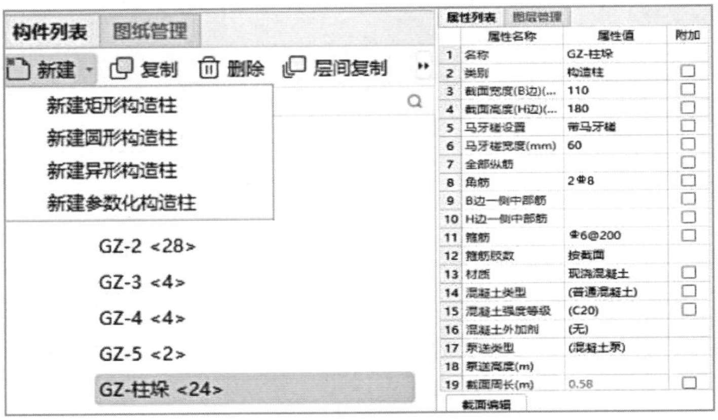

图1.5-32 柱垛的新建

4．查量核量

（1）构造柱混凝土计算

构造柱的混凝土部分按体积计算，在计算时需要将上部梁扣除。在计算过程中需注意构造柱与砌体墙接触设马牙槎以增强整体咬合力，其中马牙槎伸入构造柱的尺寸按60mm计，马牙槎的高度在规范中不能超过500mm，但在算量软件中按300mm计，如图1.5-33所示。

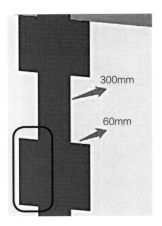

计算思路：将左半侧构造柱马牙槎填补至另一侧，形成完整矩形形态，以第三层的GZ-3为例，其截面宽度和高度都为180mm，在计算时，将左侧马牙槎按伸入距离60mm补充至右侧，则计算的体积为：$0.24×0.18×2.6=0.11232m^3$。由于该构造柱为十字方向构造柱，另两侧计算原则同理，无需考虑已经计算部分，因此单个马牙槎体积为：$0.06×0.18×2.6=0.02808m^3$。

图1.5-33 马牙槎横竖尺寸信息

计算多出的马牙槎体积为$0.3×0.06×0.18=0.00324m^3$。

最终计算出的构造柱体积为三者之和，为$0.14m^3$。

（2）构造柱混凝土手算与电算结果对比

通过软件中【查看工程量】，构造柱的体积结果是0.14m³，电算结果与手算结果相同，如图1.5-34所示。

楼层	混凝土强度等级	工程量名称					
		周长（m）	体积（m³）	模板面积（m²）	数量（根）	截面面积（m²）	高度（m）
第3层	C20	0.72	0.1419	1.2816	1	0.0324	3
	小计	0.72	0.1419	1.2816	1	0.0324	3
合计		0.72	0.1419	1.2816	1	0.0324	3

图1.5-34　构造柱软件中工程量结果

（3）构造柱钢筋手算部分

构造柱的钢筋本身需要和上下部的钢筋进行连接，有两种连接方式。

第一种连接方式是在施工主体的梁或板中，考虑预留钢筋，其中钢筋预留长度是指钢筋穿过梁板及节点的高度，其上下方都需留有搭接长度。构造柱的钢筋与预留搭接的钢筋绑扎在一起，形成构造柱的钢筋，但这种方式不太常用。

第二种连接方式是在下方的梁或板中优先进行预留弯折，在上部的梁或板中设置预埋件，构造柱的钢筋上方采用焊接、下方采用绑扎的形式进行钢筋连接，此方式也是最常用的连接方式。

无论是哪种连接方式，箍筋的计算都是一样的，首先计算箍筋，构造柱的截面是180mm×180mm，箍筋周长为：（长+宽）×2+2×弯折。弯折长度取10d和75mm中的较大值，图纸中表明的箍筋直径为6mm，因此此处弯折取75mm。如图1.5-35所示。

图1.5-35　箍筋弯钩构造

1）箍筋计算

长度=（130+130）×2+2×（75+3.57×6）=712.84mm

根数（2600-50×2）/250+1=10+1=11根

2）纵筋计算

按第一种方式计算，长度2600mm，共4根，还需要计算穿过梁板及节点预留钢筋搭接的长度。参照构造柱混凝土等级C25、钢筋类别为三级钢、搭接钢筋面积百分率50%，得出搭接长度为59d。搭接部分总体长度计算为59d+59d+420。

按第二种计算方式，钢筋长度为2600+10d（与上部焊接部分锚固长度）+下部预留长度。参照钢筋类别为三级钢、抗震等级为三级、对应的构造柱混凝土等级C25，其抗震锚固长度为42d，其对应的钢筋总长度为（59d+42d）×4。

5. 构造柱钢筋手算与电算结果对比

无论是哪种连接方式，箍筋的计算都是一样的，两种连接方式的软件计算结果如图1.5-36、图1.5-37所示。

图形	计算公式	公式描述	长度	根数	搭接	损耗(%)	单重(kg)	总重(kg)
2600	2600	柱净高	2600	4	0	0	2.309	9.236
1836	59*d+420+59*d	搭接+节点高度←	1836	4	0	0	1.63	6.52
130 [130]	2*(130+130)+2*(75+3.57*d)		713	11	0	0	0.158	1.738

图1.5-36 第一种连接方式计算结果比对

图形	计算公式	公式描述	长度	根数	搭接	损耗(%)	单重(kg)	总重(kg)
120 ∟ 2600	3000-400+10*d	层高-节点与柱的...	2720	4	0	0	2.415	9.66
154 ∟ 1058	59*d+42*d	搭接+锚固	1212	4	0	0	1.076	4.304
130 [130]	2*(130+130)+2*(75+3.57*d)		713	11	0	0	0.158	1.738

图1.5-37 第二种连接方式计算结果比对

1.5.2.4 算量实操——过梁

1. 算量实操

（1）手工建模：新建构件→修改属性→绘制构件

1）新建构件：新建矩形过梁。

2）修改属性：在本工程中，过梁尺寸统一按照墙厚乘以200去考虑，上部配筋2Φ12，下部配筋2Φ12，箍筋Φ6@200。属性列表信息修改如图1.5-38所示。

3）绘制构件：新建完毕后直接通过【点】布置即可。

（2）CAD导图建模

1）准备工作：图纸识图→分割图纸→定位图纸。

①图纸识图：熟悉图纸，通过图纸说明可以得出梁的宽度取墙厚，过梁在砖石砌体中每边支承长度不小于250mm，如图1.5-39所示。

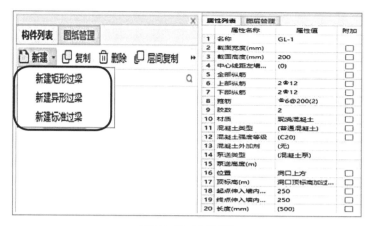

图1.5-38 新建过梁

10.11.3 过梁：砌体填充墙上的过梁选用03 G322-1中的2级荷载过梁，宽度同墙厚。当过梁与柱或钢筋混凝土墙相碰时，改为现浇，应按相应过梁的配筋，在柱（墙）内预留插筋，过梁在砖石砌体中每边支承长度不小于250mm。

图1.5-39 过梁基本信息

②分割图纸：点击【分割】，鼠标左键选中需要分割的图纸，单击鼠标右键，在弹框中输入图纸名称和对应楼层，确定即可。

③定位图纸：检查图纸的定位是否正确，如果不对，则通过【定位】功能手动定位。

2）构件生成：点击【生成过梁】。

首先需要针对过梁进行判断，具体哪些部位需要设置过梁，哪些部位可不布置。本工程中有些门窗的上方有梁存在，已经存在支承作用，如图1.5-40所示，此处无需进行过梁的生成。

当门的顶部和梁的底部存在较大差距时，需要有承载构件，此时需要布置过梁，如图1.5-41所示。

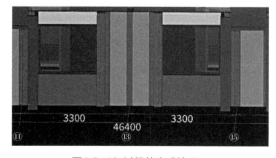

图1.5-40 过梁的生成情况一

图1.5-41 过梁的生成情况二

点击【生成过梁】，在窗口中进行过梁尺寸与钢筋信息的填写，如图1.5-42所示。

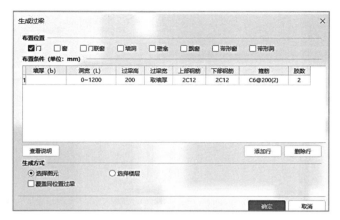

图1.5-42 生成过梁

2. 查量核量

（1）过梁体积计算

本工程以第三层的6-8轴横向G轴的过梁为例进行讲解，如图1.5-43所示。

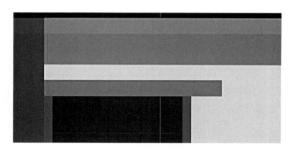

图1.5-43 过梁的计算

过梁体积=0.18×0.2×（1.2+0.25）=0.522m³

（2）过梁钢筋计算

此工程中的过梁钢筋以预留的方式进行考虑。

弯折部分钢筋长度=30d+59d=534mm

钢筋长度=1200+250-25=1425mm

箍筋长度=[（180-2×25）+（200-2×25）]+2×11.9×6=422.8mm

根数=（1450-100）/200+1=7根

1.5.2.5 算量实操——圈梁

1. 圈梁兼过梁构造

本工程无图纸中要求的圈梁构件，所以在课程中讲解的主要是实际工程中常见的圈梁兼过梁做法。圈梁兼过梁使用场景，一是在结构之间砌筑了砌体墙，当砌体墙长度很长或高度很高时，需要布置圈梁，用来增加单面墙体的整体稳定性，如图1.5-44所示。

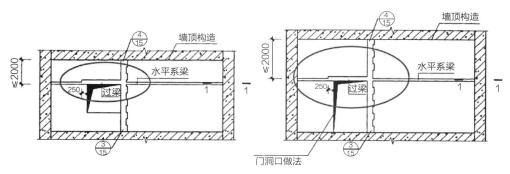

图1.5-44 样式一：圈梁兼过梁

二是墙的顶部有圈梁，门或窗顶标高和圈梁的底标高有落差，在定义过梁高度时，按照门的顶部或者过梁的底部一直到圈梁的顶部，算作过梁的高度，圈梁的配筋连续通过不受任何影响，如图1.5-45所示。

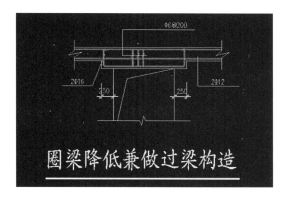

图1.5-45 样式二：圈梁降低兼做过梁构造

2. 止水反梁的定义

止水反梁，也称止水台，防水台，反坎。在本书案例的图纸中设有卫生间的防水倒墙大样图，如图1.5-46所示。

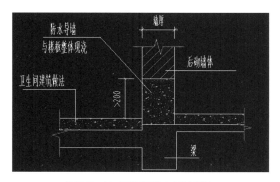

图1.5-46 卫生间防水倒墙做法

防水导墙高度大于200mm，取值就按200mm考虑，做完倒台之后上面再做防水，后做墙体，通常这种防水倒台或者反卡使用圈梁来定义。

3．算量实操

（1）手工建模：新建构件→修改属性→绘制构件

1）新建构件：新建矩形圈梁。

2）修改属性：在属性列表中修改尺寸信息，图纸中无针对钢筋的要求，所以只需设置规格即可，如图1.5-47所示。

图1.5-47　新建圈梁——防水台

3）绘制构件：新建完毕后直接通过【直线】布置即可，如图1.5-48所示。

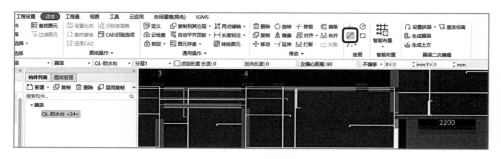

图1.5-48　防水台绘制

（2）查量核量

软件计算结果如图1.5-49所示。

楼层	名称	材质	混凝土类型	混凝土强度等级	工程量名称						
					体积(m3)	模板面积(m2)	超高体积(m3)	超高模板面积(m2)	截面周长(m)	梁净长(m)	轴线长度(m)
第3层	QL-防水台	现浇混凝土	普通混凝土	C20	0.0583	0.648	0	0	0.76	1.62	1.
				小计	0.0583	0.648	0	0	0.76	1.62	1.
			小计		0.0583	0.648	0	0	0.76	1.62	1.
		小计			0.0583	0.648	0	0	0.76	1.62	1.
	合计				0.0583	0.648	0	0	0.76	1.62	1.

图1.5-49　防水台计算结果

1.5.2.6　算量实操——空调板、栏板

1．准备工作：图纸识图

标准层板平面布置图中有注明空调板的具体位置（图1.5-50），标准层空调板大样详图如图1.5-51所示。

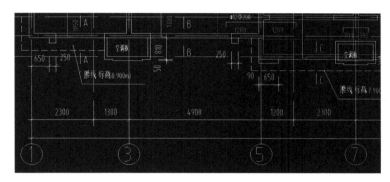

图1.5-50 空调板平面位置

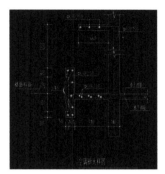

图1.5-51 空调板大样详图

2．空调板大样顶板建模

新建构件→修改属性→绘制构件→表格输入→查量核量。

（1）新建构件：先定义大样中的顶板（图1.5-52），空调板清单定额工程量计算规则都按挑檐列项，可以用挑檐构件来定义，新建面式挑檐（图1.5-53），名称定义成空调板。

（2）修改属性：根据空调板详图信息在属性中逐一输入（图1.5-54）。空调板板厚100mm，标高为"层顶标高-1.4m"，钢筋可以在【其他钢筋】或【表格算量】中输入。

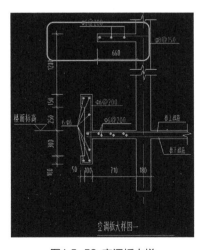

图1.5-52 空调板大样

图1.5-53 新建构件

	属性名称	属性值	附加
1	名称	TY-空调板	☐
2	形状	面式	☐
3	板厚(mm)	100	☐
4	材质	现浇混凝土	☐
5	混凝土类型	(2现浇砼 碎石 <...	☐
6	混凝土强度等级	(C20)	☐
7	顶标高(m)	层顶标高-1.4	☐
8	备注		☐
9	⊟ 钢筋业务属性		
10	其它钢筋		
11	汇总信息	(挑檐)	☐
12	⊞ 土建业务属性		
16	⊞ 显示样式		

图1.5-54 修改属性

（3）绘制构件：选择【矩形】，根据详图分析，该空调板以轴线为基准往下偏移660mm，通过"Shift+左键"快速偏移，完成空调板的绘制，如图1.5-55所示。

（4）钢筋输入：本案例采用表格算量的方式。点击【表格算量】（图1.5-56），点击【节点】，命名为"空调板"；再点击【构件】，按空调板的长度和位置命名，如"空调板南侧1700"；属性中输入构件数量，右侧编辑区域点击【参数输入】，选择【飘窗构件】，输入相应参数完成钢筋计算，如图1.5-57所示。

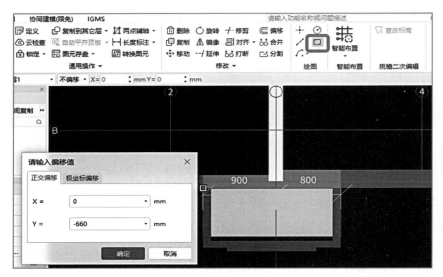

图1.5-55 空调板绘制

图1.5-56 表格算量

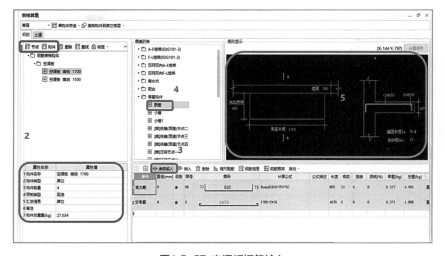

图1.5-57 空调板钢筋输入

（5）查量核量：汇总计算后，可通过【查看计算式】（图1.5-58）和【表格算量】（图1.5-59）查看土建和钢筋详细计算式。

图1.5-58　空调板顶板土建查量

图1.5-59　空调板顶板钢筋查量

3. 空调板大样底板建模

新建构件→修改属性→绘制构件→查量核量。

（1）新建构件：用现浇板定义大样中的底板，修改名称和厚度，名称命名为"空调板造型"，标高为楼面标高，如图1.5-60所示。

（2）绘制构件：选择【矩形】功能布置空调板底板，并完成板受力筋的布置，如图1.5-61所示。

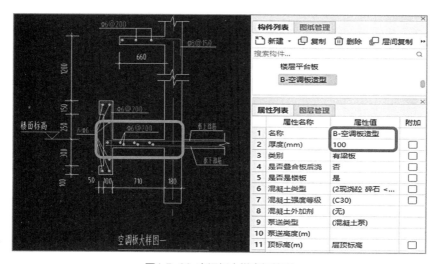

图1.5-60　空调板大样底板处理

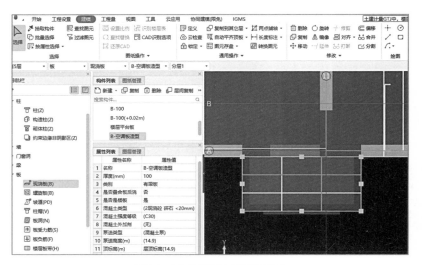

图1.5-61 空调板大样底板绘制

（3）查量核量：汇总计算后，可通过【查看计算式】（图1.5-62）和【表格算量】（图1.5-63）查看土建和钢筋详细计算式。

图1.5-62 空调板底板土建查量

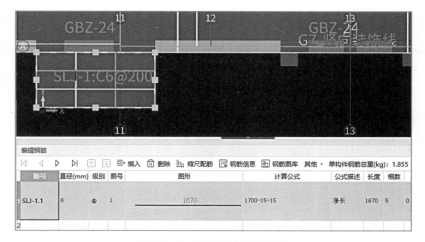

图1.5-63 空调板底板钢筋查量

4．空调板造型建模

新建构件→修改属性→绘制构件→查量核量。

（1）新建构件：用异形栏板定义空调板大样中的造型，新建异形栏板，如图1.5-64所示。

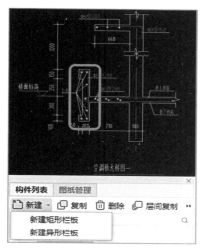

图1.5-64　空调板造型定义

（2）修改属性：在异形截面编辑器中修改截面信息（图1.5-65），属性中修改名称、标高等信息，再通过属性编辑器中的【截面编辑】输入钢筋信息，如图1.5-66所示。

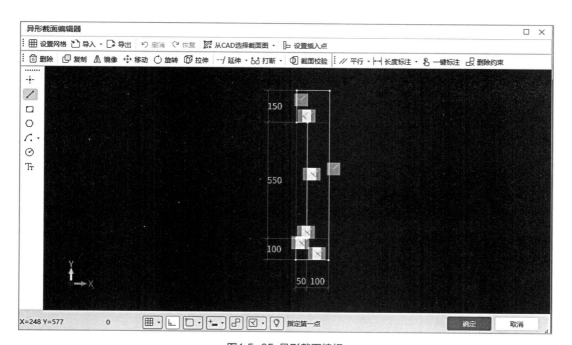

图1.5-65　异形截面编辑

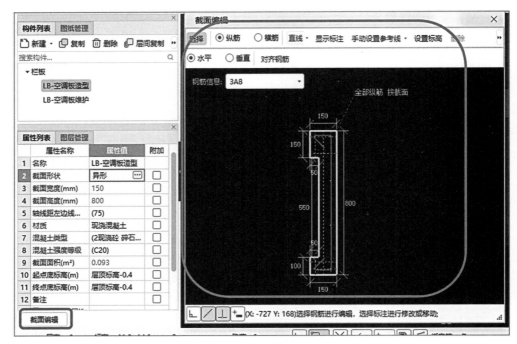

图1.5-66 截面编辑钢筋

（3）绘制构件：用【直线】根据平面图位置绘制异形栏板，如图1.5-67所示。

（4）查量核量：汇总计算后，可通过【查看计算式】（图1.5-68）和【表格算量】（图1.5-69）查看土建和钢筋详细计算式。

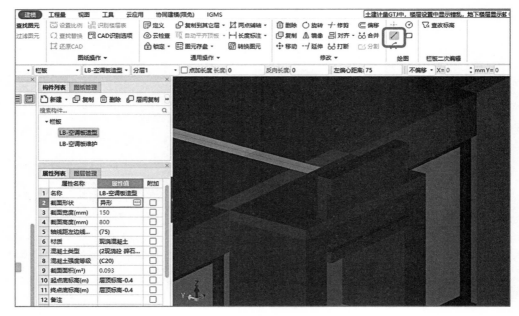

图1.5-67 异形栏板绘制

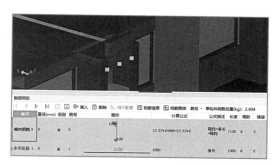

图1.5-68 栏板土建查量　　　　　　　　图1.5-69 栏板钢筋查量

1.5.2.7 算量实操——女儿墙

1. 准备工作：图纸识图

在53.900m墙布置图中找到女儿墙剖面示意图，大样图中有具体对应的配筋信息，如图1.5-70所示。

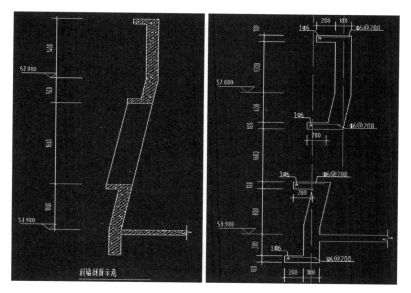

图1.5-70 女儿墙剖面和配筋详图

2. 女儿墙建模

（1）建模处理思路

通过图纸分析（图1.5-71），本案例中女儿墙下半段为斜墙，斜段部分有墙洞，洞口上方和下方有线条，上半段为直行墙，墙顶有压顶。建模时可以通过斜墙、墙洞、直行墙、自定义线等组合处理。

（2）女儿墙斜段处理

斜墙处理：定义直行墙，名称命名为"女儿墙"，绘制直行墙和墙洞（具体方法同剪力

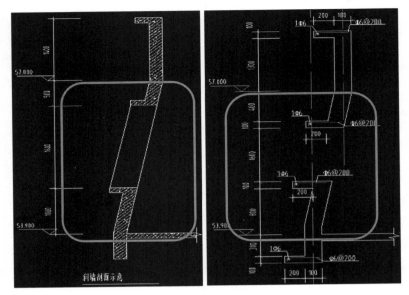

图1.5-71 女儿墙详图

墙和门窗洞处理）。点击【斜墙】，选择已经绘制好的墙，输入倾斜角度（图1.5-72），墙会随之变斜，墙洞也会随墙变斜，如墙洞未变斜，选中墙洞，在属性中将"是否随墙变斜"改成"是"。如图1.5-73所示。

★注意：由于洞口上方有连梁，如用矩形连梁布置不会随墙变斜，本案例中倾斜角度为80°，用矩形连梁布置仅对箍筋有影响且影响量不大，如需精确布置，可以采用异形连梁布置，实际工程可以按需选择。

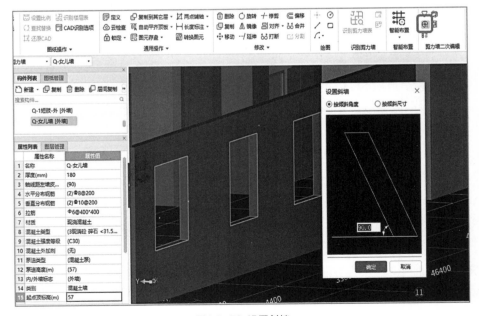

图1.5-72 设置斜墙

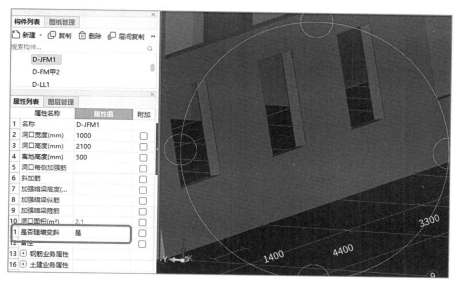

图1.5-73 墙洞随墙变斜

（3）女儿墙上半段直形段处理

女儿墙上半段直形段的定义绘制方式同墙，注意修改标高以正确绘制。

（4）女儿墙凸出线条处理

女儿墙洞口上下和顶部线条采用【自定义线】处理，分别新建自定义线（洞口下方、洞口上方、顶部），修改属性名称，在【截面编辑】里绘制钢筋等，通过【直线】绘制，处理方式同挑檐。如图1.5-74所示。

图1.5-74 自定义线处理

1.5.3 二次结构争议处理

1. 门、窗上部的过梁与框架梁或圈梁重叠（图1.5-75），该如何处理？

此问题的产生一般是大家在GTJ2021中布置过梁时，发现过梁和圈梁或者框架梁构件重叠了，一般如何处理呢？

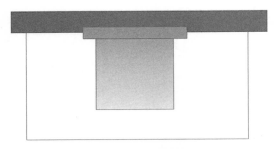

图1.5-75 过梁与框架梁或圈梁重叠

　　先进行标高检查，如果经过标高推算，窗户离地高度没有问题，框架梁和圈梁标高也没有问题，但依照图纸设计确实出现了重叠的情况，一旦有了这个结论，如果是过梁和圈梁重叠，就要找图纸中是否有详图对这种情况进行说明，比如圈梁兼过梁的大样图，如图1.5-76所示。

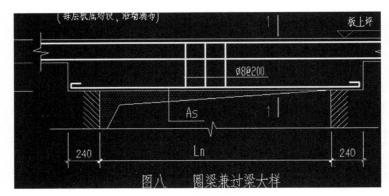

图1.5-76 圈梁兼过梁详图

　　此类情况重叠部位的箍筋按照圈梁和过梁合并后的高度计算，过梁不再计算上部纵筋，在GTJ2021中建模时建议采用"圈梁正常绘制、过梁绘制全高（从过梁底到圈梁顶）"的绘制方法，但是因为每个工程的详图是不同的，建议绘制完成后查看工程量并与实际想要的结果进行对比，再做出判断是否需要调整。

　　如果是框架梁和过梁重合，因为墙是二次结构，是后砌的，砌墙时框架梁已经施工完成，那就不存在兼过梁这个说法，因为此时框架梁已经完成了，过梁没法和框架梁重叠。出现这种情况，建议联系设计人员，确认处理方式，或者在图纸会审时提出来，讨论应该如何处理。

　　2. 门、窗这些洞口的离地高度是否应该从结构标高起算？（如图1.5-77所示）

　　建筑标高比结构标高多了一个装饰层的厚度，两个标高应该以哪个为准呢？建立标高系统时，建议大家用结构标高系统，如图1.5-78所示。

　　图1.5-78中，左侧标高为建筑标高，右侧标高为结构标高，比如基础采用筏板基础，筏

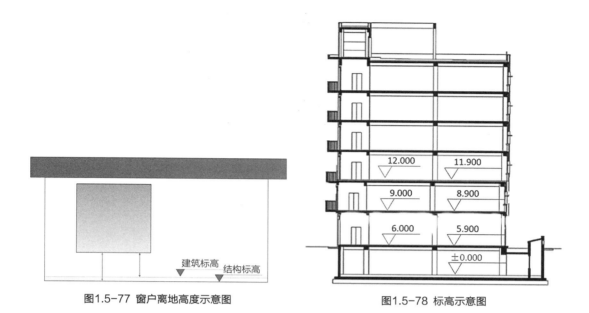

图1.5-77　窗户离地高度示意图　　　　　　　图1.5-78　标高示意图

板浇筑完成后不做装饰层，则筏板顶的建筑标高等于结构标高，如果按照建筑标高定义图中
最下面一层的层高，则为6m，如果按照结构标高定义则为5.9m。实际柱、梁、墙、板等构
件是按照5.9m的高度施工的，所以如果按照建筑标高，此处所有竖向构件工程量都计算有
误，再加上不一定每一层的做法厚度是一样的，如果按照建筑标高去建，每一层的层高都可
能出现错误，所以楼层体系应按照结构标高定义。窗户的离地高度，也建议按照结构标高，
窗户的大小是一定的，不管窗户高度按照建筑标高还是结构标高，扣除的墙体工程量是一定
的，但按照建筑标高有可能出现过梁与框架梁高度重叠的情况，而这个情况本身是不应该出
现的，或者说按照结构标高推算的话，窗口上坪和已有结构的底坪应该是吻合的。按照建筑
标高推算就出现了标高重合，所以建议大家按照结构标高来定义层高体系和离地高度。

3. 柱垛的问题，如图1.5-79所示。

经常在工程中遇到类似的要求，当洞口两侧填充墙的长度≤200mm时，填充墙可用混
凝土补齐，此处建议主体结构施工时一起对柱垛进行浇筑，但是对主体结构工人来说，参照
结构图施工，往往施工人员并不知道此处有小于200mm的柱垛，会把此处遗忘，但是如果
后期砌筑工人砌筑过程中发现了，再给此处单独绑扎钢筋，浇筑混凝土，难度是很大的，往

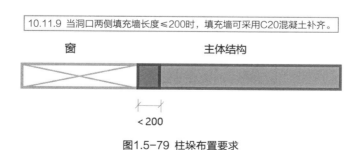

图1.5-79　柱垛布置要求

往造成无法施工，就只能采用碎砖填充的方式来处理，所以建议在前期就把此类情况找出，主体结构浇筑时一并施工。

4. 止水带混凝土工程量的归属

止水带是为了防止多水的房间对其余的房间产生潮湿或者水侵蚀的影响，所以应该和楼板一起浇筑，或者在楼板混凝土初凝后、终凝前浇筑，所以一般情况下，此工程量归属于所在楼层的板，如图1.5-80所示。

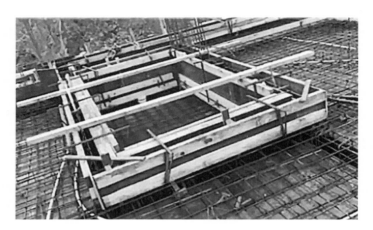

图1.5-80 止水带施工示意图

楼板浇筑完成后，在做上一层楼板时再来浇筑此止水带，这样方便施工，但是这种情况下分开浇筑会有明显的施工缝隙，起不到止水的作用，所以笔者认为止水带工程量应归属于所在楼层的板。

习　题

一、选择题

1.【多选】以下哪些属于二次结构（　　）

　　A．构造柱　　　　　　B．圈梁　　　　　　C．柱垛　　　　　　D．砌体墙

　　正确答案：ABD

2.【多选】砌体填充墙的厚度和材质一般可以在哪里找到（　　）

　　A．建筑说明　　　　　　　　　　　B．结构说明

　　C．对应平面布置图的说明　　　　　D．结构平面图

　　正确答案：AC

3．以下哪个部位不会布置构造柱（　　）

　　A．砌体填充墙较长时，墙中位置　　　B．填充墙拐角处

　　C．填充墙孤墙端头处　　　　　　　　D．两道填充墙相交处

　　正确答案：D

4.【多选】砌体墙在识别过程中涉及哪两种钢筋（　　）

　　A．横向短筋　　　B．砌体通长筋　　　C．纵筋　　　　D．植筋

　　正确答案：AB

5．砌体墙如何快速区分内外墙（　　）

　　A．生成砌体墙　　　B．识别　　　　C．手动新建　　　D．判断内外墙

　　正确答案：D

6．砌体墙涉及砌体通长筋与预埋件交接部位弯折长度为（　　）mm

　　A．5　　　　　　　B．60　　　　　　C．15　　　　　　D．20

　　正确答案：B

7.【多选】门窗的距地高度如何设置（　　）

　　A．属性列表　　　B．识别门窗洞　　　C．识别门窗表　　　D．调整标高

　　正确答案：AC

8．门窗可独立进行布置，不基于墙体（　　）

　　A．错　　　　　　　B．对

　　正确答案：A

9.【多选】属性列表中蓝色字体和黑色字体的区别是（　　）

　　A．蓝色字体是私有属性　　　　　　B．黑色字体是私有属性

　　C．蓝色字体是公有属性　　　　　　D．黑色字体是公有属性

　　正确答案：BC

10.【多选】构造柱的绘制方式有哪两种（　　）

　　A．手动绘制　　　B．生成构造柱　　　C．智能布置　　　D．自动生成

正确答案：AB

11. 构造柱属于什么构件（　　）

A．砌筑构件　　　　B．抗震构件　　　　C．混凝土构件　　　　D．砖混构件

正确答案：B

12. 构造柱钢筋与上部预埋钢筋焊接的长度是（　　）

A．5　　　　　　　B．10　　　　　　　C．15　　　　　　　D．20

正确答案：B

13.【多选】过梁端部连接构造有哪几种（　　）

A．预留埋件　　　　B．采用植筋　　　　C．预留钢筋　　　　D．其他

正确答案：ABC

14. 过梁两端支承长度（　　）mm

A．200　　　　　　B．150　　　　　　C．100　　　　　　D．250

正确答案：D

15. 过梁的生成方式是否可以按楼层生成（　　）

A．否　　　　　　　B．是

正确答案：B

16.【多选】圈梁的生成方式有哪些（　　）

A．生成圈梁　　　　B．手动绘制　　　　C．智能布置　　　　D．其他

正确答案：AB

17. 止水反梁最适合用（　　）构件替代

A．过梁　　　　　　B．圈梁　　　　　　C．墙　　　　　　　D．梁

正确答案：B

18. 空调板在绘制时常用到的偏移快捷键是（　　）

A．Shift+左键　　　B．Ctrl+左键　　　C．Shift+F3　　　　D．F3

正确答案：A

19. 如何把女儿墙变成斜墙（　　）

A．绘制斜墙　　　　B．设置斜墙　　　　C．设置倾斜　　　　D．设置角度

正确答案：B

20. 如何让门窗随墙变斜（　　）

A．二次编辑—设置斜门窗　　　　　　　B．属性中—设置倾斜角度

C．属性中—是否随墙变斜—是　　　　　D．无法变斜

正确答案：C

二、问答题

1. 常见的二次结构构件有哪些？作用是什么？

2. 二次结构信息一般在图纸的什么位置查找？

3. 砌体墙有什么特点？

4. 砌体墙有几种绘制方式？

5. 砌体墙需扣除哪些构件的工程量？

6. 门窗绘制有什么特点？

7. 门窗表如何确定识别的表头？

8. 门窗的距地高度如何查看？

9. 构造柱有什么特点?

10. 构造柱有几种绘制方式? 如何进行选择?

11. 填充墙构造柱有哪几种钢筋连接做法?

12. 过梁的布置条件有哪些?

13. 过梁有几种绘制方式?

14. 圈梁兼连梁的定义是什么?

15. 简述止水反梁的定义。

16. 简述空调板及栏板建模方法。

17. 简述女儿墙建模方法。

1.6 装饰工程算量

1.6.1 楼地面装饰工程

1.6.1.1 楼地面装饰工程基础知识

1. 楼地面的概念

楼地面是楼面和地面的总称，其主要的构造层次一般为基层、垫层和面层，必要时增设填充层、隔离层、找平层、结合层等。

2. 楼地面装饰的施工顺序

（1）地面装饰施工顺序，如图1.6-1所示。

图1.6-1 地面装饰工程施工顺序

（2）楼面装饰施工顺序，如图1.6-2所示。

图1.6-2 楼面装饰工程施工顺序

3. 楼地面各构造层次的材料种类及其作用

基层：指楼板、夯实地基。

垫层：指承受地面荷载并将荷载均匀传递给基层的构造层。常采用三合土、素混凝土、毛石混凝土等材料。

填充层：指在建筑楼地面上起隔声、保温、找坡或敷设暗管、暗线等作用的构造层。

隔离层：指起防水、防潮作用的构造层。

找平层：指在垫层、楼板或填充层上起找平、找坡或加强作用的构造层，一般为水泥砂浆找平层。

结合层：是指面层和下层相结合的中间层。

楼地面面层：在结构层上表面起护面、隔声、防水、装饰作用。

4. 面层的分类

面层按使用材料和施工方法的不同分为整体面层、块料面层和橡胶面层。

（1）整体面层指通过现场浇筑的方法做成的整片的地面，如：水泥砂浆地面、水磨石地面、细石混凝土地面等。

（2）块料面层指利用各种人造的或天然的预制块材、板材镶铺在基层之上形成的楼地面，比如石材楼地面、碎石材楼地面、块料楼地面等。如图1.6-3所示。

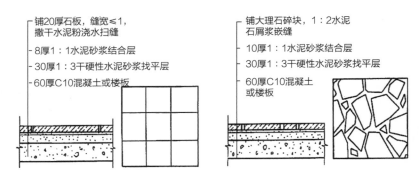

图1.6-3 块料楼地面构造示意

（3）橡胶面层是在橡胶中掺入一些填充料制成。橡胶地面表面可做成光滑的或带肋的，可制成单层的或双层的。双层橡胶地面的底层如改用海绵橡胶弹性会更好。橡胶地面有良好的弹性，耐磨、保温、消声性能也很好，且行走舒适，适用于很多公共建筑如阅览室、展馆和实验室。

本案例工程楼地面的装饰做法，如表1.6-1所示。

本案例工程楼地面的装饰做法（单位：mm）   表1.6-1

案例工程楼地面装饰位置	案例工程楼地面建筑做法
位置：储藏室及走道	50厚C20细石混凝土，随打随抹
位置：首层门厅及各层电梯前室	1. 30厚1：3干硬性水泥砂浆结合层贴，8～10厚800×800面砖，做成后同建筑标高 2. 刷素水泥浆一道 3. 60厚C20细石混凝土找平层
位置：中间楼层地面，用于采暖房间 户内：起居室、走廊、餐厅、卧室	1. 8～10厚800×800地面砖，干水泥擦缝 2. 20厚1：3干硬性水泥砂浆结合层 3. 素水泥浆一道 4. 50厚C20细石混凝土填充层，随打随抹平（上配3mm双向间距50钢网），中间配加热管，加热管上最薄处≥30厚，沿墙内侧贴20×50高挤塑聚苯板保温层，高于填充层上皮平 5. 真空镀铝聚酯薄膜 6. 20厚挤塑聚苯板 7. 现浇钢筋混凝土楼板，随打随抹平
位置：中间楼层地面，用于采暖房间 户内：阳台	1. 8～10厚地面砖800×800，干水泥擦缝 2. 20厚1：3干硬性水泥砂浆结合层 3. 1.5厚合成高分子防水涂料 4. 50厚C20细石混凝土填充层随打随抹平（上配3mm双向间距50钢网），中间配加热管，加热管上最薄处大于等于30厚，沿墙内侧贴20×50高挤塑聚苯板保温层，高于填充层上皮平 5. 真空镀铝聚酯薄膜 6. 20厚挤塑聚苯板 7. 现浇混凝土楼板
位置：中间楼层地面，用于非采暖房间 户内：卫生间、厨房	1. 8～10厚300×300防滑地砖，干水泥擦缝 2. 20厚1：3干硬性水泥砂浆结合层 3. 素水泥浆一道 4. 30厚C20细石混凝土找坡磨平，地漏1m范围内1%找坡 5. 20后挤塑聚苯板 6. 1.5厚合成高分子防水涂料 7. 刷界面处理剂一道 8. 现浇钢筋混凝土楼板，随捣随抹

续表

案例工程楼地面装饰位置	案例工程楼地面建筑做法
位置：全楼楼梯梯段及休息平台	1. 20厚1：2水泥砂浆压实赶光 2. 素水泥浆一道 3. 现浇钢筋混凝土楼板，随捣随平
位置：全楼楼梯间层高处平台	1. 20厚1：2水泥砂浆压实赶光 2. 素水泥浆一道 3. 80厚LC7.5轻骨料混凝土填充层 4. 现浇混凝土楼板，随捣随平
踢脚：水泥砂浆踢脚 储藏室、楼梯间，踢脚线高度150mm	1. 6厚1：2水泥砂浆抹面压光 2. 12厚1：3水泥砂浆找平
踢脚：面砖踢脚 客厅、卧室、走廊、餐厅、电梯前室	1. 5~10厚面砖，高150，白水泥浆擦缝 2. 3~4厚1：1水泥砂浆加水重20%建筑胶（或配套专用胶黏剂）结合层 3. 6厚1：2水泥砂浆 4. 7厚1：3水泥砂浆 5. 2厚配套专用界面砂浆批刮（刷专用界面剂一道） 6. 加气混凝土砌块墙（混凝土墙）

1.6.1.2 楼地面装饰工程的软件算量实操

1. 定义楼地面

1）导航栏→装修→选择楼地面，在构件列表点击"新建"，在弹出窗口中选择"新建楼地面"，如图1.6-4所示。

图1.6-4 定义楼地面

2）属性列表中修改构件名称、块料厚度、顶标高信息，完成楼地面构件的建立，如图1.6-5所示。

图1.6-5 属性定义

2. 绘制楼地面

在绘图区，应用"点"布置的绘图功能，在对应房间点击鼠标左键，完成楼地面构件的绘制，如图1.6-6所示。

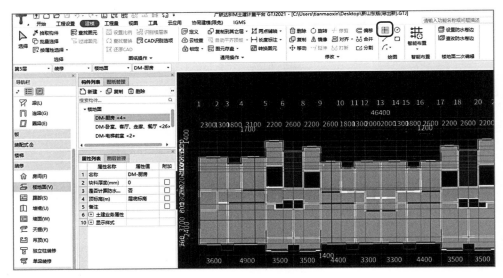

图1.6-6 绘制楼地面

1.6.2 墙面装饰工程

1.6.2.1 墙面装饰工程的相关知识

1. 抹灰类饰面构造分层及其各层作用——一般抹灰

一般抹灰饰面是指采用石灰砂浆、水泥砂浆、混合砂浆、麻刀灰、纸筋灰等对建筑主体骨架抹灰罩面，它通常是装饰工程的基层。抹灰墙面的基本构造层次分为3层，即底层、中层、面层，如图1.6-7所示。内、外墙面所处的环境不同，其抹灰面构造上也有一定差异。

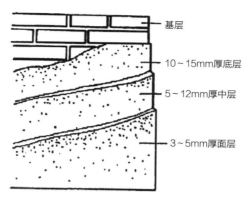

图1.6-7 抹灰墙面基本构造层

1）底层：底层抹灰主要起与墙体表面粘结和初步找平作用。不同的墙体底层抹灰所用材料及配比也不相同，多选用质量比为1：（2.5～3）的水泥砂浆和1：1：6的混合砂浆。

2）中间层：中层砂浆层主要起进一步找平作用和减小由于材料干缩引起的龟裂缝，它是保证装饰面层质量的关键层。其用料配比与底层抹灰用料基本相同。

3）面层：抹灰面层首先要满足防水和抗冻的功能要求，一般用质量比为1：（2.5～3）的水泥砂浆。该层也为装饰层，应按设计要求施工，如进行拉毛、扒拉面、拉假面、水刷面、斩假面等。

2. 抹灰类饰面构造分层及其各层作用——装饰抹灰

装饰抹灰具有一般抹灰无法比拟的优点，它质感丰富、颜色多样、艺术效果鲜明。装饰抹灰通常是在一般抹灰底层和中层的基础上做各种罩面而成。根据罩面材料的不同，装饰抹灰可分为水泥石灰类装饰抹灰、石粒类装饰抹灰、聚合物水泥砂浆装饰抹灰三大类。装饰抹灰的底层主要是起物面初步找平作用；中层主要是使物面的表面平整；面层则是起艺术装饰作用。各层的作用不同，则所用材料及其配合比也不相同。

3. 块料类饰面构造分层及其各层作用

材料：石材、陶瓷。在现场通过构造连接或镶贴于墙体表面。因材料的形状、重量、适用部位不同，与墙体的构造方法也就有一定的差异：轻而小的块材可以直接镶贴；大而厚的块材必须采用贴挂方式。

特点：坚固耐用、色泽稳定、易清洗、耐腐蚀、防水、装饰效果丰富。

1）直接镶贴饰面的基本构造

底层砂浆：具有粘结、找平双重作用，习惯上称"找平层"。

粘结层砂浆：与底层形成良好的连接，并将贴面材料粘附在底层上。

块状贴面材料面层：具有装饰和保护墙体的作用。

2）贴挂类饰面的基本构造

湿挂法：为加强饰面材料与基层的连接，而采用的"双保险"板材与基层进行绑或挂，然后灌浆固定。

干挂法：又称空挂法，是当代饰面饰材装修中一种新型的施工工艺。该方法以金属挂件将饰面石材直接吊挂于墙面或空挂于钢架之上，不需再灌浆粘贴。

本案例工程墙面装饰做法如表1.6-2所示。

本案例工程墙面装饰做法（单位：mm）　　　　　　表1.6-2

案例工程墙柱面装饰位置	案例工程墙柱面建筑做法
位置：厨房、卫生间、阳台	1. 5厚墙面砖450×300，白水泥擦缝 2. 3~4厚瓷砖胶粘剂，揉挤压式 3. 1.5厚聚合物水泥防水涂料 4. 15厚水泥砂浆抹面，满挂网格布 5. 刷界面处理剂一道 6. 墙体
位置：除厨房、卫生间、阳台外其余房间	1. 内墙腻子及乳胶漆（用户自理） 2. 20厚预拌砂浆抹面，满挂玻纤网格布 3. 填充墙与混凝土接缝处加19#12×12钢丝网，网宽300mm 4. 刷界面处理剂一道 5. 墙体
位置：首层门厅及电梯前室	1. 墙面乳胶漆两遍 2. 刮腻子两遍 3. 20厚预拌砂浆抹面，满挂玻纤网格布 4. 填充墙与混凝土接缝处加19#12×12钢丝网，网宽300mm 5. 刷界面处理剂一道 6. 墙体
位置：楼梯间	1. 楼梯梯板侧面抹灰后腻子找平，刷两遍地板漆 2. 楼梯下部贴60宽光面面砖止水带
外墙 用于所有涂料外墙	1. 外墙真石漆 2. 5厚抹面砂浆，中间压入耐碱玻纤网格布 3. 保温（另详外墙保温做法） 4. 20厚预拌砂浆抹面 5. 刷界面剂一道 6. 墙体
外墙 用于所有干挂石材外墙	1. 干挂25~30厚的石板材，用硅酮密封胶填缝（专业厂家设计施工） 2. 按石材高度安装配套不锈钢挂件 3. 5厚抹面砂浆中间压入耐碱玻纤网格布 4. 保温（另详外墙保温做法） 5. 20厚预拌砂浆抹面 6. 刷界面剂一道 7. 墙体

1.6.2.2 墙面装饰工程的软件算量实操

1. 定义墙面

1）导航栏→装修→选择墙面，在构件列表点击"新建"，在弹出窗口中选择"新建内/外墙面"，如图1.6-8所示。

2）属性列表中修改构件名称、块料厚度、起点、终点顶标高信息完成墙面构件的建立，如图1.6-9所示。

2. 绘制墙面

在绘图区，应用"点"布置的绘图功能，在对应墙体侧边缘点击鼠标左键，完成对应墙体墙面构件的绘制，如图1.6-10所示。

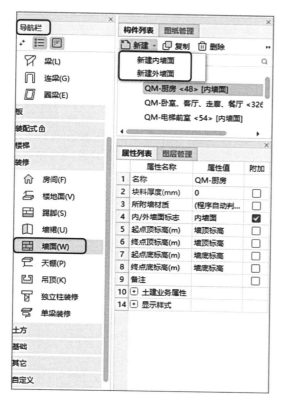

图1.6-8 定义墙面

图1.6-9 属性定义

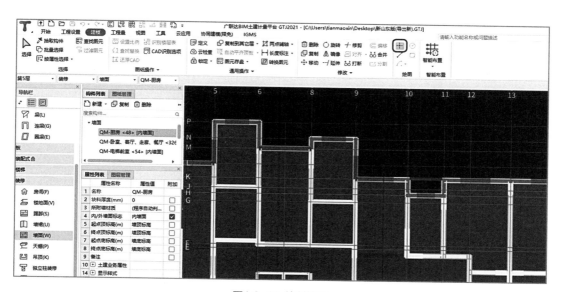

图1.6-10 绘制墙面

1.6.3 天棚装饰工程

1.6.3.1 天棚装饰工程的相关知识

1．天棚的含义、作用、分类

（1）天棚的含义

天棚在建筑装饰装修中又称顶棚、天花，是建筑空间的顶部。作为建筑空间界面的天棚，可通过各种材料和构造技术组成形式各异的界面造型，从而形成具有一定使用功能和装饰效果的建筑装修构件。

（2）天棚的作用

美化、美观、保温、隔热、隔声、吸声。

（3）天棚的分类

按不同功能划分：隔声、吸音天棚；保温、隔热天棚；防火天棚；防辐射天棚。

按不同形式划分：平滑式、井字格式、分层式、浮云式。

按不同材料划分：胶合板天棚、石膏板天棚、金属板天棚、玻璃天棚、塑料天棚、织物天棚。

按承受荷载划分：上人天棚、不上人天棚。

按施工工艺划分：抹灰类天棚、裱糊类天棚、贴面类天棚、装配式天棚。

直接清水天棚：利用混凝土自身的肌理、质感和模板的平整度作为装饰，不做任何形式的二次修饰。

直接抹灰、喷（刷）、粘贴天棚：在楼板结构层底面直接抹灰、喷（刷）涂料或粘贴装饰面层，属于二次装饰行为。

本案例工程天棚做法如表1.6-3所示。

本案例工程天棚装饰做法 表1.6-3

案例工程天棚装饰位置	案例工程楼天棚建筑做法
卫生间	吊顶—后期用户自理
户内除卫生间以外房间（含楼梯间）	乳胶漆两遍 成品腻子两遍 现浇混凝土楼板
电梯前室、门厅天棚	乳胶漆两遍 成品腻子两遍 U形轻钢龙骨600mm×600mm（不上人式），基层顶铺细木工板10mm，面层铺纸面石膏板10mm 现浇混凝土楼板
储藏室天棚	刮两遍刚化仿瓷涂料 成品腻子两遍 现浇混凝土楼板

1.6.3.2 天棚装饰工程的软件算量实操

1. 定义天棚

（1）导航栏→装修→选择天棚，在构件列表点击"新建"，在弹出窗口中选择"新天棚"，如图1.6-11所示。

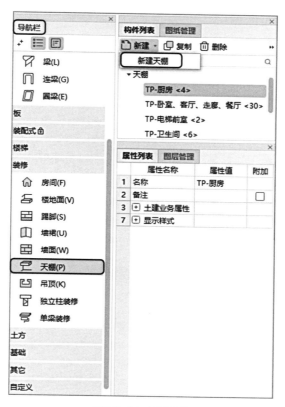

图1.6-11 定义天棚

（2）属性列表中修改构件名称信息完成天棚构件的建立，如图1.6-12所示。

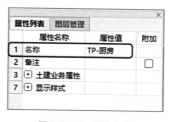

图1.6-12 属性定义

2. 绘制天棚

在绘图区，应用"点"布置的绘图功能，在对应房间点击鼠标左键，完成对应天棚构件的绘制，如图1.6-13所示。

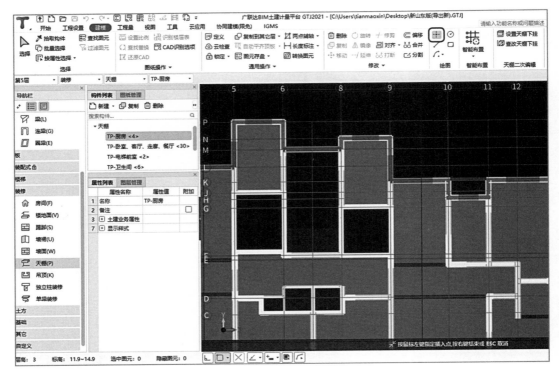

图1.6-13 绘制天棚

习　题

一、选择题

1.【多选】以下属于一般抹灰的是（　　　）

A．水泥砂浆抹灰　　　　　　　　B．混合砂浆抹灰

C．水刷石　　　　　　　　　　　D．干粘石

正确答案：AB

2．无论是楼面还是地面，均由三部分构成，分别是（　　　）

A．基层、垫层、面层　　　　　　B．结构层、中间层、防水层

C．找平层、垫层、面层　　　　　D．结合层、中间层、装饰层

正确答案：A

3．以下不属于整体式楼地面的是（　　　）

A．水泥砂浆楼地面　　　　　　　B．细石混凝土楼地面

C．现浇水磨石楼地面　　　　　　D．大理石地面

正确答案：D

二、问答题

1．常见的一般抹灰有哪些？

2．常见的装饰抹灰有哪些？

3．简述贴挂类饰面干挂法与湿挂法的区别。

扫码观看
本章小结视频

第 **2** 章

工程计价案例详解

2.1 计价基础知识

2.1.1 清单的基础知识

2.1.1.1 工程量清单和清单计价

1. 工程量清单

工程量清单是表现拟建工程的分部分项工程项目、措施项目、其他项目名称和相关数量的明细清单。是由招标人按照"计价规范"附录中统一的项目编码、项目名称、计量单位和工程量计算规则进行编制。包括分部分项工程量清单、措施项目清单、其他项目清单。

2. 工程量清单计价

招标投标实行工程量清单计价，是指招标人公开提供工程量清单，投标人自主报价或招标人编制标底及双方签订合同价款、工程竣工结算等活动。

工程量清单计价应采用综合单价计价。综合单价是指完成规定计量单位项目所需的人工费、材料费、机械使用费、管理费、利润，并考虑风险因素。

2.1.1.2 工程量清单总报价的构成

1. 费用构成

为避免或减少经济纠纷，合理确定工程造价，《建设工程工程量清单计价规范》GB50500—2013规定工程量清单计价价款应包括完成招标文件规定的工程量清单项目所需的全部费用：

（1）包括分部分项工程费、措施项目费、其他项目费和规费、税金。

（2）包括完成每分项工程所包含全部工程内容的费用。

（3）包括完成每项工程内容所需的全部费用（规费、税金除外）。

（4）工程量清单项目中没有体现的，施工中又必须发生的工程内容所需的费用。

（5）考虑风险因素而增加的费用。

2．综合单价构成

为了简化计价程序，实现与国际接轨，工程量清单计价采用综合单价计价，综合单价计价是有别于现行定额工料单价计价的另一种单价计价方式，他应包括完成规定计量单位的合格产品所需的全部费用，考虑我国的现实情况，综合单价包括除规费、税金以外的全部费用，也就是人工费、材料费、机械费、企业管理费、利润及一定的风险费用。综合单价不但适用于分部分项工程量清单，也适用于措施项目清单、其他项目清单等。

2.1.1.3　为什么要使用工程量清单

清单的本质可以用"共性统一、个性竞争"这8个字来形容。

什么是共性统一？比如一根同样的梁，混凝土数量按清单工程量计算规则来执行，不论是谁计算，其结果是一个定值，这就是共性的信息，双方统一。

什么是个性竞争？由于各施工单位管理水平不一样，混凝土等材料的损耗不同，运用的模板材质不一样，这就是个性的信息，在清单中不再约束，全部放开，形成竞争，体现企业差距。

2.1.1.4　工程量清单计价常用术语

1．工程量清单

载明建设工程分部分项工程项目、措施项目、其他项目的名称和相应数量以及规费、税金项目等内容的明细清单。

2．招标工程量清单

招标人依据国家标准、招标文件、设计文件以及施工现场实际情况编制的，随招标文件发布的供投标报价的工程量清单，包括其说明和表格。

3．已标价工程量清单

构成合同文件组成部分的投标文件中已标明价格，经算术性错误修正（如有）且承包人已确认的工程量清单，包括其说明和表格。

4．分部分项工程

分部工程是单项或单位工程的组成部分，是按结构部位、路段长度及施工特点或施工任务将单项或单位工程划分为若干分部的工程；分项工程是分部工程的组成部分，是按不同施工方法、材料、工序及路段长度等将分部工程划分为若干个分项或项目的工程。

5．措施项目

为完成工程项目施工，发生于该工程施工准备阶段和施工过程中的技术、生活、安全、环境保护等方面的项目。

6．项目编码

分部分项工程和措施项目清单名称的阿拉伯数字标识。

7．项目特征

构成分部分项工程项目、措施项目自身价值的本质特征。

8．综合单价

完成一个规定清单项目所需的人工费、材料和工程设备费，施工机具使用费和企业管理费、利润以及一定范围内的风险费用。

9．风险费用

隐含于已标价工程量清单综合单价中，用于化解发承包双方在工程合同中约定内容和范围内的市场价格波动风险的费用。

10．工程成本

承包人为实施合同工程并达到质量标准，在确保安全施工的前提下，必须消耗或使用的人工、材料、工程设备、施工机械台班及其管理等方面发生的费用和按规定缴纳的规费和税金。

11．单价合同

发包、承包双方约定以工程量清单及其综合单价进行合同价款计算、调整和确认的建设工程施工合同。

12．总价合同

发包、承包双方约定以施工图及其预算和有关条件进行合同价款计算、调整和确认的建设工程施工合同。

13．成本加酬金合同

发包、承包双方约定以施工工程成本再加合同约定酬金进行合同价款计算、调整和确认的建设工程施工合同。

14．工程造价信息

工程造价管理机构根据调查和测算发布的建设工程人工、材料、工程设备、施工机械台班的价格信息，以及各类工程的造价指数、指标。

15．工程造价指数

反映一定时期的工程造价相对于某一固定时期的工程造价变化程度的比值或比率。包括按单位或单项工程划分的造价指数，按工程造价构成要素划分的人工、材料、机械等价格指数。

16．工程变更

合同工程实施过程中由发包人提出或由承包人提出经发包人批准的合同工程任何一项工作的增、减、取消或施工工艺、顺序、时间的改变；设计图纸的修改；施工条件的改变；招标工程量清单的错、漏从而引起合同条件的改变或工程量的增减变化。

17．工程量偏差

承包人按照合同工程的图纸（含经发包人批准由承包人提供的图纸）实施，按照现行国家计量规范规定的工程量计算规则计算得到的完成合同工程项目应予计量的工程量与相应的招标工程量清单项目列出的工程量之间出现的量差。

18．暂列金额

招标人在工程量清单中暂定并包括在合同价款中的一笔款项。用于工程合同签订时尚未确定或者不可预见的所需材料、工程设备、服务的采购，施工中可能发生的工程变更、合同约定调整因素出现时的合同价款调整以及发生的索赔、现场签证确认等的费用。

19．暂估价

招标人在工程量清单中提供的用于支付必然发生但暂时不能确定价格的材料、工程设备的单价以及专业工程的金额。

20．计日工

在施工过程中，承包人完成发包人提出的工程合同范围以外的零星项目或工作，按合同中约定的单价计价的一种方式。

21．总承包服务费

总承包人为配合协调发包人进行的专业工程发包，对发包人自行采购的材料、工程设备等进行保管以及施工现场管理、竣工资料汇总整理等服务所需的费用。

22．安全文明施工费

在合同履行过程中，承包人按照国家法律、法规、标准等规定，为保证安全施工、文明施工，保护现场内外环境和搭拆临时设施等所采用的措施而发生的费用。

23．索赔

在工程合同履行过程中，合同当事人一方因非己方的原因而遭受损失，按合同约定或法律法规规定承担责任，从而向对方提出补偿的要求。

24．现场签证

发包人现场代表（或其授权的监理人、工程造价咨询人）与承包人现场代表就施工过程中涉及的责任事件所作的签认证明。

25．提前竣工（赶工）费

承包人应发包人的要求而采取加快工程进度措施，使合同工程工期缩短，由此产生的应由发包人支付的费用。

26．误期赔偿费

承包人未按照合同工程的计划进度施工，导致实际工期超过合同工期（包括经发包人批准的延长工期），承包人应向发包人赔偿损失的费用。

27．不可抗力

发包、承包双方在工程合同签订时不能预见的，对其发生的后果不能避免，并且不能克服的自然灾害和社会性突发事件。

28．工程设备

指构成或计划构成永久工程一部分的机电设备、金属结构设备、仪器装置及其他类似的设备和装置。

29. 缺陷责任期

指承包人对已交付使用的合同工程承担合同约定的缺陷修复责任的期限。

30. 质量保证金

发包、承包双方在工程合同中约定，从应付合同价款中预留，用以保证承包人在缺陷责任期内履行缺陷修复义务的金额。

31. 费用

承包人为履行合同所发生或将要发生的所有合理开支，包括管理费和应分摊的其他费用，但不包括利润。

32. 利润

承包人完成合同工程获得的盈利。

33. 企业定额

施工企业根据本企业的施工技术、机械装备和管理水平而编制的人工、材料和施工机械台班等消耗标准。

34. 规费

根据国家法律、法规规定，由省级政府或省级有关权力部门规定施工企业必须缴纳的，应计入建筑安装工程造价的费用。

35. 税金

国家税法规定的应计入建筑安装工程造价内的营业税、城市维护建设税、教育费附加和地方教育附加。

36. 发包人

具有工程发包主体资格和支付工程价款能力的当事人以及取得该当事人资格的合法继承人，本规范有时又称招标人。

37. 承包人

被发包人接受的具有工程施工承包主体资格的当事人以及取得该当事人资格的合法继承人，本规范有时又称投标人。

38. 工程造价咨询人

取得工程造价咨询资质等级证书，接受委托从事建设工程造价咨询活动的当事人以及取得该当事人资格的合法继承人。

39. 造价工程师

取得造价工程师注册证书，在一个单位注册、从事建设工程造价活动的专业人员。

40. 造价员

取得全国建设工程造价员资格证书，在一个单位注册、从事建设工程造价活动的专业人员。

41. 单价项目

工程量清单中以单价计价的项目，即根据合同工程图纸（含设计变更）和相关工程现行国家计量规范规定的工程量计算规则进行计量，与已标价工程量清单相应综合单价进行价款计算的项目。

42. 总价项目

工程量清单中以总价计价的项目，即此类项目在相关工程现行国家计量规范中无工程量计算规则，以总价（或计算基础乘费率）计算的项目。

43. 工程计量

发包、承包双方根据合同约定，对承包人完成合同工程的数量进行的计算和确认。

44. 工程结算

发包、承包双方根据合同约定，对合同工程在实施中、终止时、已完工后进行的合同价款计算、调整和确认。包括期中结算、终止结算、竣工结算。

45. 招标控制价

招标人根据国家或省级、行业建设主管部门颁发的有关计价依据和办法，以及拟定的招标文件和招标工程量清单，结合工程具体情况编制的招标工程的最高投标限价。

46. 投标价

投标人投标时响应招标文件要求所报出的对已标价工程量清单汇总后标明的总价。

47. 签约合同价（合同价款）

发承包双方在工程合同中约定的工程造价，即包括了分部分项工程费、措施项目费、其他项目费、规费和税金的合同总金额。

48. 预付款

在开工前，发包人按照合同约定，预先支付给承包人用于购买合同工程施工所需的材料、工程设备，以及组织施工机械和人员进场等的款项。

49. 进度款

在合同工程施工过程中，发包人按照合同约定对付款周期内承包人完成的合同价款给予支付的款项，也是合同价款期中结算支付。

50. 合同价款调整

在合同价款调整因素出现后，发包、承包双方根据合同约定，对合同价款进行变动的提出、计算和确认。

51. 竣工结算价

发包、承包双方依据国家有关法律、法规和标准规定，按照合同约定确定的，包括在履行合同过程中按合同约定进行的合同价款调整，是承包方按合同约定完成了全部承包工作后，发包人应付给承包人的合同总金额。

52. 工程造价鉴定

工程造价咨询人接受人民法院、仲裁机关委托，对施工合同纠纷案件中的工程造价争议，运用专门知识进行鉴别、判断和评定，并提供鉴定意见的活动。也称为工程造价司法鉴定。

2.1.1.5 工程量清单计量需要注意问题

计算依据除了按照《房屋建筑与装饰工程工程量计算规范》GB 50584—2013的各项规定外，还应依据以下文件：

（1）经审定通过的施工设计图纸及其说明。

（2）经审定通过的施工组织设计或施工方案。

（3）经审定通过的其他有关技术经济文件。

《房屋建筑与装饰工程工程量计算规范》GB 50584—2013附录中有2个或2个以上计量单位的，应结合拟建工程项目的实际情况，确定其中一个为计量单位。同一工程项目的计量单位应一致。

工程计量时每一项目汇总的有效位数应遵循下列规定：

（1）以"t"为单位，应保留小数点后三位小数，第四位小数四舍五入。

（2）以"m""m^2""m^3""kg"为单位，应保留小数点后两位数字，第三位小数四舍五入。

（3）以"个""件""根""组""系统"为单位，应取整数。

2.1.1.6 清单项目编码、项目名称、项目特征

1. 项目编码

项目编码指分部分项工程及措施项目工程清单名称对应的阿拉伯数字标识。该编码采用十二位阿拉伯数字表示。一至九位应按计量规范附录规定设置。如图2.1-1所示。

十至十二位应根据拟建工程的工程量清单项目名称设置，十二位编码的具体含义：

一二位为专业工程代码，其中01—房屋建筑与装饰工程；02—仿古建筑工程；03—通用

表A.1 土方工程（编号：010101）

项目编码	项目名称	项目特征	计量单位	工程量计算规则	工作内容
010101001	平整场地	1.土壤类别 2.弃土运距 3.取土运距	m^2	按设计图示尺寸以建筑物首层建筑面积计算。	1.土方挖填 2.场地找平 3.运输
010101002	挖一般土方			按设计图示尺寸以体积计算。	
010101003	挖沟槽土方	1.土壤类别 2.挖土深度	m^3	1.房屋建筑按设计图示尺寸以基础垫层底面积乘以挖土深度计算。 2.构筑物按最大水平投影面积乘以挖土深度（原地面平均标高至坑底高度）以体积计算。	1.排地表水 2.土方开挖 3.围护（挡土板）、支撑 4.基底钎探 5.运输
010101004	挖基坑土方				

图2.1-1 清单编码示意图

安装工程；04—市政工程；05—园林绿化工程；06—矿山工程；07—构筑物工程；08—城市轨道交通工程；09—爆破工层。

三四位为附录分类顺序码（如图2.1.1中的"土石方工程"为0101）。

五六位为分部工程顺序码（如图2.1.1中"土方工程"为010101）。

七至九位为分项工程项目名称顺序码（如图2.1.1中"挖基坑土方"为010101004）。

十位至十二位为清单项目名称的顺序码。

2. 项目名称的概念

指具体工作中对清单项目命名的基础，实际使用时需结合拟建工程的实际情况，对项目名称具体化。特别是对综合性较大的项目应人为区分项目名称，分别去列项编码。如"010804007特种门"这个项目名称为"特种门"，是属于综合性比较强的项目名称，假如实际工程中门名称为"保温门"，则需要修改名称，结果为"010804007001保温门"。

3. 项目特征的概念

项目特征指工程实体的特征，直接决定工程的价值，项目特征是构成分部分项工程项目、措施项目自身价值的本质特征。项目特征是对项目的准确描述，是确定一个清单项目综合单价不可缺少的重要依据，也是区分清单项目的依据，是履行合同义务的基础。分部分项工程项目清单的项目特征应按各专业工程工程量计算规则附录中规定的项目特征，结合技术规范、标准图集、施工图纸，按照工程结构、使用材质及规格或安装位置等，予以详细而准确的表述和说明。凡项目特征中未描述到的其他独有特征，由清单编制人视项目具体情况确定，以准确描述清单项目为准。

2.1.2　清单与定额的关系

2.1.2.1　清单与定额的区别

（1）计算规则不同。清单提供的是实物量，如挖沟槽土方，按清单的话是用基础垫层底面积乘以挖土深度来计算，而按定额的话，还应考虑工作面、土方放坡的影响因素再做计算。

（2）清单计价是适应市场经济下自主报价的计价方法，国家统一了工程量计算规则和工程项目名称、工作内容，清单子目下的消耗量和价格则由企业决定。定额计价是由政府确定定额子目下的消耗量，由政府按时发布材料价格，是政府指导性的。

（3）清单计价是国家规范，定额是地方政府发布的。

（4）清单计价为综合单价，费用是包含在其中的，一般适用单价合同；定额计价则分别计算，通常由政府不定期公布的费用定额计算相关费用。

（5）定额表现的是某一分部分项工程消耗什么，消耗量是多少；而分部分项工程量清单表现的是这一项目清单内包括了什么，对什么需要计价。

（6）定额项目一般是按施工工序进行设置的，包括的工程内容一般是单一的；而工程量清单项目的划分，一般是以一个"综合实体"考虑的，包括的工程内容一般不止一项。

（7）定额消耗量是社会平均消耗量，企业依定额进行投标报价，不能完全反映企业的个别成本；清单计价规范不提供人材机消耗量，企业依招标人提供的工程量清单自主报价，反映的是企业的个别成本。

（8）编制工程量清单时，是按分部分项工程实体净值来计算工程量的；依定额计算工程量则考虑了人为规定的预留量。

（9）工程量清单的计量单位为基本单位；定额工程量的计量单位则不一定为基本单位。

（10）清单计价采用综合单价法，依企业按施工图纸完成的合格工程量来确定工程造价，实现了风险共担，即工程量风险由招标人承担，综合单价风险由投标人承担。定额计价一般采用工料单价法，风险一般在投资方。

2.1.2.2 清单与定额的联系

（1）定额计价在我国已使用多年，具有一定的科学性和实用性，清单计价规范的编制以定额为基础，参照和借鉴了定额的项目划分、计量单位、工程量计算规则等。

（2）定额计价可作为清单计价的组价方式。在确定清单综合单价时，以省颁定额或企业定额为依据进行计算。

2.1.2.3 清单计价的过程

工程量清单计价过程如图2.1-2所示。

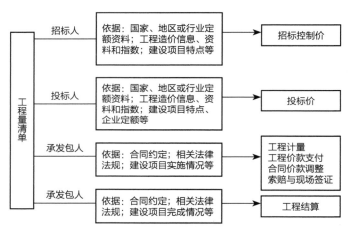

图2.1-2 工程量清单计价过程

2.1.2.4 定额组价的过程

定额组价的目的就是让清单具备费用的信息，那么计算出清单项目综合单价的过程逻辑是什么呢？

首先分析工程量清单中某一个清单项目的项目特征，判断完成该清单项目需要的定额项目有哪些，再套取相应的定额子目算出人工、材料、机械费用。根据清单项目综合单价的概念，其组成部分有人工费、材料费、机械费、企业管理费、利润及一定的风险费用，所以需要在计算定额人材机费用的基础上，再将其作为基数算出管理费、利润，所有定额项目均是如此。最后所有定额项目的费用全部加在一起就等于清单项目的合价，用这个合价除以工程量清单中按清单计算规则算出的工程量就得到综合单价。

结合图2.1-3进行理解，图中"50.47"是挖一般土方清单项目下机械挖土子目的定额单价，这个费用仅是人工、材料、机械费用之和。

编码	类别	名称	项目特征	单位	含量	工程量表达式	工程量	单价	综合单价	综合合价
A.1		土石方工程								712840.04
010101001001	项	平整场地	1.土壤类别:普通土 2.弃土运距:投标人现场探勘确定，结算时不做调整 3.取土运距:投标人现场探勘确定，结算时不做调整	m2		580.8784	580.88		1.42	824.85
1-4-2	定	机械平整场地		10m2	0.1	QDL	58.088	13.7	14.22	826.01
010101002001	项	挖一般土方	1.土壤类别:普通土 2.挖土深度:按图纸规定 3.弃土运距:投标人现场勘确定，结算时不做调整 4.开挖方式:	m3		12007.0365	12007.04		35.59	427330.55
1-2-41 *0.95	换	挖掘机挖装一般土方 普通土 机械挖土 单价*0.95						50.47	54.91	65930.66
1-2-3 *0.063	换	人工挖一般土方 坚土 基深<2m 单价*0.063				QDL			50.64	60803.65
1-4-4	定	平整场地及其他 基底钎探		10m2	0.00					11211.37
1-2-58 * 1-2-59 * 14	换	自卸汽车运送土方 运距<1km 实际运距(km) 15		10m3	0.1	QDL			240.92	289273.61

图2.1-3 综合单价计算参考图

因清单项目综合单价的组成部分有人工费、材料费、机械费、企业管理费、利润及一定的风险费用，所以以"50.47"为计算的基数，乘以一定的费率，得到了54.91。然后根据定额的工程量，算出这一个定额子目的综合合价为65930.66。其余的定额子目一样的计算方式。

将挖一般土方下套取的定额子目所有的合价费用汇总，得到427320.55，然后用这个数值除以清单的工程量12007.04，就得到了该项清单的综合单价为35.59。

2.1.3 建筑安装工程费用项目构成和计算

2.1.3.1 建筑安装工程费用项目构成

建筑安装工程费按费用构成要素划分，根据住房和城乡建设部、财政部发布的《建筑安装工程费用项目组成》（建标〔2013〕44号），建筑安装工程费的划分如图2.1-4所示。

注意，图2.1-4中仅从费用构成要素这个维度表达了建筑安装工程费用的组成内容，但这个图并不具备形成造价的落地性。如果想让费用具体计算并汇总为建筑安装工程费用，我们需要结合图2.1-5来计算。

2.1.3.2 建筑安装工程费用项目费用计算

1. 分部分项工程费

分部分项工程费是指各专业工程的分部分项工程应予列支的各项费用。各类专业工程的分部分项工程划分遵循国家或行业工程量计算规范的规定。分部分项工程费通常用分部分项工程量乘以综合单价进行计算。

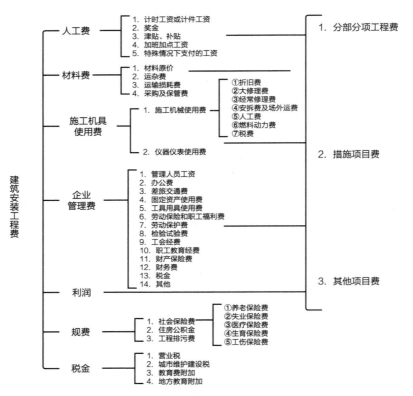

图2.1-4　建筑安装工程费用组成（按构成要素划分）

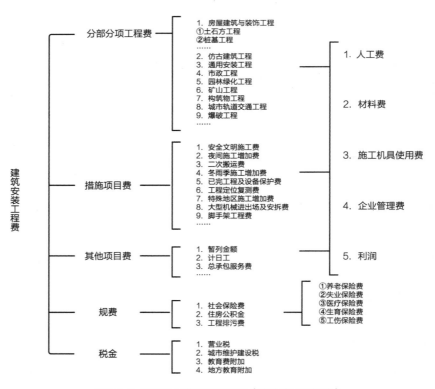

图2.1-5　建设工程费用项目组成（按造价形成划分）

$$分部分项工程费＝\Sigma（分部分项工程量×综合单价）$$

综合单价包括人工费、材料费、施工机具使用费、企业管理费、利以及一定范围的风险费用。

2．措施项目费

（1）措施项目费的构成

措施项目费是指为完成建设工程施工，发生于该工程施工准备和施工过程中的技术、生活、安全、环境保护等方面的费用。措施项目及其包含的内容应遵循各类专业工程的现行国家或行业工程量计算规范。以《13清单计量规范》中的规定为例，措施项目费可以归纳为以下几项：

1）安全文明施工费。安全文明施工费是指工程项目施工期间，施工单位为保证安全施工、文明施工和保护现场内外环境等所发生的措施项目费用。通常由环境保护费、文明施工费、安全施工费、临时设施费组成。

2）夜间施工增加费。夜间施工增加费是指因夜间施工所发生的夜班补助费、夜间施工降效、夜间施工照明设备摊销及照明用电等措施费用。

3）非夜间施工照明费。非夜间施工照明费是指为保证工程施工正常进行，在地下室等特殊施工部位施工时所采用的照明设备的安拆、维护及照明用电等费用。

4）二次搬运费。二次搬运费是指因施工管理需要或因场地狭小等原因，导致建筑材料、设备等不能一次搬运到位，必须发生的二次或以上搬运所需的费用。

5）冬雨季施工增加费。冬雨季施工增加费是指因冬雨季天气原因导致施工效率降低加大投入而增加的费用，以及为确保冬雨季施工质量和安全而采取的保温、防雨等措施所需的费用。

6）地上、地下设施、建筑物的临时保护设施费。在工程施工过程中，对已建成的地上、地下设施和建筑物进行的遮盖、封闭、隔离等必要保护措施所发生的费用。

7）已完工程及设备保护费。竣工验收前，对已完工程及设备采取的覆盖、包裹、封闭、隔离等必要保护措施所发生的费用。

8）脚手架费。脚手架费是指施工需要的各种脚手架的搭、拆、运输费用以及脚手架购置费的摊销（或租赁）费用。

9）混凝土模板及支架（撑）费。混凝土施工过程中需要的各种钢模板、木模板、支架等的支拆、运输费用及模板、支架的摊销（或租赁）费用。

10）垂直运输费。垂直运输费是指现场所用材料、机具从地面运至相应高度以及施工人员上下工作面等所发生的运输费用。

11）超高施工增加费。当单层建筑物檐口高度超过20m、多层建筑物超过6层时，可计算超高施工增加费。

12）大型机械设备进出场及安拆费。机械整体或分体自停放场地运至施工现场或由一个施工地点运至另一个施工地点，所发生的机械进出场运输和转移费用及机械在施工现场进行安装、拆卸所需的人工费、材料费、机具费、试运转费和安装所儒的辅助设施费。该项费用由安拆费和进出场费组成。

13）施工排水、降水费。施工排水、降水费是指将施工期间有碍施工作业和影响工程质量的水排到施工场地以外，以及防止在地下水位较高的地区开挖深基坑出现基坑浸水，地基承载力下降，在动水压力作用下还可能引起流砂、管涌和边坡失稳等现象而必须采取有效的降水和排水措施费用。该项费用由成井和排水、降水两个独立的费用项目组成。

14）其他。根据项目的专业特点或所在地区不同，可能会出现其他的措施项目。如工程定位复测费和特殊地区施工增加费等。

（2）措施项目费的计算

按照有关专业工程量计算规范规定，措施项目分为应予计量的措施项目和不宜计量的措施项目两类。

1）应予计量的措施项目

基本与分部分项工程费的计算方法基本相同，公式为：

$$措施项目费=\Sigma（措施项目工程量×综合单价）$$

不同的措施项目其工程量的计算单位是不同的，分列如下：

①脚手架费通常按建筑面积或垂直投影面积以"m^2"为单位计算。

②混凝土模板及支架（撑）费通常是按照模板与现浇混凝土构件的接触面积以"m^2"为单位计算。

③垂直运输费可根据不同情况用两种方法进行计算：a．按照建筑面积以"m^2"为单位计算；b．按照施工工期日历天数以"天"为单位计算。

④超高施工增加费通常按照建筑物超高部分的建筑面积以"m^2"为单位计算。

⑤大型机械设备进出场及安拆费通常按照机械设备的使用数量以"台次"为单位计算。

⑥施工排水、降水费分两个不同的独立部分计算：①成井费用通常按照设计图示尺寸以钻孔深度以"m"为单位计算；②排水、降水费用通常按照排、降水日历天数以"昼夜"为单位计算。

2）不宜计量的措施项目。对于不宜计量的措施项目，通常用计算基数乘以费率的方法予以计算：

①安全文明施工费。计算公式为：

$$安全文明施工费=计算基数×安全文明施工费费率（\%）$$

计算基数应为定额基价（定额分部分项工程费+定额中可以计量的措施项目费）、定额人工费或定额人工费与施工机具使用费之和，其费率由工程造价管理机构根据各专业工程的特点综合确定。

②其余不宜计量的措施项目。包括夜间施工增加费，非夜间施工照明费，二次搬运费，

冬雨季施工增加费，地上、地下设施、建筑物的临时保护设施费，已完工程及设备保护费等。计算公式为：

$$措施项目费 = 计算基数 \times 措施项目费费率（\%）$$

公式中的计算基数应为定额人工费或定额人工费与定额施工机具使用费之和，其费率由工程造价管理机构根据各专业工程特点和调查资料综合分析后确定。

3．其他项目费

（1）暂列金额

暂列金额是指建设单位在工程量清单中暂定并包括在工程合同价款中的一笔款项。用于施工合同签订时尚未确定或者不可预见的所需材料、工程设备、服务的采购，施工中可能发生的工程变更、合同约定调整因素出现时的工程价款调整以及发生的索赔、现场签证确认等的费用。

暂列金额由建设单位根据工程特点，按有关计价规定估算，施工过程中由建设单位掌握使用、扣除合同价款调整后如有余额，归建设单位。

（2）暂估价

暂估价是指招标人在工程量清单中提供的用于支付必然发生但暂时不能确定价格的材料、工程设备的单价以及专业工程的金额。

暂估价中的材料、工程设备暂估单价根据工程造价信息或参照市场价格估算，计入综合单价；专业工程暂估价分不同专业，按有关计价规定估算。暂估价在施工中按照合同约定再加以调整。

（3）计日工

计日工是指在施工过程中，施工单位完成建设单位提出的工程合同范围以外的零星项目或工作，按照合同中约定的单价计价形成的费用。

计日工由建设单位和施工单位按施工过程中形成的有效签证来计价。

（4）总承包服务费

总承包服务费是指总承包人为配合、协调建设单位进行的专业工程发包，对建设单位自行采购的材料、工程设备等进行保管以及施工现场管理、竣工资料汇总整理等服务所需的费用。

总承包服务费由建设单位在招标控制价中根据总包范围和有关计价规定编制，施工单位投标时自主报价，施工过程中按签约合同价执行。

4．规费和税金

规费和税金的构成和计算与按费用构成要素划分建筑安装工程费用项目组成部分是相同的。

2.2 土石方工程

2.2.1 土石方基础知识

2.2.1.1 设计室外地坪和自然标高的概念

（1）设计室外地坪：指按设计要求施工后，室外场地通过垫起或下挖后的地坪标高。

（2）自然标高：指施工单位进场时的场地标高，也是甲方的交付标高，如图2.2-1所示。

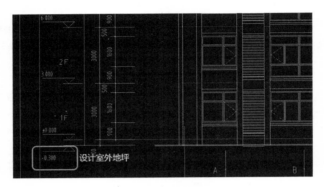

图2.2-1 设计室外地坪表示

2.2.1.2 平整场地的概念

平整场地：建筑物（构筑物）所在现场厚度在设计室外地坪标高±30cm以内的就地挖、填、平整，如图2.2-2所示。

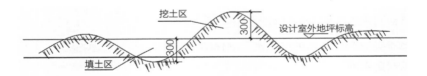

图2.2-2 场地示意图

2.2.1.3 沟槽、基坑、一般土方的概念

（1）沟槽：底宽≤7m且底长>3倍底宽。

（2）基坑：底长≤3倍底宽，且底面积≤150m²。

（3）一般土方：超过以上范围则为一般土方。如图2.2-3所示。

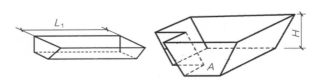

沟槽：底宽≤7m且底长>3倍底宽　　基坑：底长≤3倍底宽，且底面积≤150m²

图2.2-3 沟槽和基坑示意图

2.2.1.4 坡度系数和放坡系数的概念

放坡是为了防止土方塌方。

（1）**坡度系数**：坡度系数指的是H/B。

（2）**放坡系数**：放坡系数指的是B/H，它与坡度系数为倒数关系。

如图2.2-4、表2.2-1所示。

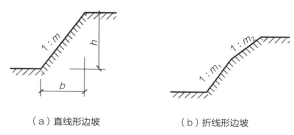

（a）直线形边坡   （b）折现形边坡

图2.2-4 直线形和折现形边坡示意图

放坡系数表   表2.2-1

土类别	放坡起点（m）	人工挖土	机械挖土		
			在坑内作业	在坑上作业	顺沟槽在坑上作业
一、二类土	1.20	1：0.5	1：0.33	1：0.75	1：0.5
三类土	1.50	1：0.33	1～0.25	1：0.67	1：0.33
四类土	2.00	1～0.25	1：0.10	1：0.33	1：0.25

2.2.1.5 工作面宽度的概念

工作面宽度：指的是施工构件时，为了保证顺利施工的工作空间预留，如图2.2-5所示。

2.2.1.6 支挡土板的概念

支挡土板：当不放坡时，支挡土板是为了加固边坡保证其不塌房的措施，如图2.2-6所示。

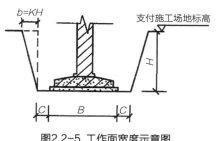

图2.2-5 工作面宽度示意图

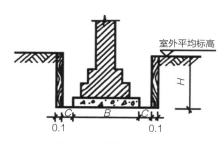

图2.2-6 支挡土板示意图

2.2.1.7 房心回填土的概念

房心回填土通常是指室外地坪以上至室内地面垫层之间的回填部分，也称室内回填土，如图2.2-7所示。

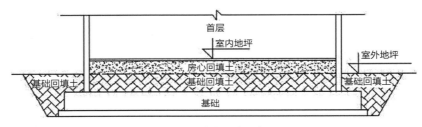

图2.2-7 房心回填示意图

2.2.2 土石方工程计价案例

土石方工程施工工序如表2.2-2所示。

土石方施工工序   表2.2-2

施工工序	第一步	第二步	第三步	第四步
清单项目	平整场地	挖一般/沟槽/基坑/冻土/淤泥流沙/管沟	回填	余方弃置
定额项目	人工场平 机械场平	放坡 人/机挖+清槽 地基钎探	灰土回填 砂土回填	自卸汽车运土 人力车运土

2.2.2.1 清单列项

清单列项时可按照：选择清单→项目特征描述→提量→整理分部的步骤进行。

1. 选择清单

（1）功能选择：在软件中可以采用【插入清单】【查询清单】的方式进行清单项的选择，如图2.2-8所示。

图2.2-8 查询及插入定额示意图

（2）列项明细：根据案例工程情况套取对应清单项，依据《13清单计价规范》，依次是：平整场地、开挖一般土方、回填土，如图2.2-9所示。

图2.2-9　清单列项

2. 项目特征描述

项目特征：输入项目特征有两种方式，第一种直接输入（图2.2-10），第二种切换到项目特征及内容下方输入（图2.2-11）。

图2.2-10　项目特征描述方式一

图2.2-11　项目特征描述方式二

3. 清单提量

在算量软件中点击【汇总计算】完成工程量的汇总，左侧模块导航栏切换到平整场地界面，选中已经绘制完的平整场地图元，点击【查看工程量】，因新建工程时同时选择了清单规则和定额规则，所以查看工程量时，会同时有清单工程量和定额工程量，提量时要注意，此处选择清单工程量。提量操作步骤如图2.2-12所示。

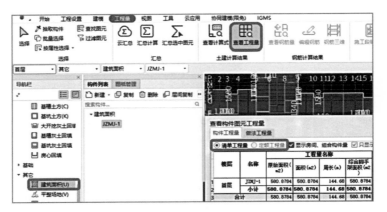

图2.2-12 提量操作步骤

4. 整理分部

（1）在分部分项界面，光标放在整个项目位置，鼠标右键点击【插入子分部】，如图2.3-13所示。

（2）在分部分项界面，点击【分部整理】，也可完成分部整理工作，如图2.2-14所示。

图2.2-13 插入子分部操作方式

图2.2-14 分部整理操作方式

2.2.2.2 定额列项

清单列项完成后，我们会发现此时的清单综合单价为0，因为清单仅仅是列项，需要通过定额来进行组价，组价的过程一般包括：选择定额，定额提量，定额换算。

1. 选择定额

（1）010101001001平整场地清单。目前一般采用机械平整场地，故根据《山东2016定额》，直接套取1-4-2机械平整场地定额。

（2）010101002001挖一般土方清单。挖一般土方包括机械挖土、人工清理、基础钎探、余土外运工作。

机械挖土一般套取1-2-41定额，根据定额说明中的要求，执行相应子目需要系数换算。如表2.2-3、图2.2-15所示。

机械挖土及人工清理修整系数表 表2.2-3

土类别	放坡起点（m）	人工挖土	机械挖土		
			在坑内作业	在坑上作业	顺沟槽在坑上作业
一、二类土	1.20	1：0.5	1：0.33	1：0.75	1：0.5
三类土	1.50	1：0.33	1～0.25	1：0.67	1：0.33
四类土	2.00	1～0.25	1：0.10	1：0.33	1：0.25

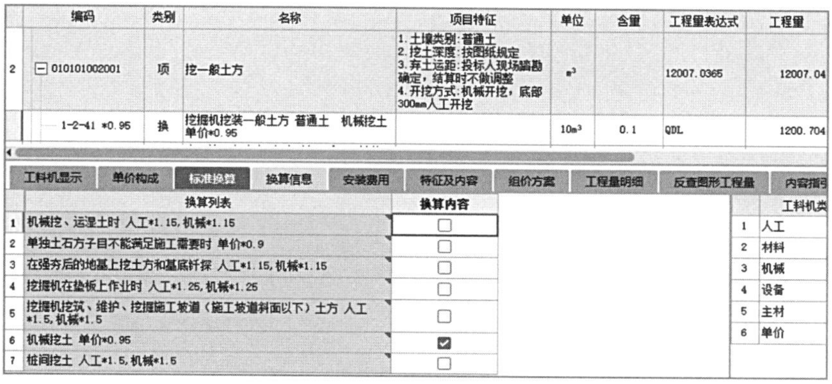

图2.2-15 定额换算示意图

人工清理执行1-2-3定额子目，如图2.2-16所示，直接在软件中套取，可以在定额编号后直接乘以对应换算系数，例如（1-2-3）×0.063，即可。

平整场地还需对基底钎探，执行1-4-4基底钎探定额子目，工程量按照大开挖底面积提取。

工程现场中挖土量大，因此需要考虑土外运，这时需要执行1-2-58定额子目，输入实际运距。

（3）010103001001回填土。回填时包括从外部装土、运土以及夯填工作。需要套取1-2-53挖掘机装土方定额子目，1-2-58自卸汽车运土定额子目，1-4-13机械夯填槽坑定额子目。

2. 定额提量

土石方开挖、运输均按开挖前的天然密实体积计算。土方回填按回填后的竣工体积计算。不同状态的土石方体积，如表2.2-4所示。

土石方体积换算系数表 表2.2-4

名称	虚方	松填	天然密实	夯填
土方	1.00	0.83	0.77	0.67
	1.20	1.00	0.92	0.80
	1.30	1.08	1.00	0.87
	1.50	1.25	1.15	1.00

续表

名称	虚方	松填	天然密实	夯填
石方	1.00 1.18 1.54	0.85 1.00 1.31	0.65 0.76 1.00	— — —
块石	1.75	1.43	1.00	（码方）1.67
砂夹石	1.07	0.94	1.00	—

在输入定额中工程量时，需要直接乘以1.15的系数来计算装土和运土的工程量，如图2.2-16所示。

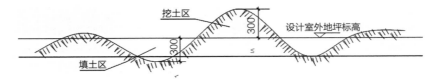

图2.2-16 挖土运土定额系数示意图

2.2.3 土石方工程计价争议解析

1. 如果自然标高高于或低于设计室外地坪标高30cm，那还需要计算平整场地吗（图2.2-17）？

图2.2-17 场地示意图

争议解析：

（1）需计算平整场地（山东省）：平整场地是指建筑物（构筑物）所在现场厚度在设计室外地坪标高±30cm以内的就地挖、填及平整。挖填土方厚度超过30cm时，全部厚度按一般土方相应规定另行计算，但仍需计算平整场地。

（2）不再计算平整场地（贵州省）：平整场地是指建筑场地土石方厚度≤±30cm的就地挖、填及平整。挖填土石方厚度＞±30cm时，挖、填土石方根据场地土方平衡竖向布置图，按一般土石方相应规定计算，不再计算平整场地。

（3）没有注明是否计算平整场地（黑龙江省）：平整场地是指建筑场地挖、填土方厚度在设计室外地坪标高土30cm以内及找平。没有注明是否还需要计算平整场地。

争议解析：因此需根据工程当地定额要求来判断，如未注明，建议大家计算。一般情况下施工单位要放线，就要进行场地平整，依然要产生费用。

2．施工单位进场后直接大开挖，没有平整场地的工作，所以不计取平整场地的费用。

争议解析：这种说法是不合理的，平整场地依然要计算和计入，原因是施工单位虽然可能入场要大开挖，但是开挖前要放线，只要放线就需要平整场地，就会产生费用，所以平整场地费用要计算和计入。

3．如果土方工程分包了，那么总包单位还会记取平整场地费用吗？

争议解析：总包入场放线就要平整场地，与土方工程是否分包无关，所以应当记取平整场地费用。当然也要根据当地的官方文件，比如山东淄博地区《淄博市建设工程计价办法（2018）》中对此问题有直接的说明：总包单位应全额计算一次平整场地。

4．如果土方工程分包了，除了平整场地的费用外还应计算哪些费用？

争议解析：土方工程分包了，人工清槽依然由总承包方负责，故这部分费用需要总承包方计算；另外是土方回填，是否计取取决于总包是否施工，只要施工就要计取。

5．在划分标准方面，定额对于基槽、基坑、一般土方和清单规则有所不同，如何计价？

争议解析：清单规则中沟槽的规定是底宽≤7m且底长>3倍底宽，而定额规则有单独的划分标准，比如按照清单应该列沟槽，而按照定额需要列基坑，这种情况，定额列项不受影响，套定额时看消耗标准是否正确，与清单名称是否对应无关。

6．"余方弃置"是否计取？

争议解析："余方弃置"是否计取需根据现场实际情况来考虑，如图2.2-18所示。

（1）需要记取余方弃置：坑边堆土，土方回填后仍有剩余，则需要记取余方弃置。

（2）不需要记取余方弃置：场外堆土，土方回填时，需场外运土满足回填需求，则不存在余方弃置，这时不需要记取余方弃置。

图2.2-18　余方示意图

习 题

一、选择题

1. 如果自然标高高于或低于设计室外地坪超过30cm，还需要计算平整场地吗（　　）

 A．无需计算   B．需要计算

 C．根据当地定额要求判断是否需要计算 D．根据自己企业考虑是否计算

 正确答案：C

2.【多选】如果土方分包了，一般情况下作为总承包单位以下哪些工程量需要计算（　　）

 A．平整场地 B．挖一般土方 C．人工清槽 D．土方外运

 正确答案：AC

3. 以下说法正确的是（　　）。

 A．沟槽：底宽<7m且底长>3倍底宽

 B．基坑：底长≤3倍底宽，且底面积≤150m²

 C．基坑：底长≤3倍底宽，且底面积>150m²

 D．以上说法都正确

 正确答案：B

二、问答题

1. 平整场地在计价时需要注意什么？

2. "余方弃置"在什么情况下需要记取？

3. 土方石工程的7个重要概念分别有哪些？

扫码观看
本章小结视频

2.3 砌筑工程

2.3.1 砌筑工程基础知识

2.3.1.1 砌筑工程的列项维度

砌筑工程清单列项，先按材质分，再按部位划分，最后按施工工艺划分，如图2.3-1所示。

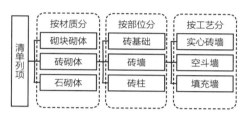

图2.3-1 砌筑工程清单列项维度

2.3.1.2 基础与墙（柱）的划分界限

基础与墙（柱）的划分界限，如图2.3-2所示。

图2.3-2中（a）情况，基础与墙（柱）身使用同一种材料时，以设计室内地面为界（有地下室者，以地下室室内设计地面为界），地面以下为基础，地面以上为墙身；图2.3-2中（b）情况，基础与墙身使用不同材质时，H值 $\leqslant \pm 300mm$ 时，以不同材料为 分界线，$H > \pm 300mm$ 时，以设计室内地面为分界线。

但在当代建筑中以上两种形式较为少见，比较常见的砖基础形式如图2.3-3所示。独立基础或者框架柱之间有连接的梁，然后在梁上方砌筑墙体，这种情况是如何划分基础和墙身的呢？

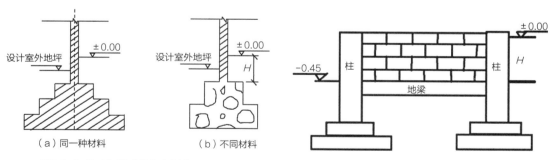

图2.3-2 基础与墙（柱）身划分界限示意图　　　　图2.3-3 当代建筑中常见的砖基础形式

上述情况梁和砌体是两种不同的材质，设计室内标高与两种材质交界处的高差 $H \leqslant \pm 300mm$ 时，以不同材料为分界线；$H > \pm 300mm$ 时，以设计室内地面为分界线。

以上基础与墙身的划分为砌筑基础与砌筑墙（柱）身的分界线，当前案例工程采用的是筏板基础，混凝土的基础与混凝土柱、墙的分界应遵循混凝土工程的规定。

2.3.1.3 大放脚、附墙垛及垛基、空斗墙、空花墙

大放脚、附墙垛、空斗墙、空花墙如图2.3-4所示。

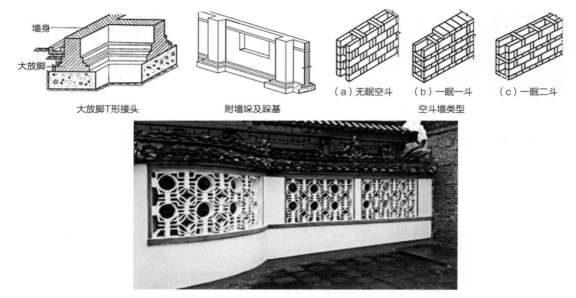

图2.3-4 大放脚、附墙垛及朵基、空斗墙、空花墙示意图

（1）大放脚：条形基础底部呈现放大的趋势，将上部的荷载均匀地传递出去，一般按"长度乘以截面面积"来计算体积，当两个方向的大放脚相交时，随着大放脚逐级增大，相交部分逐级变化，实际工程量计算非常复杂，但一般来说此处体量不大，影响较小，所以大放脚相交部分不需要扣减。《13清单计量规范》中也有相应描述，如图2.3-5所示。

表 D.1 砖砌体（编号：010401）

项目编码	项目名称	项目特征	计量单位	工程量计算规则	工作内容
010401001	砖基础	1.砖品种、规格、强度等级 2.基础类型 3.砂浆强度等级 4.防潮层材料种类	m³	按设计图示尺寸以体积计算。 　　包括附墙垛基础宽出部分体积，扣除地梁（圈梁）、构造柱所占体积，不扣除基础大放脚T形接头处的重叠部分及嵌入基础内的钢筋、铁件、管道、基础砂浆防潮层和单个面积≤0.3 m³的孔洞所占体积，靠墙暖气沟的挑檐不增加。 　　基础长度：外墙按外墙中心线，内墙按内墙净长线计算。	1.砂浆制作、运输 2.砌砖 3.防潮层铺设 4.材料运输

图2.3-5 砖基础计算规则

（2）附墙垛及垛基：当墙体超过一定长度，一般会每隔一段距离布置一个墙垛。墙本身有基础，墙垛同样也有垛基，这种情况在计算工程量时，上方附墙垛归入墙体积计算，下方垛基归到基础里面计算。

（3）空斗墙：空斗墙不是承重墙，砖和砖之间有很多空间，一般做隔墙使用，此种墙体

保温效果较好。

（4）空花墙：此种墙体主要起到装饰效果，常见于仿古建筑。

2.3.2 砌筑工程计价案例

2.3.2.1 清单列项

清单列项时可按照"选择清单→项目特征描述→提量"的步骤进行。

1. 选择清单

结合案例工程，以首层为例，根据"平立剖"图纸中，地下一层平面图、一层平面图（建施04）右上角图纸注解的位置，明确说明了一层墙体除注明外，内外墙均为180厚加气混凝土砌块墙、100厚加气混凝土砌块墙（图2.3-6）。清单列项时，应选择"010402001砌块墙"清单。

图2.3-6　一层墙体说明

2. 项目特征描述

项目特征建议描述的维度大一些，避免出现错误，因为一旦出现错误，修改了项目特征，那么单价就需要做调整，价格则不好把控，所以应尽量避免修改项目特征。

砌体墙的项目特征一般包含以下几部分：①砌块品种、规格、强度等级；②墙体类型；③砂浆强度等级。根据找到的图纸信息进行项目特征的输入。

（1）砌块品种、规格、强度等级。根据图纸说明可以填写"180厚加气混凝土砌块"。为防止出错，避免后期纠纷，在输入项目特征时可以描述得宽泛一些，如"砌块品种、规格、强度等级：符合设计要求"。

（2）墙体类型。本工程的砌块墙属于二次结构，在项目特征描述时墙体类型位置可输入"填充墙"。

（3）砂浆强度等级。根据图纸填写，如可输入"M5.0混合砂浆，配合比符合设计要求"。

（4）其他补充。如果默认的项目特征不足以描述实际情况，还需要其他的描述信息，可以在【特征及内容】中点击鼠标右键，点击【插入】，即可新插入一条描述项，在此处补充即可。如"部位：首层"。具体操作步骤如图2.3-7所示。

3. 提量

在算量软件中点击【汇总计算】完成工程量的汇总，通过【批量选择】，批量选择的快捷键是"F3"，有的计算机需要使用"Fn+F3"，选择好构件后，点击【查看工程量】。新建工程时同时选择了清单规则和定额规则，所以查看工程量时，会同时有清单工程量和定额

图2.3-7 项目特征描述

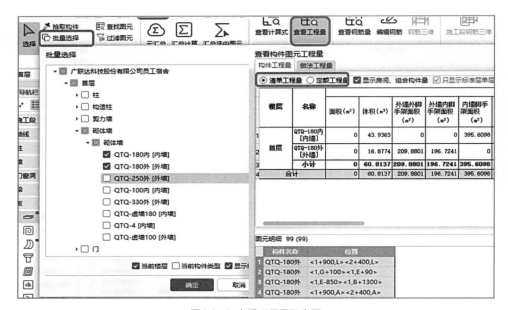

图2.3-8 查看工程量示意图

工程量，提量时要注意，不要提错，此处应提取清单工程量。提量操作步骤如图2.3-8所示。

实际工程中，筏板侧面常常会砌筑砖胎膜。砖胎膜是用砖砌成适用某种形状、规格且表面抹光而成的胎具，可以理解为砖胎膜是一种砖砌的模板，常用于混凝土完成浇筑后不能拆除或者拆除难度大的位置。筏板外侧做砖胎膜，防水要延伸到砖侧面膜上，以便后续浇注完混凝土后防水可以上翻到侧壁混凝土墙上。如工程中采用了砖胎膜，一般选取"010401001砖基础"清单。砖胎膜不会在图纸中出现，所以要结合施工组织设计，比如按照240厚的砖胎膜、M7.5混合砂浆，项目特征的输入可参照上文砌块墙的输入方式。提量的时候要注意，在算量软件中是可以绘制砖胎膜构件的。操作步骤：找到砖胎膜构件→点击【新建】选择【新建线式砖胎膜】→输入属性信息（主要是砖胎膜的厚度和材质、砂浆类型、砂浆等级）→点击【智能布置】，选择【筏板】选项→选中绘图界面需要布置砖胎膜的筏板基础→右键确定。所选筏板周围就会布置上砖胎膜，布置步骤如图2.3-9所示。

布置完成后，点击【汇总计算】就可以计算出砖胎膜的工程量，填写到清单工程量中即可。实际工程中如果条形基础、独立基础等需要布置砖胎膜，可采取相同的操作方法。布置完成后如图2.3-10所示。

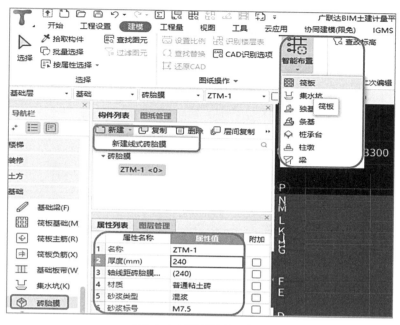

图2.3-9 砖胎膜绘制示意图

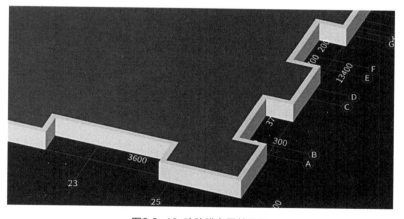

图2.3-10 砖胎膜布置效果图

2.3.2.2 定额组价

清单列项完成后，会发现此时的清单综合单价为0，因为清单仅仅是列项，需要通过定额来进行组价，组价的过程一般包括：选择定额→定额提量→定额换算。

1. 选择定额

组价时要根据项目特征来进行定额的选择，比如010402001001砌体墙清单，项目特征中描述了砌块品种、砂浆强度等级等主要信息，结合这些信息根据当地的定额进行选择，比如山东2016定额，可选择定额"4-2-1 M5.0混合砂浆加气混凝土砌块墙"。

定额中砌块墙的具体内容如图2.3-11所示，"烧结煤矸石普通砖240×115×53"指的是砌块墙下方三皮找平砖，在GTJ2021中建模的时候没有绘制底部的三皮找平砖，这部分消耗量已包含于定额中，另外，定额中的加气混凝土砌块规格型号为600×200×240，图纸中墙体厚度为100厚和180厚，与规格型号不相符，此处是否需要调整，应根据当地的定额，如图2.3-11所示的《山东2016定额》，是以"10m³"为单位的，无论用什么规格型号的砌块，体积是一定的，所以此处无需修改。如果需要修改，可手动调整规格型号和价格，或者做材料换算（换算方法将在本节后续内容中详细讲解）。

二、砌块砌体

工作内容：调、运、铺砂浆、运、砌砖、立门窗框，安放木砖、垫块等。　　　　　计量单位：10m³

定额编号			4-2-1	4-2-2	4-2-3
项目名称			加气混凝土砌块墙	轻骨料混凝土小型砌块墙	承重混凝土小型空心砌块墙
名称		单位	消	耗	量
人工	综合工日	工日	15.43	14.90	15.05
材料	蒸压粉煤灰加气混凝土砌块 600×200×240	m³	9.4640	—	—
	陶粒混凝土小型砌块 390×190×190	m³	—	8.9770	—
	烧结页岩空心砌块 290×190×190	m³	—	—	8.8210
	烧结煤矸石普通砖 240×115×53	m³	0.4340	0.4340	0.4340
	混合砂浆 M5.0	m³	1.0190	1.3570	1.5290
	水	m³	1.4850	1.4117	1.3883
机械	灰浆搅拌机 200L	台班	0.1270	0.1696	0.1911

图2.3-11 砌块墙定额示意图

定额套取后，计价软件下方【工料机显示】里的"含量"指的是每完成定额单位的合格产品所消耗人材机的标准用量，"数量"是"含量"乘以"定额工程量"。如图2.3-12所示。

	工料机显示		单价构成	标准换算	换算信息	安装费用	特征及内容	
	编码	类别	名称	规格及型号	单位	含量	数量	
1	00010010	人	综合工日(土建)		工日	15.43	99.02974	
2	04150015	材	蒸压粉煤灰加气混凝…	600×200…	m³	9.464	60.73995	
3	04130005	材	烧结煤矸石普通砖	240×115…	m³	0.434	2.78541	
4	⊞ 80010001	浆	混合砂浆	M5.0	m³	1.019	6.53994	
9	34110003	材	水		m³	1.485	9.53073	
10	⊞ 990610…	机	灰浆搅拌机	200L	台班	0.127	0.81509	

图2.3-12 工料机显示

2. 定额提量

一般情况下清单单位和定额单位一致时，相关定额工程量默认等于清单工程量；单位不一致时，定额工程量默认为0，此时需要在GTJ2021的算量文件中提量。需要注意的是，有的构件虽然清单量和定额量单位一致，但是工程量的计算规则是不一样的，也需要在GTJ2021的算量文件中单独提定额工程量。

3. 定额换算

定额中给定的材料、强度等级、配合比等等与实际工程可能存在差异，所以套取完定额后，需要根据实际情况进行换算。常见的换算有以下几种情况：

（1）标准换算

标准换算是指厚度、运距、配合比、强度等级、定额里规定的系数的换算。这类换算一般在计价软件的【标准换算】界面执行，以《山东2016定额》中4-2-1的标准换算为例，如图2.3-13所示。

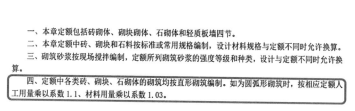

图2.3-13 标准换算示例

第一条：如为圆弧形砌筑时，人工要乘以系数1.1，材料乘以系数1.03；第二条：如果超过3.6m时，其超过部分工程量的定额人工乘以1.3。以上两条来源于定额说明，如图2.3-14所示。

第四章 砌筑工程 83

说 明

一、本章定额包括砖砌体、砌块砌体、石砌体和轻质板墙四节。

二、本章定额中砖、砌块和石料按标准及常用规格编制，设计材料规格与定额不同时允许换算。

三、砌筑砂浆按现场搅拌编制，定额所列砌筑砂浆的强度等级和种类，设计与定额不同时允许换算。

四、定额中各类砖、砌块、石砌体的砌筑均按直形砌筑编制。如为圆弧形砌筑时，按相应定额人工用量乘以系数1.1、材料用量乘以系数1.03。

图2.3-14 山东2016定额中砌筑工程说明节选

第三条：混合砂浆换算，砂浆强度等级和种类很多，不同的强度等级和种类价格是不同的，定额中只默认一种，如果实际工程与定额默认不一致时，可以调整，比如此定额默认为M5.0混合砂浆，可以根据工程需要换算为M7.5混合砂浆或者水泥砂浆等等。

（2）材料换算

如果定额中的材料和实际工程中用到的材料不一致时，可以进行材料的换算，点开对应定额的【工料机显示】→找到需要调整的材料，点开"三点按钮"→弹出查询材料对话框→选择材料即可，如图2.3-15所示。

如果多条定额中相同的材料都要换算，可以选中多条定额，点击工具栏的【其他】→选

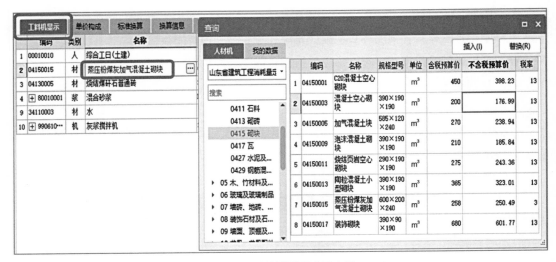

图2.3-15 材料换算操作示意图

择里面的【其他】→【批量换算】→选中需要调整的材料→点击【替换人材机】→进入查询/替换人材机界面→选中需要的材料→点击【替换】，即可完成材料的换算（图2.3-16），在此界面还可以设置人材机乘以系数。

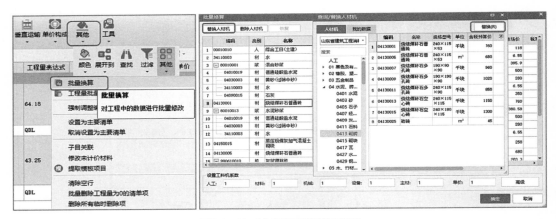

图2.3-16 人材机批量换算示意图

（3）批量换算

有些换算需要对整个工程或者多个子目进行调整，比如定额默认是按照现浇砂浆编制的，如需换成预拌砂浆需要多个子目批量换算，混凝土工程中商品混凝土和现浇混凝土之间的换算也是类似情况，此种换算可以选中整个项目或者多条需要调整的子目，在编制界面点击鼠标右键→砂浆换算/混凝土换算，如图2.3-17所示。

做过换算的定额子目会在"类别"处显示"换"，定额编码会显示换算信息，如图2.3-18所示。

		合税省单价	不含税淄博价	不含
批量设置工程量精度				
页面显示列设置		128	118	
添加一笔费用		737.86	737.86	
关联泵送子目		361.37	361.37	
砂浆换算	▶	现浇砂浆换预拌砂浆		
砼换算	▶	预拌砂浆换现浇砂浆		
构件底部坐浆非砌体砂浆				

图2.3-17 砂浆、混凝土批量换算方法

	编码	类别	名称	项目特征	单位	工程量
	⊟		整个项目			
1	⊟ 010402001001	项	砌块墙	1.部位:首层 2.砌块品种、规格、强度等级:符合设计要求 3.墙体类型:填充墙 4.砂浆强度等级:混合砂浆 M5.0 配合比符合设计要求	m³	64.18
	4-2-1	定	M5.0混合砂浆加气混凝土砌块墙		10m³	6.418
2	⊟ 010401001001	项	砖基础	1.部位:基础层 2.砌块品种、规格、强度等级:符合设计要求 3.墙体类型:砖胎膜 4.砂浆强度等级:混合砂浆 M7.5 配合比符合设计要求	m³	43.25
	4-1-1 H80010011 8···	换	M5.0水泥砂浆砖基础　换为【水泥砂浆M7.5】		10m³	4.325

图2.3-18 砌块工程计价示意图

2.3.2.3 其他说明

定额套取完成后，确定好材料价格和费率，会形成清单的综合单价，后续再进行工程量调整时，如果希望综合单价保持不变，可以通过【锁定综合单价】的方法实现，如果界面上没有此列信息，可以通过点击鼠标右键中的【页面显示列设置】找到该列选项，显示出来。操作流程：点击鼠标右键→【页面显示列设置】→勾选【锁定综合单价】→出现此列信息→勾选需要锁定的清单（图2.3-19），这样就完成了综合单价的锁定，在进行工程量调整时，综合单价是不会随之改变的。

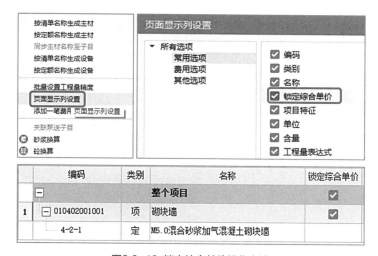

图2.3-19 锁定综合单价操作方法

2.3.3 砌筑工程争议解析

1. 套错清单的问题

根据案例情况，前面分析过，在清单列项时应选砌块墙，如果拿到的招标清单，在清单列项时，如图2.3-20所示砌块墙的位置列为填充墙，遇到这种情况此清单是否可以正常使用？

B1	—		砌筑工程		
1	— 010402001001	项	砌块墙	1. 部位:首层 2. 砌块品种、规格、强度等级:符合设计要求 3. 墙体类型:填充墙 4. 砂浆强度等级:M5.0、配合比符合设计要求	m³
	4-2-1	定	M5.0混合砂浆加气混凝土砌块墙		10m³
2	— 010401001001	项	砖基础	1. 部位:基础层砖胎膜 2. 砌块品种、规格、强度等级:粉煤灰标准砖，并符合设计要求及砌组 3. 基础类型:砖胎膜 4. 砂浆强度等级:M7.5、配合比符合设计要求	m³
	4-1-1 H80010011 8…	换	M5.0水泥砂浆砖基础 换为【水泥砂浆M7.5】		10m³

图2.3-20 清单列项示意图

笔者认为这种情况是可以正常使用的，因为清单是一个项目，这个项目只要具备费用的信息即可，组价是按照项目特征进行的，而且此处砌体墙原本也是起到了填充墙的作用，所以这条清单列为填充墙是不影响报价的。

2. 不同的单位工程，比如1号楼土建和2号楼土建，相同的清单项，项目特征描述也相同，它们的清单综合单价是一样的吗？什么情况下会不一样？

首先看一下综合单价的计算公式：综合单价=Σ+(定额工程量×定额单价)/清单工程量。根据这个计算公式，可以得出下面两种情况：

（1）如果清单下套的定额单位与清单单位是一致的，那么定额工程量和清单工程量的比值是一定的，这种情况下综合单价应该一致。

（2）如果清单下套取的定额单位与清单单位存在不一致的情况，那么定额工程量和清单工程量的比值是变化的，这种情况下综合单价可能会出现不一致的情况，但是一般不会相差很多。

习 题

一、选择题

1. 【多选】砌筑工程清单列项的维度有（ ）

A. 按照材料　　　B. 按照部位　　　C. 按照施工工艺　　　D. 按照楼层

正确答案：ABC

2. 如果想要在调整工程量的时候保证清单综合单价不变，可以使用什么功能（ ）

A. 锁定清单　　　B. 锁定单价　　　C. 锁定综合单价　　　D. 锁定含量

正确答案：C

3. 基础与墙（柱）身的划分原则正确的是（ ）

A. 基础与墙（柱）身使用同一种材料时，以设计室外地面为界（有地下室者，以地下室室内设计地面为界），以下为基础，以上为墙身

B. 基础与强身使用不同材质时，H值＞±300mm时，以不同材料为分界线

C. 基础与墙（柱）身使用同一种材料时，以设计室内地面为界（有地下室者，以地下室室内设计地面为界），以下为基础，以上为墙身

D. 基础与强身使用不同材质时，H值≤±300mm时，以设计室内地面为分界线

正确答案：D

4. 组价的依据（ ）

A. 项目特征　　　　　　　　　　B. 项目名称

C. 项目内容　　　　　　　　　　D. 工作内容

正确答案：A

二、问答题

1. 基础与墙（柱）的划分界限是什么？

2. 简述砌体墙从列项到组价的整体流程及注意事项。

3. 不同的单位工程，相同清单的综合单价是否一致？什么情况下不一致？

扫码观看
本章小结视频

2.4 钢筋工程

2.4.1 钢筋基础知识

2.4.1.1 钢筋工程清单列项维度

（1）**按照清单与定额的分部划分**：钢筋工程属于混凝土及钢筋混凝土工程的子分部工程。

（2）**按照依附关系划分**：可分为钢筋工程与螺栓铁件，其中钢筋工程再按照施工工艺细分为现浇构件钢筋、预制构件钢筋、预应力钢筋、支撑钢筋和植筋。

云计价GCCP6.0软件中列项时先列出分部"混凝土及钢筋混凝土工程"，再列出子分部"钢筋工程"，如图2.4-1所示。

编码	类别	名称	项目特征
B1 □		混凝土及钢筋混凝土工程	
B2 ⊞	部	钢筋工程	

图2.4-1 混凝土及钢筋工程分部划分

2.4.1.2 设计搭接与施工搭接的概念

《13清单计量规范》计算规则：除设计（包括规范规定）标明的搭接外，其他施工搭接不计算工程量，在综合单价中综合考虑。

《山东2016定额》计算规则：计算钢筋工程量时，设计规定钢筋搭接的，按规定搭接长度计算；设计、规范未规定的，已包括在钢筋的损耗率之内，不另计算搭接长度。

（1）**设计搭接**：设计规定和规范要求的搭接，是不可抵抗且必须施工的搭接。如图2.4-2中框架梁的左右支座负筋需要与架立筋搭接连通，架立筋与支座负筋的搭接长度为150mm。此处的搭接为22G 101-1图集规定的，现场必须按规范施工，且不随构件的长度、复杂程度、施工难易程度等产生变化。

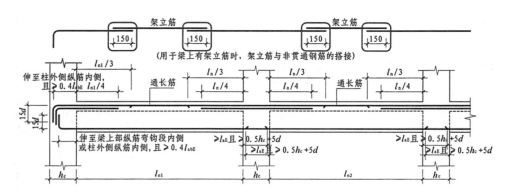

图2.4-2 楼层框架梁KL纵向钢筋构造

（2）**施工搭接**：施工搭接一般由两种情况产生。第一，构件长度超出钢筋定尺长度，需要使用多根钢筋采用绑扎方式连接在一起时产生的搭接，如图2.4-3所示。第二，构件形状复杂或钢筋施工复杂，为施工方便而不得不断开后再采用绑扎方式连接而产生的搭接，如图2.4-4所示。

图2.4-3 超出定尺长度的施工搭接

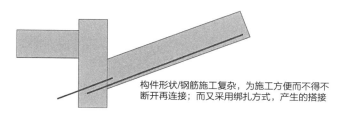

图2.4-4 构件形状/钢筋施工复杂的施工搭接

2.4.2 钢筋工程计价案例

2.4.2.1 清单列项

1. 选择清单

根据钢筋工程清单项的划分来梳理本案例工程涉及的清单项。本案例工程中存在现浇构件的钢筋、植筋、支撑钢筋（铁马）、机械连接，其中现浇构件钢筋有直筋、箍筋与砌体加筋。因为不同级别直径的钢筋价格不同，列清单项时可按照不同级别直径列项。在各地定额中，一般按照直径区间划分不同的定额子目，列项时也可参考定额中的直径区间分别列清单项。

2. 项目特征描述

由于钢筋的级别和直径影响价格，所以列项的过程中在项目特征列必须输入钢筋的种类和规格，如图2.4-5所示。

	编码	类别	名称	项目特征	单位	工程量表达式	工程量
B1	⊟		**混凝土及钢筋混凝土工程**				
B2	⊟	部	钢筋工程				
1	⊞ 010515001001	项	现浇构件钢筋	1.钢筋种类、规格:三级钢 直径≤10mm	t	7.145+95.147+41.636	143.928
2	⊞ 010515001004	项	现浇构件钢筋	1.钢筋种类、规格:三级钢 直径≤18mm	t	174.431	174.431
3	⊞ 010515001005	项	现浇构件钢筋	1.钢筋种类、规格:三级钢 直径≤25mm	t	74.545	74.545
4	⊞ 010515001002	项	现浇构件钢筋	1.钢筋种类、规格:三级钢 箍筋直径≤10mm	t	95.121	95.121
5	⊞ 010515001003	项	现浇构件钢筋	1.钢筋种类、规格:三级钢 砌体加筋直径≤8mm	t	15.544	15.544
6	⊞ 010515011001	项	植筋	1.钢筋种类、规格:三级钢 植筋直径12mm	根	1848	1848
7	⊞ 010516003001	项	机械连接	1.钢筋种类、规格:三级钢 电渣压力焊 直径16mm	个	5162	5162
8	⊞ 010516003002	项	机械连接	1.钢筋种类、规格:三级钢 电渣压力焊 直径20mm	个	48	48
9	⊞ 010515009001	项	支撑钢筋（铁马）		t	1	1

图2.4-5 钢筋工程清单列项示意

3. 提量

首先,设置报表的钢筋工程量范围。具体操作:【查看报表】→【钢筋报表量】→【设置报表范围】→勾选【钢筋类型"直筋、箍筋、措施筋"】,分别提取不同类型的钢筋工程量。其中砌体加筋工程量,可单独选中每个楼层中的砌体墙构件钢筋量提取。

然后,查看【钢筋汇总表】。钢筋级别直径汇总表、楼层构件类型级别直径汇总表、钢筋连接类型级别直径汇总表、植筋楼层构件类型级别直径汇总表等都是提量过程中涉及的报表。

最后,将工程量按照钢筋级别和直径的不同进行汇总,输入到软件工程量中。如图2.4-6所示。

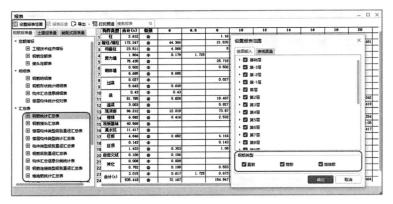

图2.4-6　钢筋工程报表提量

2.4.2.2 定额组价

根据清单的项目特征选择对应的定额子目。如010515001001现浇构件钢筋清单,项目特征中描述了钢筋为直径≤10mm的三级钢,由此可选择定额5-4-5现浇构件钢筋HRB400≤φ10。用同样的方法完成所有清单的组价,如图2.4-7所示。

	编码	类别	名称	项目特征	单位	工程量	综合单价	综合合价
B2	−		**钢筋工程**					3247210.47
1	− 010515001001	项	现浇构件钢筋	1.钢筋种类、规格:三级钢 直径≤10mm	t	143.928	6364.11	915973.62
	5-4-5	定	现浇构件钢筋HRB335(HRB400)≤φ10		t	143.928	6364.11	915973.62
2	− 010515001004	项	现浇构件钢筋	1.钢筋种类、规格:三级钢 直径≤18mm	t	174.431	5865.97	1023207.01
	5-4-6	定	现浇构件钢筋HRB335(HRB400)≤φ18		t	174.431	5865.97	1023207.01
3	− 010515001005	项	现浇构件钢筋	1.钢筋种类、规格:三级钢 直径≤25mm	t	74.545	5168.71	385301.49
	5-4-7	定	现浇构件钢筋HRB335(HRB400)≤φ25		t	74.545	5168.71	385301.49
4	− 010515001002	项	现浇构件钢筋	1.钢筋种类、规格:三级钢 箍筋直径≤10mm	t	95.121	7904.32	751866.82
	5-4-30	定	现浇构件箍筋≤φ10		t	95.121	7904.32	751866.82
5	− 010515001003	项	现浇构件钢筋	1.钢筋种类、规格:三级钢 砌体加筋直径≤8mm	t	15.544	6128.82	95266.38
	5-4-68	定	砌体加固钢筋焊接≤φ8		t	15.544	6128.82	95266.38
6	− 010515011001	项	植筋	1.钢筋种类、规格:三级钢 植筋直径12mm	根	1848	16.19	29919.12
	5-4-79	定	植筋≤φ16		10根	184.8	161.89	29917.27
7	− 010516003001	项	机械连接	1.钢筋种类、规格:三级钢 电渣压力焊 直径16mm	个	5162	7.21	37218.02
	5-4-58	定	电渣压力焊接头≤φ16		10个	516.2	72.06	37197.37
8	− 010516003002	项	机械连接	1.钢筋种类、规格:三级钢 电渣压力焊 直径20mm	个	48	10.74	515.52
	5-4-60	定	电渣压力焊接头≤φ20		10个	4.8	107.32	515.14
9	− 010515009001	项	支撑钢筋(铁马)		t	1	7942.49	7942.49
	5-4-75	定	马凳钢筋		t	1	7942.49	7942.49

图2.4-7　钢筋工程定额组价

2.4.3 钢筋工程计价争议解析

1. 计算规则要求只计算"设计搭接"，不要求计算"施工搭接"，软件中如何实现算量？

《13清单计量规范》注释：除设计（包括规范规定）标明的搭接外，其他施工搭接不计算工程量，在综合单价中综合考虑。

《山东2016定额》计算规则：计算钢筋工程量时，设计规定钢筋搭接的，按规定搭接长度计算；设计、规范未规定的，已包括在钢筋的损耗率之内，不另计算搭接长度。

GTJ2021软件中将钢筋定尺长度调整为超过本工程任何构件的长度，那么软件在计算时就不会存在因构件长度不够而产生的施工搭接了。另外，因构件形状复杂或施工复杂而产生的施工搭接是属于实际施工现场的工艺问题，GTJ2021软件算量不考虑此类问题，因而本身都没有计算此类施工搭接。

GTJ2021软件操作方法：【工程设置】→【计算设置】→【搭接设置】→【定尺长度】，修改为"50000"，注意此处单位为mm。

2. 不计算施工搭接，施工单位是否吃亏了？

思考： 设置了不计算施工搭接的工程量，但在实际施工现场会因为施工原因不可避免地产生施工搭接。作为施工单位没有计算到此部分工程量，是否漏算了呢？

解析： 清单中要求施工搭接不计算工程量，那么搭接部分在"量"上面就没有计算，但清单中要求在综合单价中综合考虑，在组价的过程中，可以将此部分的费用考虑到定额当中。此时，可以看当地定额中是否有考虑施工搭接。

例如，山东的定额中提到"设计、规范未规定的，已包括在钢筋的损耗率之内，不另计算搭接长度"。其中"设计、规范未规定的"就是指施工搭接，山东定额的施工搭接是考虑在钢筋的消耗量中，也就是说套取的定额子目工料机数量中已经考虑了施工搭接的用量，因此，就不需要单独再计算施工搭接了。

思考： 若当地定额中没有将施工搭接的钢筋损耗考虑在定额消耗量中呢？

解析： 清单综合单价=定额工程量×定额单价/清单工程量，此时可以直接在定额子目工程量或定额子目单价中进行考虑，适当增加定额子目工程量或提高定额单价来综合考虑。

3. 定额的列项维度是"直径范围"，那不同直径钢筋的材料费如何计入？

思考： 列项和套定额时，是将一定范围的清单和定额进行合并，那么定额分解出来的工料机中的钢筋，也是按照钢筋直径范围来区分的。此时，在人材机汇总中看到的钢筋材料也是按照范围区分的。但实际在采购钢筋时，不同直径的钢筋其价格不同，此时软件中的钢筋材料单价如何考虑呢？

解析： 若此定额子目工程量中包含了不同直径的钢筋工程量，可以按照不同直径钢筋的平均价来考虑，即可完成调价。

4．在做预算时并不知道具体会不会用到马凳筋，即便会用到马凳筋也不知道具体做法要求，如何处理？

思考：马凳筋是属于施工技术层面的问题，可以用成品的塑料，也可以用水泥垫块来代替，此时如何考虑？

解析：清单中注明"现浇构件中固定位置的支撑钢筋、双层钢筋用的马凳筋在编制工程量清单时，如果设计未明确，其工程数量可为暂估量，结算时按现场签证数量计算"。软件操作中可以按照历史工程经验进行预估，也可以按照 GTJ2021 软件中计算的工程量暂估。结算时，如果没有发生马凳筋可以删除其工程量。

习　题

一、选择题

1.【多选】施工搭接可能因为以下哪些原因产生（　　）

A. 设计图纸要求

B. 规范规定必须搭接

C. 构件超过钢筋定尺长度，采用绑扎连接

D. 施工难度大，将钢筋断开后再绑扎连接

正确答案：CD

2. 关于清单单价说法错误的是（　　）

A. 清单综合单价是由定额合价除以清单工程量得到的

B. 清单综合合价是由清单综合单价乘以清单工程量得到的

C. 钢筋的定额工程量可以不等于清单工程量

D. 定额的合价等于定额单价乘以定额工程量

正确答案：B

3. 一个普通框架住宅工程，若工程不需要计算施工搭接，在软件中可以将钢筋定尺长度调整为以下哪个值（　　）

A. 9000　　　　　B. 12000　　　　　C. 20000　　　　　D. 60000

正确答案：C

二、问答题

1. 设计搭接与施工搭接有何区别？

2. 请查阅当地清单与定额，关于设计搭接与施工搭接是否需要计算工程量？如果不需要计算，施工搭接软件中如何调整设置？

3. 如果清单列项是按照钢筋直径范围区分的，那么钢筋材料单价如何调整？

扫码观看
本章小结视频

2.5 混凝土工程

2.5.1 混凝土工程基础知识

2.5.1.1 混凝土工程清单列项维度

混凝土工程第一个列项维度是按工艺分为现浇和预制两大类，然后按构件类型分为基础、柱、梁等，第三个层级按构件样式，以梁为例，分为矩形梁、基础梁等，如图2.5-1所示。

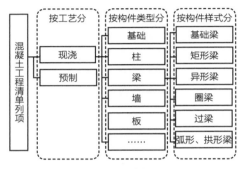

图2.5-1 混凝土工程清单列项维度

在列项维度的基础上，以现浇混凝土为例，结合工程经验，区分不同的结构类型，了解不同的结构类型一般会用到哪些混凝土构件。

图2.5-2~图2.5-4列出了3种不同的结构类型常用的混凝土构件，图中上方罗列了清单列项维度的第二层级构件类型，每个构件类型下，列出了第三层级构件样式。图中实线表示常见构件以及施工顺序，虚线表示不常用但是可能会用到的构件。

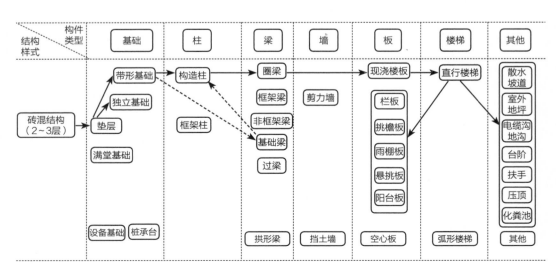

图2.5-2 砖混结构常见混凝土构件

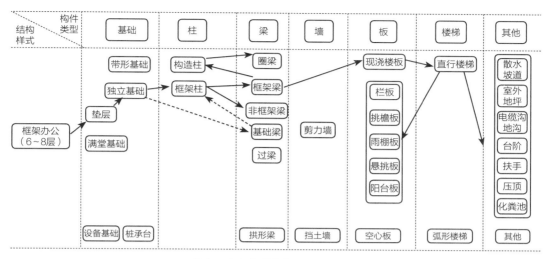

图2.5-3 框架结构常见混凝土构件

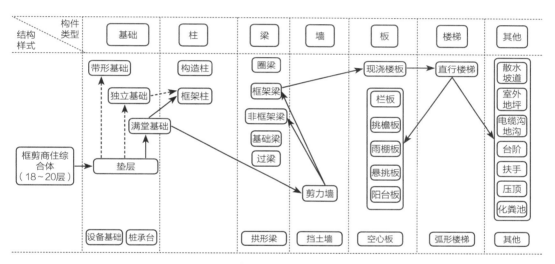

图2.5-4 框剪结构常见混凝土构件

以框剪结构（图2.5-4）为例进行分析，先做垫层然后是满堂基础，因为是框剪结构，有的工程中还存在独立基础；再往上要做框架柱和剪力墙，然后是框架梁、非框架梁、现浇板、楼梯、其他零星混凝土构件以及二次结构（构造柱、过梁、圈梁）。

列项时结合这些常用的构件，再结合图纸内容，就可以很大程度上避免漏项。

2.5.1.2 短肢剪力墙、直行墙、柱的划分

按照《13清单计量规范》中的描述：短肢剪力墙是指截面厚度不大于300mm，各肢截面高度与厚度之比的最大值大于4但不大于8的剪力墙；各肢截面高度与厚度之比的最大值不大于4的剪力墙按柱项目编码列项。

如图2.5-5所示，假设各截面厚度不大于300mm，整个异形墙肢为一个整体。以最长肢的长度与宽度的比值（L/b）为判断依据，比值大于8则为墙，比值大于4但不大于8为短

肢剪力墙，比值不大于4则为柱。需要注意的是整个异形墙肢为一个整体，如最长肢判断完成后为剪力墙，那么整个异形墙肢一起算为剪力墙，不可把墙肢拆解后单独判断。如果判断出来为柱，那么根据形状分为矩形柱、异形柱。

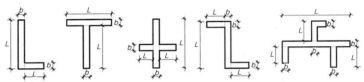

注：短肢剪力墙是指截面厚度不大于300mm、各肢截面高度与厚度之比的最大值大于4但不大于8的剪力墙；各肢截面高度与厚度之比的最大值不大于4的剪力墙按柱项目编码列项。

图2.5-5 墙体类型划分

短肢剪力墙的划分在GTJ2021中是可以判断的，如图2.5-6所示。

图2.5-6 短肢剪力墙在GTJ2021中是否判断的设置

2.5.1.3 有梁板、平板的划分

关于板和梁的混凝土工程量归属，什么情况下算为有梁板，什么情况下算为平板和现浇梁？两种划分方式按照工程当地的规则，以《山东2016定额》划分规则为例，如图2.5-7所示。

区域1只有主梁没有次梁，此处按照平板、现浇混凝土梁列项；区域2和区域3有次梁以主梁为支座，此处和次梁按照有梁板列项，主梁按照现浇混凝土梁列项。目前GTJ2021中对梁板混凝土工程量的归属是没有自动划分的，需要分别提量。

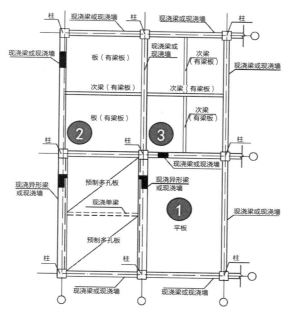

图2.5-7 现浇梁、板区分示意图

2.5.2 混凝土工程计价案例

2.5.2.1 清单列项

清单列项时可按照"选择清单→项目特征描述→提量"的步骤进行。

1. 选择清单

通过第1章算量部分学习，可以知道本书案例工程中的混凝土构件有垫层、满堂基础、直形墙、短肢剪力墙、矩形柱（首层门厅位置）、构造柱、矩形梁、圈梁、过梁、有梁板、平板、直形楼梯。所选清单如图2.5-8所示。

	编码	类别	名称	项目特征	单位
	—		**整个项目**		
1	010501001001	项	垫层		m³
2	010501004001	项	满堂基础		m³
3	010504001001	项	直形墙		m³
4	010504003001	项	短肢剪力墙		m³
5	010502001001	项	矩形柱		m³
6	010502002001	项	构造柱		m³
7	010503002001	项	矩形梁		m³
8	010503004001	项	圈梁		m³
9	010503005001	项	过梁		m³
10	010505001001	项	有梁板		m³
11	010505003001	项	平板		m³
12	010506001001	项	直形楼梯		m²

图2.5-8 混凝土工程清单列项

2. 项目特征描述

一般需要描述混凝土种类及混凝土强度等级。混凝土强度等级可以在结构图的结构设计说明中找到，本工程的混凝土强度等级列在了"结构设计说明一"的9.5条，如图2.5-9所示。

构件部位	混凝土强度等级	备注	备注二
基础垫层	C15		防水混凝土拌合物在运输后如果出现离析，必须进行二次搅拌。当坍落度损失后不能满足施工要求时，应加入原水胶比的水泥浆或掺加同品种的减水剂进行搅拌，严禁直接加水
筏板基础、地下室外墙	C35	抗渗等级P6	
5.900m以下墙、梁、板、楼梯	C35		
5.900m以上墙、梁、板、楼梯	C30		
圈梁、构造柱、现浇过梁	C20		
标准构件		按标准图要求	
后浇带		采用高一级的膨胀混凝土	
注明：混凝土应加强养护措施以减少混凝土收缩变形，养护期不应少于14天。屋面为微膨胀混凝土			

图2.5-9 案例工程混凝土强度等级

比如垫层混凝土强度等级C15，按照使用商品混凝土，则垫层的项目特征描述如图2.5-10所示。

	编码	类别	名称	项目特征	单位	工程量
B2 ⊟			混凝土工程			
1	⊟ 010501001001	项	垫层	1. 混凝土种类:商品混凝土 2. 混凝土强度等级:C15	m³	93.54

图2.5-10 垫层项目特征描述示例

3. 提量

可以在绘图区或者报表区提量，绘图区提量的好处是工程量比较直观，可以看出提的是哪一部分的工程量。前面讲过的短肢剪力墙和普通剪力墙，GTJ2021中是可以自动区分工程量的，在选取工程量的时候要注意，不要错选（图2.5-11）。

查看构件图元工程量
构件工程量 | 做法工程量
◉ 清单工程量 ○ 定额工程量 ☑ 显示房间、组合构件量 ☑ 只显示标准层单层量 □ 显示施工段归类

楼层	名称	面积(m²)	体积(m³)	模板面积(m²)	大钢模板面积(m²)	超高模板面积(m²)	外墙外脚手架面积(m²)	外墙内脚手架面积(m²)	短肢剪力墙体积(清单)(m³)	剪力墙体积(清单)(m³)
首层	Q-1 内 [180 内墙]	0	50.1472	576.8792	0	0	0	0	10.0416	40.1056
	Q-1 外 [180 外墙]	0	20.9344	219.4504	0	0	117.72	24.465	11.74	9.1944
	Q-2 [250 外墙]	0	6.12	49.7952	0	0	23.88	5.916	3	3.12
	小计	0	77.2016	846.1248	0	0	141.6	30.381	24.7816	52.42
合计		0	77.2016	846.1248	0	0	141.6	30.381	24.7816	52.42

图2.5-11 剪力墙工程量示意

2.5.2.2 定额组价

1. 选择定额

组价时套取了混凝土定额，弹出了"关联子目"（图2.5-12），这时指与主定额相关的定额，比如混凝土是如何泵送上去的，不同的方法会有不同的费用，所以要根据实际情况选择。

图2.5-12 关联子目弹框

2. 定额换算

前文"2.3砌筑工程"中为大家详细讲解了几种换算的操作，本部分结合书中所选案例工程来为混凝土子目进行换算。如按图纸说明5.9m以下墙混凝土强度等级为C35，以《山东2016定额》为例，定额中采用的是C30混凝土，如图2.5-13所示。

工作内容：混凝土浇注、振捣、养护等。　　　　　　　　　　　　　　计量单位：$10m^3$

	定　额　编　号		5-1-24	5-1-25	5-1-26	5-1-27	5-1-28
	项　目　名　称		地下室墙	挡土墙	直、弧形混凝土墙	轻型框剪墙	大钢模板墙
	名　　称	单位	消		耗		量
人工	综合工日	工日	16.24	18.58	15.39	16.90	10.41
材料	C30现浇混凝土碎石<20	m^3	9.8691	9.8691	9.8691	9.8691	9.8691
	水泥抹灰砂浆 1:2	m^3	0.2343	0.2343	0.2343	0.2343	0.2343
	塑料薄膜	m^2	6.0144	3.9560	4.8300	10.5300	6.1110
	阻燃毛毡	m^2	0.7900	0.7900	0.9500	2.1100	1.2000
	水	m^3	0.4087	0.6000	0.6870	1.0522	4.2609
机械	混凝土振捣器 插入式	台班	0.6700	0.6700	0.6700	0.6700	0.6700
	灰浆搅拌机 200L	台班	0.0300	0.0300	0.0300	0.0300	0.0300

图2.5-13 混凝土定额示意

所以在套取定额5-1-26时，我们需要进行标准换算，换算步骤如图2.5-14所示。

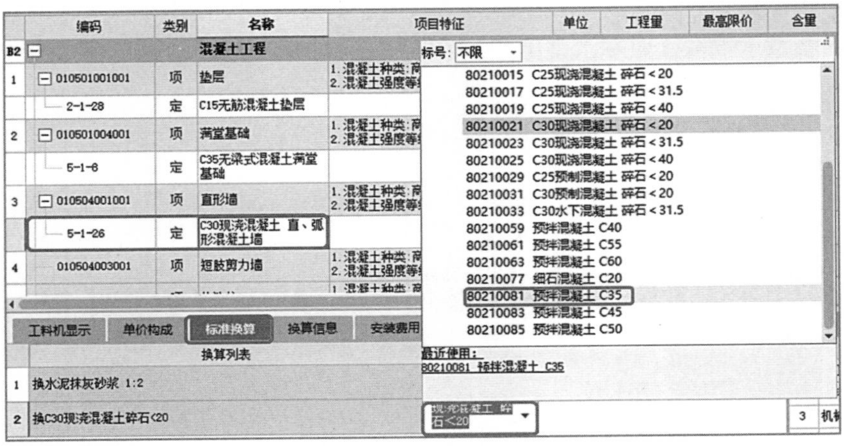

图2.5-14 混凝土子目换算

2.5.3 混凝土工程计价争议解析

1. 招标控制价文件中，没有套取混凝土泵送的子目，也没有考虑运输费用，是什么原因？（如图2.5-15所示）

	编码	类别	名称	项目特征	单位	工程量
1	010501001001	项	垫层	1.混凝土种类：商品混凝土 2.混凝土强度等级：C15	m³	93.54
	2-1-28	定	C15无筋混凝土垫层		10m³	9.354
2	010501004001	项	满堂基础	1.混凝土种类：商品混凝土 2.混凝土强度等级：C35P6	m³	836.72
	5-1-6	定	C35无梁式混凝土满堂基础		10m³	83.672
3	010504001001	项	直形墙	1.混凝土种类：商品混凝土 2.混凝土强度等级：C35P6	m³	160.51
	5-1-26	定	C30现浇混凝土 直、弧形混凝土墙		10m³	16.051

图2.5-15 混凝土工程定额套取示意图

构件并不是在现场就有，首先要从商混站，经过罐车把混凝土运输到现场，然后通过泵车泵送到构件位置，所以一般情况下混凝土工程的费用要包括泵送、运输等费用，但是有些工程中没有套取相应的子目，这是因为这些工程把运输和泵送的费用加入主子目下，比如购买商品混凝土的价格包含了运输和泵送的费用，这种情况下就不需要额外考虑泵送和运输了。

2. 清单和定额对于直行墙、短肢剪力墙的量化方式不一样，怎么办？（例：广西、贵州、宁夏）

短肢剪力墙和剪力墙及柱在清单规则下的划分，前文结合清单规则做过讲解，但很多地区的定额规则划分原则是不一样的，如广西、贵州、宁夏等地区的规则，除此之外，还有很多类似的情况，清单的划分方式和定额不一致，这种情况下，我们按照正常的方式套定额即可。如清单中包含的范围涉及两条不同的定额，可以把两条定额都套取在该条清单下，各自设置好工程量即可。

3. 当前工程中有电梯井壁墙,但是清单列项中没有单独的电梯井壁项目,定额怎么套取?(图2.5-16)

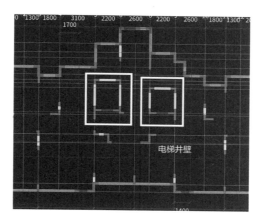

图2.5-16 电梯井壁墙

电梯井壁所围成的区域里面是井,它的施工难度会比通常的剪力墙要大,所以多数地区会有单独的电梯井壁的定额子目。一般情况下,电梯井壁的墙体和普通墙体会列两条直形墙的清单,其中一条会在项目特征中备注"电梯井壁",这样分开套取定额就可以了。如果我们遇到的清单没有分开列项,只有一条直形墙清单把电梯井壁的工程量也合并进去,遇到这种情况,可以把两种定额都套在这条清单下,设置好工程量即可。

4. 如图2.5-17所示圈梁与过梁相交,计价时应按圈梁计价还是按过梁计价?

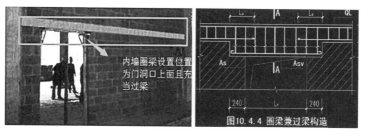

图2.5-17 圈梁兼过梁示意图

图2.5-17左侧部分是工程的主体结构施工完成后,做砌体墙,砌体墙上有门,门上需要做过梁。如果这个墙高度比较高,比如超过4m,要在墙中心位置设置一道圈梁,增加墙体的整体稳定性,有门的时候圈梁在门上方布置,就出现了圈梁兼过梁(以圈代过)的情况,那此处计价应该按照圈梁还是过梁呢?施工场景不同就会导致施工难度不同,同时会影响消耗量,所以要套取何种定额,我们要考虑施工场景,门框上面及往墙内深入250mm的范围是过梁的施工场景,所以此处应该套取过梁,剩余部分套取圈梁。

习　题

一、选择题

1. 以下关于短肢剪力墙的说法正确的是（　　）

　　A．短肢剪力墙是指截面厚度不小于300mm、各肢界面高度与厚度之比的最大值大于4但不大于8的剪力墙

　　B．短肢剪力墙是指截面厚度不大于300mm、各肢界面高度与厚度之比的最大值大于4但不大于8的剪力墙

　　C．短肢剪力墙是指截面厚度不大于300mm、各肢界面高度与厚度之比的最大值不小于4的剪力墙

　　D．短肢剪力墙是指截面厚度不小于300mm、各肢界面高度与厚度之比的最大值不小于4的剪力墙

　　正确答案：B

扫码观看
本章小结视频

2. 清单的划分方式与定额的划分方式不一致时如何列项（　　）

　　A．按照清单规则

　　B．按照定额规则

　　C．双方协商按照何种规则

　　D．清单按照清单规则列项，定额根据定额原则列项，正常套取即可

　　正确答案：D

3. 圈梁兼过梁的情况下，应按照圈梁套取做法还是按照过梁套取做法（　　）

　　A．按照圈梁套取

　　B．按照过梁套取

　　C．门窗洞口上方及两侧250mm范围按照过梁套取，其余按照圈梁套取

　　D．都可以，根据自己需求设置

　　正确答案：C

二、问答题

1. 简述直行墙、短肢剪力墙、柱的划分以及有梁板、平板的划分。

_____

_____

2. 清单和定额划分不一致的情况应该如何套取定额？

_____

_____

3. 圈梁兼过梁的情况计价时应该按照圈梁还是过梁，基本原则是什么？

_____

_____

2.6 门窗工程

2.6.1 门窗工程基础知识

门窗工程列项：门窗工程按类别可以拆分为门、窗、门窗套、窗台板、窗帘、窗帘盒、窗帘轨等。

门按材质又可以拆分为木门、金属门、金属卷帘门、厂库房大门、特种门、其他门；按功能可以拆分为钢质防火门、防盗门等。

窗按材质可以拆分为木窗、金属窗。详见表2.6-1。

门窗工程列项　　**表2.6-1**

按类别	门、窗、门窗套、窗台板、窗帘、窗帘盒、窗帘轨
按材质	木门、金属门、金属卷帘门、厂库房大门、特种门、其他门；木窗，金属窗
按功能	钢质防火门、防盗门等

2.6.2 门窗工程计价案例

2.6.2.1 清单列项

清单列项时可按照“选择清单→项目特征描述→提量”的步骤进行。

1．选择清单

通过图中的纸门窗表，可查看门窗对应的图集和选用的型号（图2.6-1），以“门FM丙1”为例，对应的图集名称是“L92J606”，选用的型号是“MFM-918-A1丙B”。其中“MFM”代表木质防火门，可以判断“FM丙1”选用清单为“木质防火门”，如图2.6-2所示。

2．项目特征描述

木质防火门的单位有“樘”和“m^2”，如果选用的清单单位为“樘”，需在项目特征描述中注明部位和洞口面积；如果选用的清单单位为“m^2”，可根据类型材质在项目特征中描述。本案例工程中选用的单位是“樘”，项目特征描述如图2.6-3所示。

4　门窗表

类型	设计编号	洞口尺寸(mm)	数量												图集选用		传热系数 Kw/(m² k)	备注
			-3层	-2层	-1层	1层	2层	3层	4层	5-16层	17层	18层	机房层	合计	图集名称	选用型号		
普通门	FM丙1	900X1800	4	4	4	4	4	4	4	4X12=48	4	4	4	88	L92J606	MFM-0918-A1 丙B		丙级防火门管井门
	FM甲1	1000X2100				4	4	4	4	4X12=48	4	4		72	L92J606	MFM-1021-A1 甲B	2.0	甲级防火门户门
	FM甲2	1000X2100	4	2	4								2	12	L92J606	GFM-1021-A1 甲B		甲级防火门
	FM甲3	900X2100	2	2										4	L92J606	GFM-0921-A1 甲B		甲级防火门配电室门，风机房门
	FM乙1	1200X2100	2	2	2	2	2	2	2	2X12=24	2	2	2	44	L92J606	MFM-1221-A3 乙B		乙级防火门
	FM乙2	1000X2100	4	4	4	4								16	L92J606	MFM-1021-A1 乙B		乙级防火门
	M1	2600X3300				2								2		定做	透明0 不透明0	可视对讲式防盗单元门
	M2	900X2100				12	12	12	12	12X12=144	12	12		216	L92J601	M2-5		夹板门
	M3	800X2100				10	10	10	10	10X12=120	10	10		180	L92J601	M2-63		夹板门
	M4	900X2000	26	22	24									72		定做		储藏室铁门(下设通风百页)

图2.6-1 门窗表

	编码	清单项	单位
1	010801001	木质门	樘/m²
2	010801002	木质门带套	樘/m²
3	010801003	木质连窗门	樘/m²
4	010801004	木质防火门	樘/m²
5	010801005	木门框	樘/m
6	010801006	门锁安装	个/套

选择清单单位[010801004] 木质防火门

	编码	名称	单位
1	010801004	木质防火门	樘
2	010801004	木质防火门	m²

图2.6-2 木质防火门清单项

	编码	类别	名称	项目特征	单位	含量	工程量表达式	工程量
B1	⊟		门窗工程					
1	⊞ 010801004001	项	木质防火门	1.部位:-3层至机房层 2.门代号及洞口尺寸:FM 丙1 900*1800	樘		88	88
2	⊞ 010802003001	项	钢质防火门	1.部位:地下室与机房层 2.门代号及洞口尺寸:FM 甲2 1000*2100	樘		12	12
3	⊞ 010807003001	项	金属百叶窗	1.部位:-3层至机房层 2.窗代号及洞口尺寸:BYC1 700*1150	樘		44	44

图2.6-3 木质防火门清单

3. 提量

木质防火门选用的单位为"樘",工程量为FM丙1的数量,在门窗表中可以直接查询到该门的数量为88,直接在清单工程量中输入工程量"88",如图2.6-3所示。

2.6.2.2 定额组价

(1)清单列项完成后,选用合适的定额进行组价。随着施工场景的变化,目前大部分门窗都是以成品现场安装为主。以《山东2016定额》为例,门窗工程定额说明中明确"本章主要为成品门窗安装项目",如图2.6-4所示。

一、本章定额包括木门,金属门,金属卷帘门,厂库房大门、特种门,其他门,木窗和金属窗七节。

二、本章主要为成品门窗安装项目。

三、木门窗及金属门窗不论现场或附属加工厂制作,均执行本章定额。现场以外至施工现场的水平运输费用可计入门窗单价。

四、门窗安装项目中,玻璃及合页、插销等一般五金零件均按包含在成品门窗单价内考虑。

五、单独木门框制作安装中的门框断面按55×100mm考虑。实际断面不同时,门窗材的消耗量按设计图示用量另加18%损耗调整。

六、木窗中的木橱窗是指造型简单、形状规则的普通橱窗。

七、厂库房大门及特种门门扇所用铁件均已列入定额,除成品门附件以外,墙、柱、楼地面等部位的预埋铁件按设计要求另行计算。

八、钢木大门为两面板者,定额人工和机械消耗量乘以系数1.11。

九、电子感应自动门传感装置、电子对讲门和电动伸缩门的安装包括调试用工。

图2.6-4 门窗工程定额说明

（2）在定额库中找到合适的定额子目套取（图2.6-5），从土建算量中提取该门的面积总和即可。

	编码	类别	名称	项目特征	单位	含量	工程量表达式	工程量
B1	⊟		门窗工程					
1	⊟ 010801004001	项	木质防火门	1.部位:-3层至机房层 2.门代号及洞口尺寸:FM 丙1 900*1800	樘		88	88
	8-1-4	定	木质防火门安装		10m²…	0.0073636	6.48	0.648
2	⊟ 010802003001	项	钢质防火门	1.部位:地下层与机房层 2.门代号及洞口尺寸:FM 甲2 1000*2100	樘		12	12
	8-2-7	定	钢质防火门		10m²	0.2916667	35	3.5

图2.6-5 木质防火门定额

（3）定额套取后，计价软件下方【工料机含量】中的"含量"指的是每完成定额单位的合格产品所消耗的标准用量，"数量"是含量乘以定额工程量。工程量确定后再输入成品的市场价，如图2.6-6所示。

	工料机显示	单价构成	标准换算		换算信息	安装费用	特征及内容	组价方案	工程量明细	反查图形工程量	内容
	类别	名称	规格及型号	单位	含量	数量	不含税省单价	不含税淄博价	不含税市场价	含税市场价	税率(%)
1	人	综合工日(土建)		工日	2.27	1.47096	128	118	118	118	0
2	材	木质防火门		m²	10	6.48	424.78	424.78	424.78	480	13

图2.6-6 木质防火门工料机显示

2.6.3 门窗工程计价争议解析

1. 关于门窗用补充定额：为什么门窗工程套取定额大多采用补充定额，不直接套用定额中的子目？

争议解析： 以木质防火门安装子目为例，定额子目中包含了材料和人工，材料指成品，人工指安装门窗消耗的人工（图2.6-6）。一般实际情况中门窗的报价包括供应商安装的人工，施工单位不需要单独的人工安装门窗。因此可以在原有定额子目中删除人工（图2.6-7），或者直接以补充子目的形式插入，输入材料费的单价，如图2.6-8所示。

	编码	类别	名称	项目特征	单位	含量	工程量表达式	工程量
B1	⊟		门窗工程					
1	⊟ 010801004001	项	木质防火门	1.部位:-3层至机房层 2.门代号及洞口尺寸:FM 丙1 900*1800	樘		88	88
	8-1-4	换	木质防火门安装		10m²…	0.0073636	6.48	0.648

	工料机显示	单价构成	标准换算	换算信息	安装费用	特征及内容	组价方案	工程量明细	反查图形工程量	内容指导
	类别	名称	规格及型号	单位	含量	数量	不含税省单价	不含税淄博价	不含税市场价	含税市场价	税率(%)	不
1	材	木质防火门		m²	10	6.48	424.78	424.78	424.78	480	13	

图2.6-7 木质防火门定额工料机修改

编码	类别	名称	项目特征	单位	工程量表达式	工程量
B1 ⊟			门窗工程			
1　⊟ 010801004001	项	木质防火门	1.部位：-3层至机房层 2.门代号及洞口尺寸：FM 丙1 900*1800	樘	88	88
└── 补子目5	补	木质防火门 FM甲		m²	6.48	6.48

图2.6-8　门窗工程补充子目

2.关于"成活价"的问题解释：什么是成活价？怎么计入？

争议解析： 成活价，即全费用综合价，完成该项目所需要的全部费用。包含完成一个规定清单项目所需的人工费、材料和工程设备费、施工机具使用费和企业管理费、利润，以及一定范围内的风险的费用。

★注意： 实际工程中对于成活价的理解可能会有区别，具体包含哪些费用，需要认价的时候与甲方确认，再在软件中相应地取费，以《山东2016定额》为例，如图2.6-9所示。

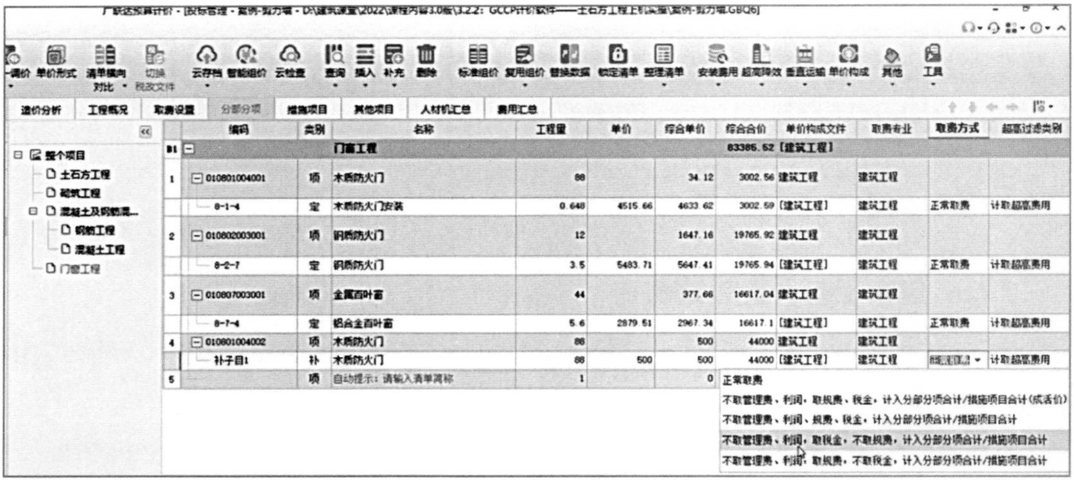

图2.6-9　成活价软件处理

习　题

一、选择题

1. 以下说法正确的是（　　）

　　A．门窗按类别可以分为门、窗、门窗套、窗台板、窗帘、窗帘盒/轨等

　　B．门按材质可以分为木门、金属门、金属卷帘门、厂库房大门、特种门、其他门等

　　C．金属门按功能可以分为钢质防火门、防盗门等

　　D．以上说法都正确

　　正确答案：AB

2. 关于门窗工程中的概念，以下说法正确的是（　　）

　　A．现场做门/窗，定额工作内容包含现场制作和安装

　　B．现场做门/窗，定额工作内容只包含现场制作

　　C．现场做门/窗，定额工作内容只包含安装

　　正确答案：A

3.【多选】木质防火门清单的单位有（　　）

　　A．樘　　　　　　　B．m^2　　　　　　　　C．m^3　　　　　　　D．m

　　正确答案：AB

二、问答题

1. 门窗工程清单如何列项？定额子目如何套取？

_____

_____

_____

2. 什么是成活价？如何取费？

_____

_____

_____

扫码观看
本章小结视频

2.7 屋面及防水工程

2.7.1 屋面及防水工程基础知识

2.7.1.1 屋面及防水工程清单列项维度

在《13清单计量规范》中，屋面及防水分部工程按部位分为屋面和防水两个子分部。其中屋面工程按照材质类型细分为瓦屋面、型材屋面、阳光板屋面、玻璃钢屋面与膜结构屋面。防水工程按照施工的部位分为屋面防水、墙面防水防潮、楼地面防水防潮。各个部位的防水防潮工程再根据防水施工工艺及配套部件进行细分，例如屋面防水工程除了区分卷材防水与涂膜防水分项之外，还列了屋面刚性层、屋面排水管、屋面排（透）气管、屋面天沟/檐沟、屋面变形缝等分项。如图2.7-1所示。

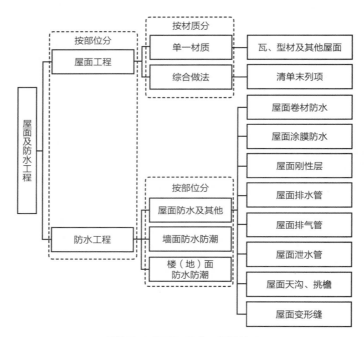

图2.7-1 屋面及防水工程清单项

2.7.1.2 认识瓦、型材及其他屋面清单项目对应实物实例

各个材质类型屋面如图2.7-2所示。

结合本案例工程的结构图纸，本项目的屋面是平屋面，具体做法如图2.7-3所示。

请思考本案例适用前面所提到的哪一种屋面呢？

答案是所有的清单项都不吻合。因为从图2.7-3中可以分析出本案例的屋面并不是单一的材质，而是采用的综合做法。而综合做法在清单中是没有单独列项的。那么在列项时应如何考虑呢？大家先带着这个问题继续学习。

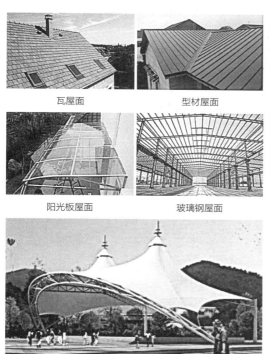

图2.7-3 屋面结构做法详图

瓦屋面　　　　　型材屋面

阳光板屋面　　　　玻璃钢屋面

膜结构屋面

图2.7-2 常见的瓦、型材及其他屋面

2.7.1.3 认识屋面防水及其他清单项目对应实物实例

防水工程及其他附属工程的实物实例如图2.7-4所示。

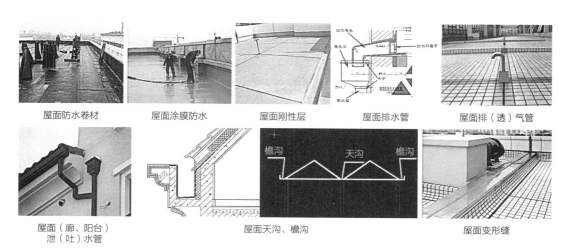

屋面防水卷材　　屋面涂膜防水　　屋面刚性层　　屋面排水管　　屋面排（透）气管

屋面（廊、阳台）　　　　屋面天沟、檐沟　　　　屋面变形缝
泄（吐）水管

图2.7-4 屋面防水及其他清单项目实物实例

★**注意：** 屋面排气管是保温层内设置的纵横贯通的排气通道，排气通道上连通设置伸出屋面的排气管，使得保温层内的气体能够及时排出，有效防止屋面因水的冻胀、气体的压力导致破裂损坏，延长了屋面的使用寿命。

2.7.1.4 认识墙面楼地面防水防潮

墙面、楼地面的防水防潮实物实例如图2.7-5所示。

墙面卷材防火

墙面砂浆防水（防潮）

楼（地）面卷材防水

墙面涂膜防水

墙面变形缝

楼（地）面涂膜防水

楼（地）面砂浆防水（防潮）

楼（地）面变形缝

图2.7-5 墙面楼地面防水防潮实物实例

2.7.2 屋面及防水工程计价案例

2.7.2.1 清单列项

1. 选择清单

（1）分部工程

在云计价GCCP6.0软件中，首先插入"屋面及防水工程"一级分部，然后插入"屋面工程"与"防水工程"二级分部。由于"防水工程"还可以按部位细分为"屋面防水""墙面防水防潮""楼地面防水防潮",此处再选中"防水工程"分部,点击插入3个子分部,调整名称分别为"屋面防水""墙面防水""楼地面防水",这样就建立好了三级分部,如图2.7-6所示。

	编码	类别	名称	单位	工程量	综合单价
	⊟		整个项目			
B1	⊞ A.1	部	土石方工程			
B1	⊞	部	砌筑工程			
B1	⊟	部	混凝土及钢筋混凝土工程			
B2	⊞	部	钢筋工程			
B2	⊞	部	混凝土工程			
B1	⊞	部	门窗工程			
B1	⊟	部	屋面及防水工程			
B2	⊞	部	屋面工程			
B2	⊟	部	防水工程			
B3	⊞	部	屋面防水			
B3	⊞	部	墙面防水			
B3	⊞	部	楼地面防水			

图2.7-6　屋面与防水工程分部示例

（2）清单项

1）屋面

图2.7-7　屋面构造做法详图

本案例工程的屋面为平屋面,构造做法如图2.7-7所示,与清单分项中单一材质的屋面均不相同。在清单列项时不同的造价人员有不同的理解,以下是两种常见的理解思路,实际中可以根据自己的习惯进行选择。

处理思路一:不直接列项屋面,把屋面的做法进行拆解。

①40厚细石混凝土——屋面刚性层

②隔离层一道——屋面刚性层

③3厚高聚物改性沥青防水卷材——屋面防水

④刷基层处理剂一道——屋面防水

⑤20厚1∶3水泥砂浆找平——找平

⑥70厚挤塑聚苯板——保温

⑦1.5厚合成高分子防水涂料——屋面防水

⑧刷硬基层处理剂一道——屋面防水

⑨20厚1∶3水泥砂浆找平——找平

⑩40厚（最薄处）1∶8水泥珍珠岩找坡层——保温

⑪100厚钢筋混凝土屋面板——钢筋混凝土

⑫刮腻子——装修

处理思路二：保留屋面列项，将最面层的做法"40厚细石混凝土""隔离层一道"归入屋面清单项中。

①40厚细石混凝土——屋面

②隔离层一道——屋面

③3厚高聚物改性沥青防水卷材——屋面防水

④刷基层处理剂一道——屋面防水

⑤20厚1∶3水泥砂浆找平——找平

⑥70厚挤塑聚苯板——保温

⑦1.5厚合成高分子防水涂料——屋面防水

⑧刷硬基层处理剂一道——屋面防水

⑨20厚1∶3水泥砂浆找平——找平

⑩40厚（最薄处）1∶8水泥珍珠岩找坡层——保温

⑪100厚钢筋混凝土屋面板——钢筋混凝土

⑫刮腻子——装修

本案例选择思路二进行列项演示，任意插入一个瓦屋面清单项，再调整清单名称使其与本案例工程屋面一致，如图2.7-8所示。

编码		类别	名称	单位	工程量	综合单价
B1	⊟		**屋面及防水工程**			
B2	⊟	部	屋面工程			
1	⊞ 010901001001	项	上人屋面	m²	576.4	0
B2	⊟	部	防水工程			
B3	⊞	部	屋面防水			
B3	⊞	部	墙面防水			
B3	⊞	部	楼地面防水			

图2.7-8 屋面做法清单列项示意

2）屋面防水

此案例中屋面采用了"3厚高聚物改性沥青防水卷材""1.5厚合成高分子防水涂料"，它们分别对应"屋面卷材防水""屋面涂膜防水"两个清单项。此案例中从顶层平面图中可以看到排水管的布置位置，遂需要列项"屋面排水管"，如图2.7-9所示。

	编码	类别	名称	单位	工程量	综合单价
B1	⊟		**屋面及防水工程**			
B2	⊟	部	屋面工程			
1	⊞ 010901001001	项	上人屋面	m²	576.4	0
B2	⊟	部	防水工程			
B3	⊟	部	屋面防水			
2	⊞ 010902001001	项	屋面卷材防水	m²	576.4	0
3	⊞ 010902002001	项	屋面涂膜防水	m²	576.4	0
4	⊞ 010902004001	项	屋面排水管	m	432.4	0
B3	⊞	部	墙面防水			
B3	⊞	部	楼地面防水			

图2.7-9　屋面防水清单列项示意

3）墙面防水

从装修表中可以看到，厨房、卫生间、阳台的墙面做法包含"JS聚合物水泥防水涂料至板底"，遂本案例中墙面防水应按照"墙面涂膜防水"列项，如图2.7-10所示。

4）楼地面防水

从装修表中可以看到，厨房、卫生间、阳台的楼地面做法包含"合成高分子防水涂料"，遂本案例中墙面防水应按照"楼地面涂膜防水"列项。

除此之外，需要特别注意本工程为筏板基础，筏板基础底部也需要做防水，此处按照本案例工程筏板基础的防水做法增加"楼地面卷材防水"清单项来作为筏板基础的防水。如图2.7-10所示。

	编码	类别	名称	单位	工程量	综合单价
B1	⊟		**屋面及防水工程**			
B2	⊟	部	屋面工程			
1	⊞ 010901001001	项	上人屋面	m²	576.4	0
B2	⊟	部	防水工程			
B3	⊟	部	屋面防水			
2	⊞ 010902001001	项	屋面卷材防水	m²	576.4	0
3	⊞ 010902002001	项	屋面涂膜防水	m²	576.4	0
4	⊞ 010902004001	项	屋面排水管	m	432.4	0
B3	⊟	部	墙面防水			
5	⊞ 010903002001	项	墙面涂膜防水	m²	315.93	0
B3	⊟	部	楼地面防水			
6	⊞ 010904002001	项	楼（地）面涂膜防水	m²	71.74	0

图2.7-10　墙面防水及楼地面防水清单列项示意

2. 项目特征描述

项目特征中应对部位、材质、做法、规格等进行描述，如图2.7-11所示。

图2.7-11 屋面及防水工程项目特征示意

3．提量

土建计量GTJ2021中，先按照不同的清单项选择对应的楼层，选中对应的图元，点击【查看工程量】，将对应工程量输入到云计价GCCP6.0软件中即可。注意在提取工程量时不要忘记机房层的工程量。

2.7.2.2 定额组价

1．选择定额

按定额章节目录找到匹配的定额子目，如图2.7-12所示。

图2.7-12 屋面及防水工程定额组价示意

在选取定额子目时，有时找不到完全匹配的定额，可以找近似的定额子目，其施工工艺一致，人工、材料与机械的消耗一致，换算时直接将材料做替换，后期通过调整材料市场价的方式进行区分。

表2.7-1为对本案例中的一些做法进行归纳，方便练习时快速掌握。

本案例防水做法归纳   表2.7-1

屋面排水管	楼地面涂膜防水	墙面涂膜防水
1. 塑料排水管，直径110mm 2. 铸铁管弯头出水口（含箅子） 3. 塑料雨水斗	1. 部位：防潮层（厨房、卫生间、阳台） 2. 防水膜品种：合成高分子防水涂料 3. 涂膜厚度：1.5mm	1. 部位：防潮层（厨房、卫生间、阳台） 2. 防水膜品种：JS聚合物水泥防水涂料至板底 3. 涂膜厚度：1.5mm

2. 定额提量

屋面工程需要注意分隔缝的套取，分隔缝的工程量是以"m"为单位进行计算，GTJ2021软件中不会自动计算，需要手动计算。若是前期招投标提量是可进行估算，建议大家可以按照规范要求绘制一个6m×6m网格状的大轴网，调整轴网的显示颜色，布置到模型中，再根据轴网的方格数进行估算，也可直接测量方格的长度。若是做结算则按照实际施工现场长度进行测量即可。

防水工程需要注意排水管工程量的提取，排水管是以"个"计算，结合屋面的平面布置图和外立面图计算即可。

楼地面防水的定额工程量需要注意各地定额工程量计算规则是否需要单独增加侧面卷边高度，如不需要单独考虑则工程量等于清单工程量，如需要单独考虑则在清单中增加卷边的工程量。

3. 定额换算

需要注意项目特征中描述的遍数与厚度，如果定额编制的厚度与实际不符则需要进行换算。在本案例中，屋面、墙面、楼地面的涂膜防水均为1.5mm，需要采用软件中的【标准换算】功能调整，如图2.7-13所示。

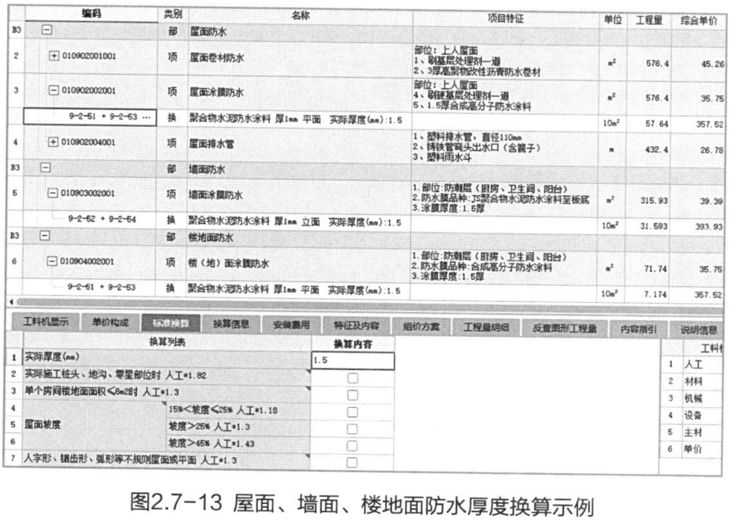

图2.7-13 屋面、墙面、楼地面防水厚度换算示例

2.7.3 屋面及防水工程计价争议解析

1. 国标清单规定好的清单名称，如将"瓦屋面"直接改为"上人屋面"，是否合适？

假设是甲方角色，那现在的工作是编制工程量清单或编制招标控制价，在清单列项时完全可以这样去修改。但在修改时，需要保证项目特征描述的准确。假设是施工方做投标，拿到了甲方下发的工程量清单，这个时候的项目名称就不能随便修改了，如果修改了项目名称，就会被作为废标处理。

2. 什么是成活价？如何计取费用？

前面讲门窗工程时，提到门窗工程一般是第三方的供应商提供材料和施工，包括现场的安装，那么在软件中直接以补充子目的方式计入。再看实际防水工程，其也是包含非常多的补充子目，可采用和门窗工程一样的理解方式。因为防水是劳务分包，由专门的防水劳务来做，那么劳务的报价就是防水工程的成活价。当计取成活价时，对于成活价的理解要和甲方达成共识，这会涉及云计价GCCP6.0软件操作。GCCP6.0软件中【取费设置】默认的成活价是人工、材料、机械，不取管理费和利润，只取规费和税金。当然在实际操作过程中，除人工、材料、机械之外，到底还要不要记取管理费和利润，要不要记取规费和税金，这是需要甲乙双方去共识的。

3. 筏板防水提取哪些工程量？怎么提量？怎么保证准确？

除了卫生间、厨房、阳台以外哪些地方还需要计算防水呢？简单概括就是所有与土壤相接触的面都需要做防水。包括筏板底部、筏板侧面、地下室外墙外侧、集水坑底部、柱墩底部等。如果不做防水那么地基土或者回填土中的自然水会侵入结构内部造成结构破坏且无法补修。注意防水是做在垫层顶部与基础底部之间的，垫层主要起到平整地面和为构件搭建工作面的作用，不具备防水的作用，所以防水是做在垫层顶部的。

本工程提取筏板工程量时需要提取哪些工程量呢？因为本书案例工程仅绘制主楼部分，在主楼地下部位的四周都有车库联通围绕，所以提取时只需提取筏板的底部面积、集水坑底部面积/底部斜面面积、柱墩底部面积/侧面面积即可。筏板的直面面积、斜面面积、外墙外侧筏板平面面积都不需要提取，此部分的工程量在绘制车库时再另行提取。

注意在计算筏板防水工程量时，需要保证地下室外墙属性必须为"外墙"，另外外墙必须"连续封闭"。若外墙上有洞口，上方使用连梁连接，此种情况下绘制模型时剪力墙应连续通过，绘制连梁后，再使用洞口构件来布置。

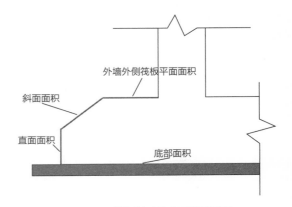

图2.7-14 筏板基础防水工程量示意

习 题

一、选择题

1. 关于屋面排水管清单计价说法错误的是（　　）

　　A. 屋面排水管按"m"计算　　　　　　B. 立面图可以计算排水管的长度

　　C. 平面图可以计算排水管的根数　　　D. 屋面排气管与排水管是一个作用

　　正确答案：D

2. 本案例工程中筏板防水工程量需要提取哪些（　　）

　　A. 筏板底面面积　　　　　　　　　　B. 筏板直面面积

　　C. 筏板斜面面积　　　　　　　　　　D. 外墙外侧筏板平面面积

　　正确答案：A

3. 若要保证筏板防水工程量计算准确，绘制地下室外墙时需要注意哪些（　　）

　　A. 墙逆时针绘制　　　　　　　　　　B. 墙属性

　　C. 墙是否封闭　　　　　　　　　　　D. 墙是否连续

　　正确答案：BC

二、问答题

1. 平屋面一般都采用综合型屋面做法，实际工程列项时是否需要单独列项呢？若不单独列项应如何考虑？

2. 屋面分隔缝如何单独计算工程量？

3. 地下哪些构件需要做防水？筏板的底面面积、直面面积、斜面面积、外墙外侧筏板平面面积有何区别？

扫码观看
本章小结视频

2.8 保温、隔热、防腐工程

2.8.1 保温、隔热、防腐工程基础知识

2.8.1.1 保温、隔热、防腐工程列项维度

第一个维度分为保温隔热、防腐面层、其他防腐。以最为常见的保温隔热为例，第二维度是按部位来进行划分的，分为保温隔热屋面、保温隔热天棚、保温隔热墙面、保温柱、梁、保温隔热楼地面、其他保温隔热，如图2.8-1所示。

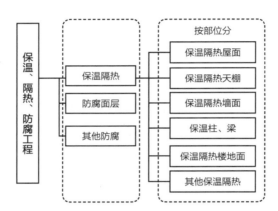

图2.8-1 保温、隔热、防腐工程清单列项维度

2.8.1.2 需要做保温的部位

以常见的工程类型为例，分析一下哪些部位要做保温，哪些部位不一定做保温，如图2.8-2所示。

1. 一定会做保温的部位

如图2.8-2所示，虚线位置是一定会做保温的部位。

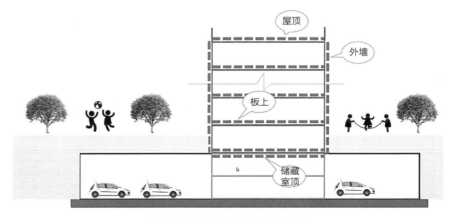

图2.8-2 工程中保温位置示意图

（1）屋顶、外墙：屋顶和外墙直接和外界接触，并且屋顶和外墙的保温一起形成建筑物与外界的封闭。

（2）楼板的上部：比如我们交了采暖费，肯定不希望自己房间的热量流失，所以每层楼板上部会做保温，形成楼层的封闭。

（3）储藏室的顶部：此处的保温起到的作用是把地下非保温区与地上保温区整体隔离开。

2. 不一定会做保温的部位

（1）顶板的下方：顶板上方已经做了保温了，下方一般不会做保温，如果做保温可用保温砂浆和保温涂料。

（2）车库的内外墙及顶板、储层室的内外墙以及非顶层顶板。

3. 楼内每一层的保温位置

楼内每一层需要做保温的位置如图2.8-3所示。

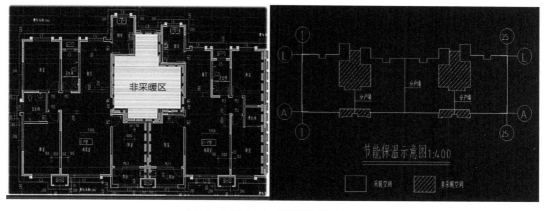

图2.8-3 楼内每一层保温位置示意图

（1）分户墙会做保温：保障户内热量不流失。

（2）非采暖区（楼梯间电梯厅等区域）与采暖区之间需要做保温：非采暖区只有短暂的交通需求，所以室内的温度要与非采暖区隔离开。

2.8.1.3 各部位常用的保温做法

1. 屋面常用的保温做法

（1）散料的保温

一般在屋面铺设膨胀珍珠岩、膨胀蛭石、炉渣（图2.8-4），然后在这些散料保温上面再做其他构造层，这些材料孔隙多，孔隙内存在空气可以起到保温的作用，但是散料不易施工，所以较少采用此种保温方法。

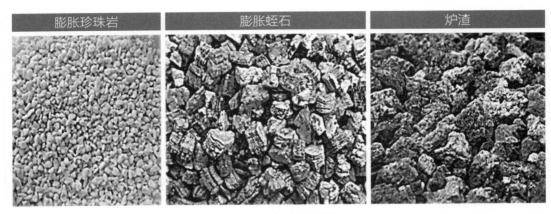

图2.8-4 常见保温散料

(2) 现场浇筑式保温材料

为解决散料的缺点，在上述散料的基础上加入胶结材料，形成整体，但是此种方法需要加水，如果做成封闭的，水分不易蒸发会造成其他构造层的起鼓开裂，因此还需要做一些相关措施。现场浇筑式保温如图2.8-5所示。

图2.8-5 现场浇筑式保温材料

(3) 板式保温材料

板式保温材料一般采用聚苯板，这也是屋面上最常见的保温形式，重量轻，保温效果好。如图2.8-6所示。

图2.8-6 板式保温材料

2．外墙常用的保温做法

外墙常用的保温做法有聚苯板、岩棉板、玻化微珠的保温砂浆，如图2.8-7所示。

聚苯板和岩棉板一般用在墙体立面，如图2.8-8中所示的虚线位置，而窗洞口上下位置及外挑板的保温（粗实线位置）多采用玻化微珠的保温砂浆。

图2.8-7 外墙常用的保温做法

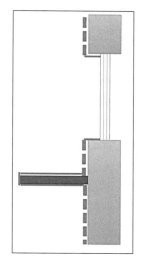

图2.8-8 外墙保温位置示意图

3．楼地面常用的保温

楼地面一般会采用聚苯板保温，如图2.8-9所示。

4．板下、地下层顶部常见的保温做法

板下、地下层顶部一般采用岩棉板保温。岩棉板保温效果更好且通常不受温差影响，所以在整体地下和地上的保温处会采用此种保温材料，如图2.8-10所示。

图2.8-9 聚苯板

图2.8-10 岩棉保温板

2.8.2 保温、隔热、防腐工程计价案例

2.8.2.1 清单列项

清单列项时可按照"选择清单→项目特征描述→提量"的步骤进行。

1. 选择清单

根据图纸"节能设计篇"（建施02），可以找到本工程采用的保温做法，结合《13清单计量规范》中对应的清单项进行选择，如图2.8-11所示。

附录 J　保温、隔热、防腐工程

J.1 保温、隔热。工程量清单项目设置、项目特征描述、计量单位及工程量计算规则应按表 J.3 的规定执行。

表 J.1 保温、隔热（编码：011001）

项目编码	项目名称	项目特征	计量单位	工程量计算规则	工作内容
011001001	保温隔热屋面	1.保温隔热材料品种、规格、厚度 2.隔气层材料品种、厚度 3.粘结材料种类、做法 5.防护材料种类、做法	m²	按设计图示尺寸以面积计算。扣除面积>0.3平方米孔洞及占位面积	1.基层清理 2.刷粘结材料 3.铺粘保温层 4.铺、刷（喷）防护材料
011001002	保温隔热天棚	1.保温隔热面层材料品种、规格、性能 2.保温隔热材料品种、规格及厚度 3.粘结材料种类及做法 4.防护材料种类及做法		按设计图示尺寸以面积计算。扣除面积>0.3平方米上柱、垛、孔洞所占面积。	
011001003	保温隔热墙面	1.保温隔热部位 2.保温隔热方式 3.踢脚线、勒脚线保温做法 4.龙骨材料品种、规格 5.保温隔热面层材料品种、规格、性能 6.保温隔热材料品种、规格及厚度 7.增强网及抗裂防水砂浆种类 8.粘结材料种类及做法 9.防护材料种类及做法		按设计图示尺寸以面积计算。扣除门窗洞口以及面积>0.3平方米梁、孔洞所占面积；门窗洞口侧壁需作保温时，并入保温墙体工程量内	1.基层清理 2.刷界面剂 3.安装龙骨 4.填贴保温材料 5.保温板安装 6.粘贴面层 7.铺设增强格网、抹抗裂、防水砂浆面层 8.嵌缝 9.铺、刷（喷）防护材料
011001004	保温柱、梁			按设计图示尺寸以面积计算1.柱按设计图示柱断面保温层中心线展开长度乘保温层高度以面积计算，扣除面积>0.3平方米梁所占面积2.梁按设计图示梁断面保温层中心线展开长度乘保温层长度以面积计算	
项目编码	项目名称	项目特征	计量单位	工程量计算规则	工作内容
011001005	保温隔热楼地面	1.保温隔热部位 1.保温隔热材料品种、规格、厚度 2.隔气层材料品种、厚度 3.粘结材料种类、做法 4.防护材料种类、做法	m²	按设计图示尺寸以面积计算。扣除面积>0.3平方米柱、垛、孔洞所占面积。	1.基层清理 2.刷粘结材料 3.铺粘保温层 4.铺、刷（喷）防护材料
011001006	其他保温隔热	1.保温隔热部位 2.保温隔热方式 3.隔气层材料品种、厚度 4.保温隔热面层材料品种、规格、性能 5.保温隔热材料品种、规格及厚度 6.粘结材料种类及做法 7.增强网及抗裂防水砂浆种类 8.防护材料种类及做法		按设计图示尺寸以展开面积计算。扣除面积>0.3平方米孔洞及占位面积。	1.基层清理 2.刷界面剂 3.安装龙骨 4.填贴保温材料 5.保温板安装 6.粘贴面层 7.铺设增强格网、抹抗裂防水砂浆面层 8.嵌缝 9.铺、刷（喷）防护材料

图2.8-11 保温隔热清单项

（1）本工程屋面上有两层保温材料，分别是水泥珍珠岩和挤塑苯板，可以选择"011001001保温隔热屋面"清单（图2.8-12）。

（2）本工程外墙采用的是岩棉保温板，可以选择"011001003保温隔热墙面"清单（图2.8-13）。

（3）本工程外墙窗上、下口采用玻化微珠，可选择"011001006其他保温隔热"清单（图2.8-14）。

（4）储藏室顶板，板上方采用挤塑苯板，板下方的保温采用岩棉板，可选择"011001002保温隔热天棚"清单（图2.8-15）。

（5）层间楼板采用的是挤塑苯板，可选择"011001005保温隔热楼地面"清单（图2.8-16）。

以此类推找到工程中所有需要做保温的部位，然后根据找到的信息选择清单列项。

图2.8-12 屋面保温做法

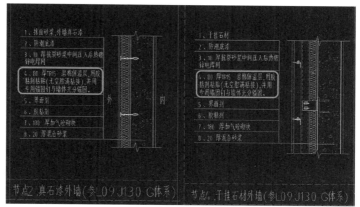

图2.8-13 外墙保温做法

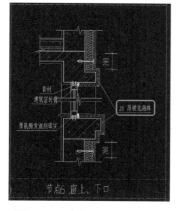

图2.8-14 窗上、下口保温做法

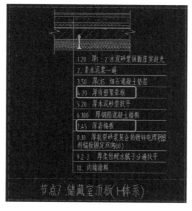

图2.8-15 储藏室顶板保温做法

图2.8-16 层间楼板保温做法

2．项目特征描述

保温隔热工程的项目特征一般包括保温隔热的部位、保温隔热材料品种、规格、厚度等，结合在图纸中找到的信息进行项目特征描述，如图2.8-17所示。

□		部	保温、隔热		
⊞ 011001001001		项	保温隔热屋面	部位：上人屋面 1．70厚挤塑聚苯板	m²
⊞ 011001001002		项	保温隔热屋面	部位：上人屋面 40厚（最薄处）水泥珍珠岩找坡	m²
⊞ 011001002001		项	保温隔热天棚	部位：-1层顶板下方 1．10厚抗裂砂浆中间压入热镀锌电焊网 2．45厚TR15岩棉保温板	m²
⊞ 011001003001		项	保温隔热墙面	部位：工程外墙面 1．10厚抗裂砂浆中间压入热镀锌电焊网 2．80厚TR15岩棉保温板，用胶黏剂粘贴，并用专业锚固钉与墙体充分锚固	m²
⊞ 011001003002		项	保温隔热墙面	部位：分户墙+非采暖空间墙体 1．20后玻化微珠	m²
⊞ 011001005001		项	保温隔热楼地面	部位：地上部分楼地面 1．20厚挤塑聚苯板	m²
⊞ 011001006001		项	其他保温隔热	部位：空调板（雨棚）、窗上下侧口 20厚玻化微珠	m²

图2.8-17 保温工程列项及项目特征示意

3．提量

"保温隔热屋面"一般提取屋面的工程量，"保温隔热天棚"提取装饰工程中天棚的工程量，"保温隔热墙面"提取墙面工程量，"保温隔热楼地面"提取楼地面的工程量。

特别需要注意的是"其他保温隔热"清单，根据项目特征描述位置在空调板和窗上、下侧口，这些部位的工程量如何提取呢？空调板的上、下、侧面都需要做保温，一般会用板构件来绘制，构件绘制好之后提取构件面积工程量，一般按照"侧面面积+底面模板面积×2"就可以计算保温面积，或者绘制上屋面、天棚等装修构件提取面积。

外墙面窗子上、下侧口的保温如何提取呢？根据墙面计算规则，抹灰墙面不增加门窗侧壁，块料墙面需要计算门窗侧壁，则两者之差就是门窗侧壁的工程量，墙面计算规则如图2.8-18所示。

表 L.1 墙面抹灰（编码：011201）

项目编码	项目名称	项目特征	计量单位	工程量计算规则	工作内容
011201001	墙面一般抹灰	1．墙体类型 2．底层厚度、砂浆配合比 3．面层厚度、砂浆配合比	m²	按设计图示尺寸以面积计算，扣除墙、门窗洞口及单个>0.3 m²的孔洞面积，不扣除踢脚线、挂镜线和墙与构件交接处的面积，门窗洞口和孔洞的侧壁及顶面不增加面积。附墙柱、梁、垛、烟囱侧壁并入相应的墙面面积内。 1．外墙抹灰面积按外墙垂直投影面积计算 2．外墙裙抹灰面积按其长度乘以高度计算 3．内墙抹灰面积按主墙间的净长乘以高度计算 (1)无墙裙的，高度按室内楼地面至天棚底面计算 (2)有墙裙的，高度按墙裙顶至天棚底面计算 4．内墙裙抹灰按内墙净长乘以高度计算	1．基层清理 2．砂浆制作、运输 3．底层抹灰 4．抹面层 5．抹装饰面 6．勾分格缝
011201002	墙面装饰抹灰	1．墙体类型 2．底层厚度、砂浆配合比 3．面层厚度、砂浆配合比 4．装饰面材料种类 5．分格缝宽度、材料种类			1．基层清理 2．砂浆制作、运输 3．底层抹灰 4．抹面层 5．抹装饰面 6．勾分格缝
011201003	墙面勾缝	1．墙体类型 2．找平的砂浆厚度、配合比			1．基层清理 2．砂浆制作、运输 3．抹灰找平
011201004	立面砂浆找平层	1．墙体类型 2．勾缝类型 3．勾缝材料种类			1．基层清理 2．砂浆制作、运输 3．勾缝

表 L.4 墙面块料面层（编码：011204）

项目编码	项目名称	项目特征	计量单位	工程量计算规则	工作内容
011204001	石材墙面	1．墙体类型 2．安装方式 3．面层材料品种、规格、颜色 4．缝宽、嵌缝材料种类 5．防护材料种类 6．磨光、酸洗、打蜡要求	m²	按镶贴表面积计算。	1．基层清理 2．砂浆制作、运输 3．粘结层铺贴 4．面层安装 5．嵌缝 6．刷防护材料 7．磨光、酸洗、打蜡
011204002	拼碎石材墙面				
011204003	块料墙面				
011204004	干挂石材钢骨架	1．骨架种类、规格 2．防锈漆品种遍数	t	按设计图示以质量计算。	1．骨架制作、运输、安装 2．刷漆

图2.8-18 墙面工程量计算规则

以首层为例，提量操作步骤如下：【汇总计算】→点击【批量选择】→选择外墙面构件→【查看工程量】→在弹出的工程量对话框中提取"墙面块料面积"和"墙面抹灰面积"，相减计算出门窗侧壁的工程量。如图2.8-19所示。

如果提取全楼工程量，在报表里面如何快速提取全楼外墙面抹灰工程量和块料工程量呢？操作步骤如下：【汇总计算】→【查看报表】→【土建报表量】→【构件绘图输入工程量汇总表】→选择构件类型【墙面】→选择分类条件【内/外墙面标识】→选择工程量【墙面抹灰工程量】和【墙面块料工程量】→点击【确定】即可查看到工程量，相减即可，如图2.8-20所示。

图2.8-19　提取墙面工程量方法

图2.8-20　报表查看外墙面工程量

2.8.2.2　定额组价

清单列项完成后，会发现此时的清单综合单价为0，因为清单仅仅是列项，需要通过定额来进行组价，组价的过程一般包括：选择定额→定额提量→定额换算。

1．选择定额

组价时要根据项目特征来进行定额的选择，比如"011001001保温隔热屋面"清单，项目特征中描述了采用70厚的挤塑聚苯板，位置是在屋面，结合这些信息根据当地的定额进行选择，比如《山东2016定额》，可选定额"10-1-16混凝土板上保温干铺聚苯保温板"。对于"40水泥珍珠岩"可选择定额"10-1-11混凝土板上保温现浇水泥珍珠岩"。双击列好的清单项编码格时，GCCP6.0计价软件会自动弹出"清单指引"页签，并根据所选清单给出可能会用到的定额，如图2.8-21所示。

同样的方法，为保温隔热天棚套定额（图2.8-22）。

根据项目特征描述，10厚抗裂砂浆中间压入热镀锌电焊网，可在定额库中找到"10-1-42天棚抗裂砂浆厚度≤10mm"，如图2.8-23所示。

但是这条定额的人材机分析中是没有热镀锌电焊网的，按照此工程项目特征描述，还应

图2.8-21 清单指引

	项	保温隔热天棚	部位：-1层顶板下方 1．10厚抗裂砂浆中间压入热镀锌电焊网 2．45厚TR15岩棉保温板	m²
011001002001				

图2.8-22 保温隔热天棚清单

工作内容：1.清理基层，调运砂浆，抹平。
　　　　　2.清理基层，裁割、粘贴耐碱纤维网格布等。

计量单位：10m²

定　额　编　号		10-1-41	10-1-42	10-1-43
项　目　名　称		天棚抗裂砂浆		天棚耐碱纤维网格布
		厚度≤5mm	厚度≤10mm	
名　　称	单位	消　　耗		量
人工　综合工日	工日	0.92	1.21	0.44
材料　水	m³	0.0220	0.0440	—
抗裂砂浆粉	kg	81.2760	162.5510	—
耐碱纤维网格布	m²	—	—	11.0000
机械　灰浆搅拌机 200L	台班	0.0060	0.0130	

图2.8-23 10-1-42定额人材机分析

选择其他定额，定额库中没有需要的定额时，可以选择类似的定额，比如可以选择"10-1-43天棚耐碱纤维网格布"，虽然不是完全一致的定额，但同样在天棚的位置布置，同样按照面积铺设，所以人工和机械的消耗类似，只是材料价格是不同的，所以需要根据实际情况调整人材机分析中的材料，将"耐碱纤维网格布"名称修改为"热镀锌电焊网"，修改名称后，原材料编号会自动调整，增加"@1"标识，就可以跟原有材料区分开，可单独调整材料的价格，如图2.8-24所示。

	工料机显示	单价构成	标准换算	换算信息	安装费用	特征及内容
	编码	类别	名称		规格及型号	单位
1	00010010	人	综合工日(土建)			工日
2	09270003@1	材	热镀锌电焊网	...		m²

图2.8-24 材料编号自动调整

此条清单项目特征描述中还有"45厚TR15岩棉保温板",定额库中没有岩棉板的定额,可参照前文讲到的找类似定额的方式处理。如果没有相似定额,或者调整起来比较麻烦,也可采用"补充定额"的方式,在工具栏中点击【补充】按钮→选择补充【子目】→在弹出的对话框中输入名称"岩棉保温板安装"→设置好费用及工程量→点击【确定】即可完成补充定额,如图2.8-25所示。

图2.8-25 补充子目操作示意

通过选择定额、调整定额内容、补充定额,完成所有清单的定额套取。

2. 定额提量

一般情况下清单单位和定额单位一致时,相关定额工程量默认等于清单工程量,单位不一致时定额工程量默认为0,我们需要在GTJ2021里面提量。需要注意的是,有的构件虽然清单量和定额量单位一样,但是工程量的计算规则是不一样的,也需要在算量文件里单独提定额工程量。

3. 定额换算

定额中给定的材料、强度等级、配合比等等跟实际工程中可能存在差异，所以套取完定额后，需要根据实际情况进行换算。

如当前工程，保温隔热墙面的清单项采用20厚玻化微珠，如图2.8-26所示。

编码	类别	名称	项目特征	单位
⊟ 011001003002	项	保温隔热墙面	部位：分户墙+非采暖空间墙体 1、20厚玻化微珠	m²

图2.8-26 保温隔热墙面清单

通过定额库查找，可以选择"10-1-57无机轻集料保温砂浆厚度25mm"，如图2.8-27所示。

工作内容：清理基层，调运砂浆，抹平、压实等。　　　　　　　　　　　　　计量单位：10m²

定 额 编 号			10-1-57	10-1-58
项 目 名 称			无机轻集料保温砂浆	
			厚度25mm	厚度每增减5mm
名 称		单位	消 耗 量	
人工	综合工日	工日	1.50	0.29
材料	膨胀玻化微珠保温浆料	m³	0.2888	0.0578
	水	m³	0.3300	—
机械	灰浆搅拌机 200L	台班	0.0361	0.0060

图2.8-27 10-1-57定额分析

可以看到此条定额按照厚度25mm编制，结合项目特征，本工程保温砂浆采用20mm厚度，所以还应该减去"10-1-58无机轻集料保温砂浆厚度每增减5mm"的子目，此类属于厚度的换算，在前文介绍过可以在【标准换算】界面进行快速操作，点击【标准换算】→修改"25"为"20"，即可完成换算，如图2.8-28所示。

5	⊟ 011001003002	项	保温隔热墙面	部位：分户墙+非采暖空间墙体 1、20厚玻化微珠	m²
	10-1-57 + 10-1-58 * -1	换	立面保温 无机轻集料保温砂浆 厚度25mm 实际厚度(mm)：20		10m²
6	⊟ 011001005001	项	保温隔热楼地面	部位：地上部分楼地面 1、20厚挤塑聚苯板	m²
	10-1-16	定	混凝土板上保温 干铺		10m²

工料机显示	单价构成	标准换算	换算信息	安装费用	特征及内容	组价方案

	换算列表	换算内容
1	实际厚度(mm)	20
2	换膨胀玻化微珠保温浆料	80070021 膨胀玻化微珠保温浆料

图2.8-28 厚度换算

2.8.3 保温、隔热、防腐工程争议解析

不需要做保温的部位，也用了保温材料，如何计价？

车库的外墙外侧做了60mm厚聚苯板防水保护层，地下室底板局部也铺设了聚苯板（图2.8-29），这些地方我们分析过是不需要做保温的，为什么铺设聚苯板？又应该如何计价呢？

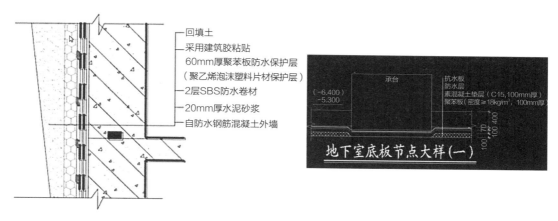

图2.8-29　车库外墙和车库压水板做法

实际上这个位置的聚苯板起的作用是防水保护层，图2.8-28左侧车库外墙做了防水后再用聚苯板做防水保护层，然后外侧回填土；图2.8-28右侧地下室底板位置，承台为该工程的基础，承受的主要是恒荷载，而车库底板随着车辆驶入等情况承受的是活荷载，此处连接不宜采用刚性连接，所以铺设聚苯板起到缓冲的作用，保护防水层。

计价时要同保温的清单项区分开，最好单独列一项清单，如图2.8-30所示。

8	⊟ 01B002	补项	外墙保护层	部位：车库外墙外侧防水保护层 1.100厚聚苯板	m²
	10-1-48	定	立面保温 粘结剂点粘聚苯保温板		10m²
9	⊟ 01B003	补项	压水板底部防水保护层		m²
	10-1-16	定	混凝土板上保温 干铺聚苯保温板		10m²

图2.8-30　清单列项示意图

习　题

一、选择题

1. 以下哪种保温材料用在窗口上、下方（　　）

　　A. 岩棉板　　　　B. 聚苯板　　　　C. 玻化微珠　　　　D. 膨胀蛭石

　　正确答案：C

2.【多选】通常情况下，以下哪些部位需要做保温（　　）

　　A. 屋面　　　　　　　　　　　　B. 外墙面

　　C. 地下室顶层顶板下方　　　　　D. 地下室顶层顶板上方

　　正确答案：ABCD

3.【多选】楼层内需要做保温的位置有（　　）

　　A. 分户墙　　　　B. 内墙　　　　C. 楼道与房间分隔墙　　　　D. 楼板

　　正确答案：ACD

4. 车库外墙的聚苯板起的作用是（　　）

　　A. 保温　　　　　　　　　　　　B. 防水

　　C. 防腐　　　　　　　　　　　　D. 防水保护层

　　正确答案：D

二、问答题

1. 保温、隔热、防腐工程清单列项的逻辑是什么？

2. 简述屋面、墙面、天棚、楼地面、窗上下口、侧口、空调板等挑出构件常见的保温做法。

3. 简述保温工程在GCCP6.0计价软件中的操作流程。

扫码观看
本章小结视频

2.9 脚手架工程

2.9.1 脚手架工程基础知识

2.9.1.1 脚手架的分类与样式

1. 脚手架分类

脚手架按材质可以分为木质脚手架和钢制脚手架，木质脚手架现已基本经淘汰，钢制脚手架按搭设的位置分为外脚手架和里脚手架。脚手架的具体分类与功能如图2.9-1所示。

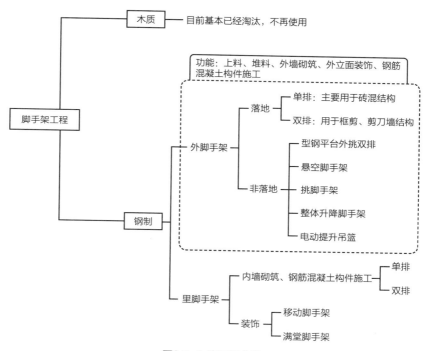

图2.9-1 脚手架分类

2. 脚手架样式

外脚手架和里脚手架具体样式如图2.9-2、图2.9-3所示。

2.9.1.2 其他概念

脚手架工程中，除了脚手架本身，还有几类依附构件。

（1）密目网、安全网和防护架：主要是出于安全考虑。如图2.9-4所示。

（2）依附斜道：出于上下交通考虑，相当于临时搭建的楼梯。如图2.9-5所示。

（3）电梯井架：电梯井施工时有单独的工作面的需求，方便电梯井施工。如图2.9-6所示。

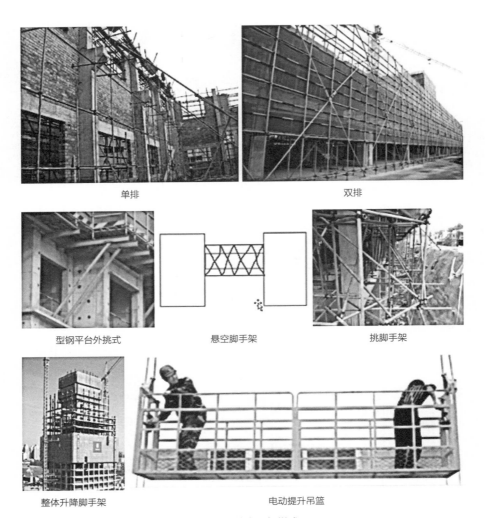

单排　　　　　　　　　　双排

型钢平台外挑式　　　　悬空脚手架　　　　挑脚手架

整体升降脚手架　　　　电动提升吊篮

图2.9-2 外脚手架样式

移动脚手架　　　　　　满堂脚手架

图2.9-3 里脚手架样式

密目网

安全网

防护架

图2.9-4 密目网、安全网和防护架

图2.9-5 依附斜道

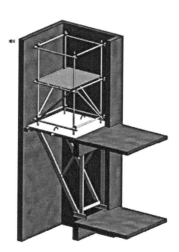

图2.9-6 电梯井架

2.9.2 脚手架工程计价案例

2.9.2.1 外脚手架计价案例

1. 外脚手架搭设方案

外脚手架搭设方案详见表2.9-1。

外脚手架搭设方案 表2.9-1

外脚手架常用的搭设方式	搭设方式选择的原因
地下室楼层部分→2层顶（3层底）采用双排钢管落地脚手架	对于基础部分，因为阶段验收后会立即回填土，所以地下部分的架体会随着回填土而拆除掉
地上部分从2层顶（3层底）部位悬挑型钢且做双排钢管脚手架。随楼层提升，架体往上翻倒使用	经济考虑，型钢外挑但不会一次到顶

2. 外脚手架列项

外脚手架列项详见表2.9-2。

外脚手架列项　　　　　　　　　　　　　　表2.9-2

外脚手架列项		
地下部分	基础部分	双排外钢管脚手架
	建筑部分	双排外钢管脚手架
地上部分	建筑部分	型钢平台外挑双排钢管脚手架
		依附斜道
		电梯井架
		密目网
		安全网

3. 外脚手架计价案例

根据上述外脚手架列项在软件中套取相关清单定额，如图2.9-7所示。

造价分析	工程概况	取费设置	分部分项	措施项目	其他项目	人材机汇总	费用汇总	

	序号	类别	名称	单位	项目特征	工程量
⊟			**措施项目**			
	⊞ 1		总价措施项目			
	⊟ 2		单价措施项目			
	⊟		外脚手架-地下部分			
5	⊟ 011701002001		外脚手架	m²	1. 部位:筏板基础 2. 搭设方式:双排 3. 搭设高度:6m内 4. 脚手架材质:钢制	179.22
	└ 17-1-7	定	双排外钢管脚手架≤6m	10m²		17.922
6	⊟ 011701002002		外脚手架	m²	1. 部位:地下基础顶部→2层顶(3层底) 2. 搭设方式:双排落地 3. 搭设高度:16.25m内 4. 脚手架材质:钢制	2286.7
	└ 17-1-10	定	双排外钢管脚手架≤24m	10m²		228.67
	⊟		外脚手架-地上部分			
7	⊞ 011701002003		外脚手架	m²	1. 部位:2层顶~女儿墙顶部 2. 搭设方式:型钢外挑双排 3. 搭设高度:52.5m内 4. 脚手架材质:钢制	7406.7
8	⊞ 01B004		依附斜道	座		1
9	⊞ 011701010…		电梯井子架	座		2
10	⊞ 011701002…		密目网	m²	部位:全楼安全密目网	9674.5
11	⊞ 011701002…		安全网	m²	部位:全楼水平安全网	1055.4
12	⊞ 011701009001		钢管防护架	m²	部位:满足施工组织设计及规范要求	1519.78

图2.9-7 外脚手架计价实例

2.9.2.2 里脚手架计价案例

1. 里脚手架搭设方案

里脚手架搭设方案，详见表2.9-3。

里脚手架搭设方案	表2.9-3

内墙砌筑脚手架常采用的搭设方式	马凳筋+垫板
内墙装饰脚手架常采用的搭设方式	移动脚手架

注：内墙脚手架按墙体材质分单排钢管与双排钢管。

2．里脚手架列项

里脚手架列项详见表2.9-4。

里脚手架列项	表2.9-4

	里脚手架
	内墙砌筑脚手架
全楼	外墙内装饰+内墙（砌体墙+混凝土墙）装饰脚手架
	混凝土墙、梁、柱施工脚手架

3. 里脚手架计价案例

根据上述里脚手架列项在软件中套取相关清单定额，如图2.9-8所示。

☐			里脚手架			
	☐ 011701003···		里脚手架	m²	全楼砌筑墙体脚手架部分	498.07
	17-2-6	定	双排里钢管脚手架≤3.6m	10m²		49.807
	☐ 011701003···		里脚手架	m²	全楼墙体装饰脚手架部分	1499.79
	17-2-6 *0.3	换	双排里钢管脚手架≤3.6m 内墙面装饰高度≤3.6m时 单价*0.3	10m²		149.979
	☐ 011701003···		里脚手架	m²	全楼内混凝土墙部分	99.35
	17-1-7	定	双排外钢管脚手架≤6m	10m²		9.935
	☐ 011701003···		里脚手架	m²	全楼内混凝土梁部分	517.18
	17-1-7	定	双排外钢管脚手架≤6m	10m²		51.718

图2.9-8 里脚手架计价实例

2.9.3 脚手架工程计价争议解析

1．清单列项中，混凝土墙、混凝土梁都套取了脚手架，为什么没有套取板的脚手架（图2.9-9）？

争议解析： 板脚手架支撑板模板，在板模板子目中的材料消耗中已经考虑，如图2.9-10所示，板模板子目的工料机中包含了"支撑钢管及扣减"。

2．清单列项中，内墙考虑了装饰脚手架的套取，为什么天棚没有套取装饰脚手架（图2.9-11）？

争议解析： 各个省份对于天棚抹灰一般都有如下规定：当层高超过3.6m时，记取满堂脚手架。实际工程中层高基本都未超过3.6m，套取内墙装饰脚手架时，内墙装饰抹灰中已经综合考虑了天棚的脚手架消耗，无需单独套取天棚装饰脚手架。

3. 安全文明施工费中有一般防护和斜道的费用了（图2.9-12），那定额再计入是否重复记取？

争议解析： 没有重复计取，安全文明文件中是包含内容的展示，并不是都通过"基数×费率"的形式进行计算。

图2.9-9 板施工图

图2.9-10 板模板工料机显示

图2.9-11 天棚抹灰施工图

图2.9-12 一般防护与斜道费用计取

4. 梁和板现场为同时浇筑（图2.9-13），板下面的支撑通常与梁一同施工，那么梁是否还需要单独记取脚手架？

争议解析： 一般来说，有梁板中的梁不再单独计取脚手架，单梁、矩形梁需要单独计取脚手架。具体以当地定额依据为准。

5. 内墙砌筑和装饰是单独的脚手架列项（图2.9-14），为什么外墙不是？

争议解析： 外脚手架搭设后用于外墙砌筑和外墙装饰，直到外围主体装饰等都完成后再拆除，故外墙无需单独套取装饰脚手架。而内墙砌筑后并不是马上进行装饰，内墙砌筑后需拆除砌筑脚手架，后面做装饰时再重新搭设装饰脚手架，故需单独套取内墙装饰脚手架。

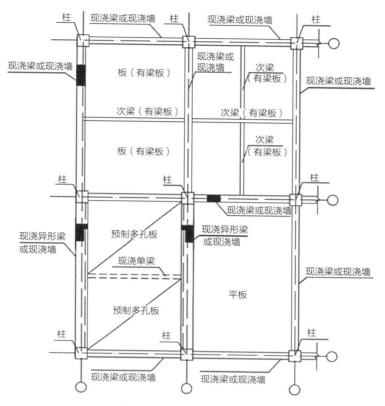

图2.9-13 现浇梁、板区分示意图

图2.9-14 外脚手架

习　题

一、选择题

1. 以下说法正确的是（　　）

　　A. 单排外脚手架主要用于砖混结构

　　B. 双排外脚手架主要用于框剪结构、剪力墙结构

　　C. 如果用满堂脚手架，无需单独计算内墙装饰脚手架

　　D. 以上说法都正确

　　正确答案：D

2. 出于安全考虑，脚手架工程中还会布置（　　）

　　A. 密目网、安全网、防护架　　　　　B. 依附斜道、防护架

　　C. 密目网、电梯井架、防护架　　　　D. 安全网、电梯井架

　　正确答案：A

3. 地下部分一般套什么外脚手架（　　）

　　A. 挑脚手架　　　　　　　　　　　　B. 悬空脚手架

　　C. 单排外脚手架　　　　　　　　　　D. 双排钢管脚手架

　　正确答案：D

4. 以下说法正确的是（　　）

　　A. 地下室楼层部分→2层顶（3层底）采用双排钢管落地脚手架

　　B. 地上部分从2层顶（3层底）部位悬挑型钢且做双排钢管脚手架，且随楼层提升，架体往上翻倒使用

　　C. 基础部分，阶段验收，尽快封闭造成，架体不会等主体施工完毕才拆除

　　D. 以上说法都正确

　　正确答案：D

5. 关于脚手架工程，以下说法正确的是（　　）

　　A. 板需要单独套脚手架子目

　　B. 天棚需要单独套取装饰脚手架

　　C. 当层高超过3.6m时，天棚需要记取满堂脚手架

　　D. 以上说法都正确

　　正确答案：C

6. 以下说法正确的是（　　）

　　A. 外墙需要分别套取外墙砌筑脚手架和外墙装饰脚手架

　　B. 内墙脚手架需要分部将砌筑和装饰单独列项

　　C. 内墙脚手架不需要单独套取装饰脚手架

　　D. 以上说法都正确

正确答案：B

7. 以下说法正确的是（　　）

A. 安全文明施工费中有一般防护和斜道的费用了，定额再计入属于重复记取

B. 有梁板中的梁需要单独记取脚手架

C. 有梁板中的梁不需要单独记取脚手架

D. 以上说法都错误

正确答案：C

8. 内墙砌筑脚手架一般采用哪种搭设方式（　　）

A. 挑脚手架　　　　　　　　　　　B. 马凳筋+垫板

C. 满堂脚手架　　　　　　　　　　D. 移动脚手架

正确答案：B

9. 以下说法正确的是（　　）

A. 内墙砌筑脚手架按墙体材质分单排钢管与双排钢管计算

B. 内墙装饰脚手架按墙体材质分单排钢管与双排钢管计算

C. 内墙脚手架通常采用移动脚手架搭设

D. 以上说法都正确

正确答案：D

10.【多选】内脚手架列项包含（　　）

A. 内墙砌筑脚手架　　　　　　　　B. 外墙内装饰

C. 内墙装饰脚手架　　　　　　　　D. 混凝土墙、梁、柱施工脚手架

正确答案：ABCD

11.【多选】地上部分外脚手架列项包含（　　）

A. 型钢平台外挑双排钢管脚手架　　B. 依附斜道、电梯井架

C. 密目网　　　　　　　　　　　　D. 安全网、防护架

正确答案：ABCD

12.【多选】以下哪些属于非落地外脚手架（　　）

A. 型钢平台外挑双排　　　　　　　B. 悬空脚手架

C. 挑脚手架　　　　　　　　　　　D. 满堂脚手架

正确答案：ABC

二、问答题

1. 简述外脚手架的搭设方案和列项。

2. 简述里脚手架的搭设方案和列项。

_____

_____

_____

3. 脚手架工程计价争议有哪些，应该如何解析？

_____

_____

_____

扫码观看
本章小结视频

2.10 模板工程

2.10.1 模板工程基础知识

2.10.1.1 模板的类型与样式

常见模板类型如图2.10-1所示。

（1）组合式钢模板：宽度300mm以下，长度1500mm以下，面板采用Q235钢板制成，又称组合式定型小钢模或小钢模板。适用于各种现浇钢筋混凝土工程，可事先按设计要求组拼成梁、柱、墙、楼板的大型模板，整体吊装就位，也可采用散装散拆方法，施工方便，通用性强，易拼装，可周转次数多；但一次投资大，拼缝多，易变形，拆模后一般都要进行抹灰，个别还需要进行剔凿。

（2）定型钢模板：是一种用于定型的组合式钢模板，由定型钢模板和配件两部分组成，施工时只能在本工程使用不可周转。

（3）大钢模：从性质上与组合式钢模板非常相似，出厂时由多个小钢模板组合而成的尺寸较大的模板，施工时仍然是组合使用，同时也可以周转。

（4）复合木模板：由胶合板板材与方木龙骨现场制作而成。胶合板是由木段旋切成单板或由木方刨切成薄木，再用胶粘剂胶合而成的三层或多层的板状材料，并使相邻层单板的纤维方向互相垂直胶合而成。按材质区分常见的有竹胶板、木胶板和纤维板。其中竹胶板的应用率最广，其平整度、光滑度以及成模质量均较好，且成本不高。

（5）木模板：是采用木板材直接压合而成，使用时可能会将多个木模板进行拼接。木模板的成本偏高，且成模效果不如竹胶板强。

（6）爬升模板：是综合大模板与滑动模板工艺和特点的一种模板工艺，它本身属于一种机械，具有大模板和滑动模板共同的优点，尤其适用于超高层建筑施工。

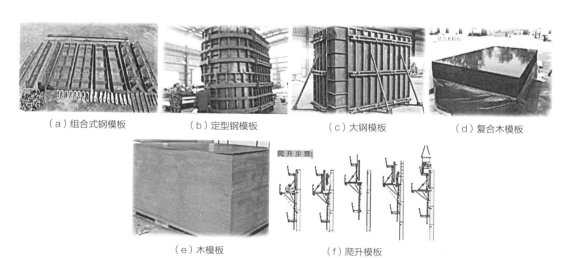

（a）组合式钢模板　　　（b）定型钢模板　　　（c）大钢模板　　　（d）复合木模板

（e）木模板　　　（f）爬升模板

图2.10-1 常见的模板类型

2.10.1.2 模板工程的组成

模板工程包含了模板本身、固定模板位置的紧固体系以及支撑模板的支撑体系。在定额中的模板子目也是按照这三个体系来考虑的。例如在有梁板的复合木模板钢支撑子目中可以看到它的人材机，除了复合木模板本身之外，还有紧固体系的梁卡具、支撑体系的支撑钢管及扣件，如图2.10-2所示。

紧固体系　　　　　　　　　支撑体系　　　　　　　　　紧固体系与支撑体系

图2.10-2　紧固体系、支撑体系

2.10.1.3 模板工程清单列项维度

模板工程在工程量清单中是按照构件的部位来进行列项的，包含基础、矩形柱、构造柱、异形柱、基础梁、矩形梁、异形梁、圈梁、过梁、弧形拱形梁等，如图2.10-3所示。

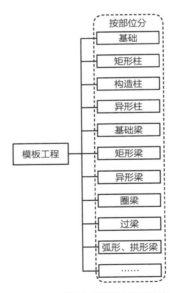

图2.10-3　模板工程清单列项维度

2.10.1.4 对拉螺栓的注意事项

（1）对拉螺栓：又称穿墙螺栓，用于墙体两侧模板之间的拉结，承受混凝土的侧压力和其他荷载，确保内外侧模板的间距能满足设计要求，同时也是模板及其支撑结构的支点。

在混凝土浇筑完成、拆除模板后可以将螺栓整体抽出周转使用，但是会在构件中留出孔洞，如果是外墙，施工时需要使用膨胀水泥对孔洞做封堵，内墙则直接抽出即可。如图2.10.4所示。

（2）止水螺栓：在浇筑地下室墙、柱等需要防水的混凝土时，止水螺栓用于固定模板。因为止水螺栓中的螺杆穿过墙，室外的水分容易沿着螺杆渗透到室内，所以止水螺杆在螺杆中间焊接一个四方形的钢筋片（止水片），可以加大水的渗透路径，起到一定的止水作用。拆模时，普通穿墙螺杆整体抽出，重复周转使用，止水螺杆则需锯掉墙外两头后，中间段留在墙体，以保证墙体的不透水性。切掉两头的杆件后露出的钢筋头需要点涂防锈漆，再涂抹防水油膏。如图2.10-4所示。

图2.10-4　对拉螺杆与止水螺杆

2.10.2　特殊情况下模板工程的增加费

2.10.2.1　暗室模板增加

模板在支设和拆除时如果处于暗室的环境会导致人工效率降低，计价时考虑此部分的增加费用，一般建议暗室模板单列清单项。

2.10.2.2　超高模板增加

超高模板增加是指模板的支模高度（地面至板顶或板面至上层板顶之间的高度）超过3.6m时导致人工降效、支撑件和紧固件增加而多发生的费用。

2.10.3　模板工程计价案例

2.10.3.1　清单列项

1. 选择清单

在云计价GCCP6.0软件中，点击到【措施项目】界面，找到"单价措施项目"，插入"模板工程"分项，依次按照本案例模板所在的部位插入清单项。如图2.10-5所示。

注意垫层清单项不要遗漏，找不到完全适用的清单可以采用基础的模板来进行替代，但需要保证清单名称和项目特征的准确性。

对于对拉螺栓的端头处理、端头封堵和暗室模板增加，建议单独增加补充清单列项，注意在项目特征中描述清楚使用的部位及材质，便于区分。

2. 项目特征描述

模板的项目特征可以按照模板板材、支撑材质两个维度描述。模板板材和支撑材质一般

序号	类别	名称	单位	项目特征	工程量	综合单价
□		模板工程				
011702001001		垫层	m²	1、模板板材：综合考虑 2、支撑材质：综合考虑	1	0
011702001002		基础	m²	1、模板板材：综合考虑 2、支撑材质：综合考虑	1	0
011702003001		构造柱	m²		1	0
011702004001		异形柱	m²		1	0
011702006001		矩形梁	m²		1	0
011702008001		圈梁	m²		1	0
011702009001		过梁	m²		1	0
011702011001		直形墙	m²		1	0
011702013001		轻型框剪墙、电梯井壁	m²		1	0
011702014002		有梁板	m²		1	0
011702016001		平板	m²		1	0
011702024001		楼梯	m²		1	0
011702033001		现浇混凝土导墙	m²		1	0
B-001		对拉螺栓端头处理	m²	1、位置：地下室外墙部分 2、做法：止水螺栓（铁片止水）	1	0
B-002		端头封堵	m²	1、位置：上部楼层外墙	1	0
B-003		暗室模板增加	m²	1、地下室部分	1	0

图2.10-5 模板工程清单列项示意

按"综合考虑"进行描述，因为模板工程是属于措施项目，它是施工企业的竞争能力，一般不做约束。

对拉螺栓的端头处理、端头封堵和暗室模板增加项目特征一般描述其所处的位置和做法。

3. 提量

（1）提取基础模板工程量时，筏板的侧壁是砖胎膜，则不需要提取筏板侧壁的工程量。但是要注意集水坑的模板归属到基础，提量时不要忘记。集水坑的模板面积提取"坑内部模板面积+坑底面模板面积"。

（2）提取对拉螺栓的端头处理、端头封堵和暗室模板增加清单工程量时，在土建计量GTJ2021中选择对应的楼层后，按内外墙通过【批量选择】功能选择不同类型的墙体，汇总出对应的模板面积。

（3）提取"暗室模板增加"工程量时，按照工程的实际环境判断哪些部位需要增加费用，然后提取对应图元的模板工程量即可。

2.10.3.2 定额组价

1. 选择定额

选择定额子目时，模板材质按照常规材质复合木模板选择即可。

（1）支撑高度3.6m以上的竖向超高构件，需要套取超高模板子目。

（2）地下部分的对拉螺栓端头处理清单项需要套取"对拉螺栓增加""对拉螺栓端头处理增加"两条子目。"对拉螺栓增加"是指螺杆不抽出的情况所增加的消耗。"对拉螺栓端头处理增加"是指螺杆不抽出需要切除多余部分所增加的消耗。

（3）地上部分的端头封堵清单项需要套取"对拉螺栓堵眼增加"，仅考虑封堵。

（4）暗室模板增加清单项需要套取"地下暗室模板拆除增加"，仅考虑人工增加。

对拉螺栓端头处理、端头封堵和暗室模板增加的项目特征描述及组价详情如图2.10-6所示。

序号	类别	名称	单位	项目特征	工程量
⊟ B-001		对拉螺栓端头处理	m²	1.位置:地下室外墙部分 2.做法:止水螺栓（铁片止水）	338.71
5-4-77	定	对拉螺栓增加	10m²		33.871
18-1-133	定	对拉螺栓端头处理增加	10m²		33.871
⊟ B-002		端头封堵	m²	1.位置:上部楼层外墙	150
18-1-134	定	对拉螺栓堵眼增加	10m²		15
⊟ B-003		暗室模板增加	m²	1.地下室部分	1
18-1-132	定	地下暗室模板拆除增加	10m²		0.1

图2.10-6　对拉螺栓端头处理、端头封堵和暗室模板增加清单组价示意

2. 定额提量

超高模板是分析高度超过部分的人工降效，以及支撑构件和紧固构件消耗量的增多。竖向构件提量时，注意超高模板工程量的提取，软件中自动计算3.6m以上的超高模板工程量。

2.10.4 模板工程计价争议解析

1. 关于"超高模板"的问题解释

思考1：很多楼层模板距离地面的高度都超过3.6m了，为什么不套取？

解析：支模高度是指地面至板顶或板面至上层板顶之间的高度。若是外墙，则有脚手架作为工作面，某一层的支模高度应该从该层脚手架这个工作面起算。

思考2：超高模板的工程量计算了，那模板的工程量是不是应减去超高部分模板的工程量？

解析：假设墙超过3.6m，墙体一面的支撑模板的整个面积为6m²，那这6m²要不要拆解成两部分？一部分是3.6m以下的模板面积，一部分是3.6m以上的超高模板面积？答案是否定的，3.6m只是判断是否超高的标准，整个墙的模板工程量仍然为6m²，超过3.6m以上的部分只增加人工降效和支撑扣件的费用。所以模板的子目工程量为6m²，超高模板的子目工程量为3.6m²以上部分的面积。

2. 关于"地下暗室模板拆除增加"的问题解释

思考1：如果地上部分存在暗室施工的场景，清单计价时要不要算模板拆除增加的费用？

解析：我们在考虑暗室施工增加费用时，是按照实际的施工场景是否满足暗室的环境来考虑，实际场景满足则计算，不满足则不计算。

思考2：如果地下部分不存在暗室施工的场景，仍然要按概念去理解与套取吗？

解析：本质是实际的施工场景，实际场景满足则计算，不满足则不计算。所以结论是不要。《山东2016定额》"第十八章 模板工程说明"如图2.10-7所示。

```
    15. 小型构件是指单件体积≤0.1m³的未列项目的构件。
        现浇混凝土小型池槽按构件外围体积计算，不扣除池槽中间的空心部分。池槽内、外侧及底部的
    模板不另计算。
    16. 塑料模壳工程量，按板的轴线内包投影面积计算。
    17. 地下暗室模板拆除增加，按地下室内的现浇混凝土构件的模板面积计算。地下室设有室外
    地坪以上的洞口（不含地下室外墙出入口）、地上窗的，不再套用本子目。
    18. 对拉螺栓端头处理增加，按设计要求防水等特殊处理的现浇混凝土直形墙、电梯井壁（含不
    防水面）模板面积计算。
```

图2.10-7 《山东2016定额》模板工程说明

3. 关于"对拉螺栓"的问题解释

思考：考虑了"对拉螺栓增加"是不是代表模板定额中考虑的那部分螺栓消耗要删除？

解析：当我们在定额的子目中看到"增加"是指在原来考虑的基础上增加的部分，两个部分的子目整体对应螺栓的实际消耗，所以结论是不删除。如图2.10-8所示。

序号	类别	名称	单位	项目特征	工程量	综合单价
⊟ 011702011001		直形墙	m²		698.17	104.07
— 18-1-74	定	直形墙复合木模板对拉螺栓钢支撑	10m²		69.817	501.15
— 5-4-77	定	对拉螺栓增加	10m²		34.9085	1011.48
— 18-1-133	定	对拉螺栓端头处理增加	10m²		69.817	33.72

图2.10-8 对拉螺栓增加定额子目示意

习　题

一、选择题

1. 地下室外墙的模板支设一般采用以下哪一种螺杆（　　）

　　A. 穿墙螺杆　　　　　B. 对拉螺杆　　　　　C. 止水螺杆　　　　　D. 以上都可以

　　正确答案：C

2. 支模高度是地面至板顶或板面至上层板顶之间的高度，当支模高度超过（　　）时需要计算超高模板？

　　A. 8m　　　　　　　B. 4.5m　　　　　　　C. 3.6m　　　　　　　D. 3m

　　正确答案：C

3.【多选】有梁板支模高度为6m，套取定额子目时会选择以下哪几项子目（　　）

　　A. 矩形梁模板　　　B. 有梁板模板　　　C. 无梁板模板　　　D. 有梁板超高模板

　　正确答案：BD

二、问答题

1. 对拉螺栓与止水螺栓的相同点与不同点是什么？计价时分别需要注意什么？

2. 为什么要计算暗室模板增加与超高模板增加？推荐的清单列项方式是什么？

3. 清单中模板工程量及超高模板工程量如何提量？原理是什么？

扫码观看
本章小结视频

2.11 垂直运输工程

2.11.1 垂直运输基础知识

2.11.1.1 什么是垂直运输工程

垂直运输工程指在施工过程中，将现场所用材料、机具、施工人员从地面运至回施工位置，或从施工位置运至地面所发生的运输全部操作工程，直至工程竣工。

2.11.1.2 常见的垂直运输机械及应用（图2.11-1）

塔吊：主要应用在主体施工阶段，吊运钢筋、架杆、模板。

卷扬机（龙门架）：主要应用檐高20m以下，运送砌块、水泥、砂子。

施工电梯（人货梯）：主要应用高层，除了可以运送人之外，还运送砌块、水泥、砂子。

塔吊　　　　　　　　卷扬机（龙门架）　　　　　　　施工电梯（人货梯）

图2.11-1 常见的垂直运输机械

2.11.1.3 垂直运输费用的影响因素

（1）结构类型：砖混、现浇、预制结构的调运内容不同，导致费用不同。

（2）工程提量：建筑面积、檐口高度、层高。

（3）施工部位：基础、地上、地下。

2.11.2 垂直运输工程计价案例

2.11.2.1 清单列项

1. 选择清单

垂直运输工程在清单中仅有一项，不区分清单列项。

在《山东2016定额》中可以看到垂直运输的子目按照施工部位分为基础、地下部分、地上部分。在清单列项时如果只列一条则会导致套取定额子目时工作繁杂，建议清单项可以按照当地定额子目的划分进行区分。

在云计价GCCP6.0软件中的单价措施项目中插入垂直运输工程的措施项，再插入"垂直运输"清单。本案例按照地下室含基础及地上部分两个维度列出清单项即可。

2. 项目特征描述

垂直运输项目特征中描述运输部位即可，如图2.11-2所示。

序号	类别	名称	单位	项目特征	工程量
−		**垂直运输工程**			
+ 011703001001		**垂直运输**	m²	±0以下部分（含基础）	1
+ 011703001002		**垂直运输**	m²	±0以上部分	1

图2.11-2　垂直运输项目特征描述示意

3. 提量

《13清单计量规范》中垂直运输按建筑面积计算。在土建计量GTJ2021软件中提取工程量，选择【设置报表范围】筛选楼层，提取"建筑面积"。

2.11.2.2　定额组价

套取定额时地下部分按照有无地下室和建筑面积的范围选择适用的定额子目；地上部分按照建筑面积范围、结构类型、檐口高度选择适用的定额子目。

2.11.3　垂直运输工程计价案例

案例：本案例工程为现浇混凝土结构，地下部分除基础以外有管道层和储藏室。管道层层高2.1m，储藏室楼层层高5m。地上部分由裙房和塔楼组成，塔楼和裙房的层高1～2层为4.2m，3～5层为3.6m，6～29层为3m。设计室外地坪为-0.3m，平面尺寸如图2.11-3所示。

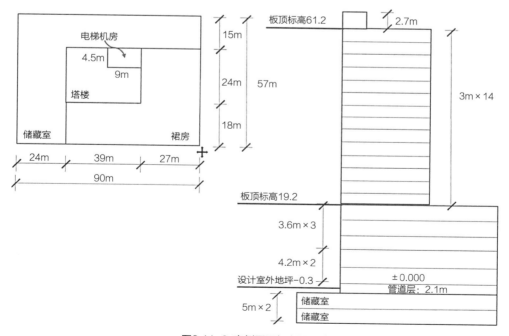

图2.11-3　案例平面与立面尺寸详图

1. 地下层部分

(1) 储藏室底层建筑面积=90×57=5130m²

(2) 管道层建筑面积=66×42×0.5=1386m²

注：层高不足2.2m时建筑面积计算半面积，管道层层高2.1m，计算1/2建筑面积。

地下层部分建筑面积=5150×2+1386=11646m²

选择定额子目时按照"标高±0.00以下、混凝土地下室（含基础）、地下室底层建筑面积范围5130m²"来确定。

2. 塔楼部分

檐口高度：建筑物的檐口高度是指设计室外地坪至顶层顶板的高度，本案例塔楼檐口高度为61.2-(-0.3)=61.5m

垂直运输定额子目编制时按照层高3.6m以内综合考虑，层高大于3.6m需要进行换算。计算工程量时按照层高分开计算。

(1) 层高3.6m以内建筑面积=39×24×17(层)+4.5×9(机房)=15952.5m²

选择定额子目时按照"标高±0.00以上、檐口高度61.5m、现浇混凝土结构"进行选择。定额划分了檐口高度40以内、60以内、80以内、100以内……不同定额子目，本案例选择60m以内，1.5m的檐口高度忽略不计。

(2) 层高3.6m以上建筑面积=39×24×2(层)=1872m²

选择定额子目与3.6m以内相同，但需要按照定额说明层高超过3.6m，每超过1m，相应垂直运输子目乘以系数1.15。

3. 裙房部分

檐口高度：同一建筑物有不同檐高时，按建筑物的不同檐高做纵向分割，分别计算建筑面积，以不同檐高分别编码列项。本案例裙房檐口高度为19.2-(-0.3)=19.5m。

(1) 层高3.6m以内建筑面积=[66×42-39×24(塔楼部分已经计算)]×3=1836×3=5508m²

(2) 层高3.6m以上建筑面积=[66×42-39×24(塔楼部分已经计算)]×2=1836×2=3672m²

选择定额子目思路与塔楼相同，但注意檐口高度的不同，同时也需要考虑超过3.6m以上部分的换算。

习 题

一、选择题

1. 垂直运输工程量计算规则是（   ）

A. 以平方米计量，按建筑面积计算

B. 以天计量，按施工工期日历天数计算

C. 以运输高度计算，按檐口高度计算

D. 以运输高度计算，按地下室深度计算

正确答案：A

2.【多选】以下哪些因素影响垂直运输工程量计算（   ）

A. 檐口高度   B. 楼层层高

C. 地上/地下   D. 是否含地下室

正确答案：ABCD

二、问答题

1. 垂直运输费用是指什么？垂直运输列项时需要考虑哪些因素？

2. 垂直运输在计算工程量时，同一建筑物有不同檐口高度时应如何计算？

3. 垂直运输在计算工程量时，层高超过3.6m时如何考虑？层高小于2.2m时如何考虑？

扫码观看
本章小结视频

2.12 大型机械进出场及安拆与大型机械基础

2.12.1 大型机械进出场及安拆基础知识

2.12.1.1 什么是大型机械设备进出场及安拆工程？

垂直运输工程的计价费用，指的是在施工过程中将现场所用的材料、机具、施工人员，通过垂直运输的机械，从地面运至施工位置以及从施工位置运回地面所发生的费用。这个费用是以机械本身就安放在现场为前提，那么这些机械运到现场，然后安装，使用完后还要拆除及运出现场，这一系列的费用怎么计算呢？就是本节要讲解的大型机械进出场及安拆工程了。

此处的大型机械一般包括卷扬机、自升式塔式起重机、施工电梯、静力压桩机等等，如图2.12-1所示。

其中塔吊主要应用在主体施工阶段用于吊运钢筋、架杆、模板。卷扬机主要在檐高20m以下的场地，用于运送砌块、水泥、砂子。施工电梯主要应用于高层，用来运送砌块、水泥、砂子。

塔吊　　　　　　　卷扬机（龙门架）　　　　　施工电梯（人货梯）

图2.12-1 工程中常用大型机械

2.12.1.2 大型机械设备进出场及大型机械基础包含哪些工作内容？

大型机械设备运入现场、现场安装、安装时用到的设备基础、用完后拆除、拆除后再运出整个过程均会发生费用，其中大型机械设备运入现场、现场安装、用完后拆除、拆除后再运出列"011705001大型机械设备进出场及安拆"清单；安装时用到的设备基础及基础的拆除列"011705002大型机械基础"，如图2.12-2所示。

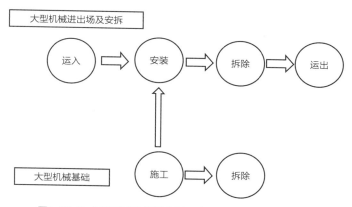

图2.12-2　大型机械设备进出场及大型机械基础的工作内容

2.12.2　大型机械进出场及安拆计价案例

2.12.2.1　清单列项

清单列项时可按"选择清单→项目特征描述→提量"的步骤进行。

1. 选择清单

大型机械设备进出场及安拆按011705001列项，根据施工组织设计用到的所有大型机械设备分别列项；大型机械设备的基础按照011705002列项，根据基础的类型及混凝土强度分别列项。

2. 项目特征描述

大型机械设备进出场及安拆的项目特征一般需要描述机械设备的名称和规格型号；大型机械设备基础的项目特征需要描述机械设备名称、基础类型、混凝土强度等级，如图2.12-3所示。

011705001001	大型机械设备进出场及安拆	1.机械设备名称:自升式塔式起重机	台次
011705002001	大型机械基础	1.基础类型:独立基础 2.混凝土强度等级:C35	m³

图2.12-3　大型机械设备进出场及安拆工程列项示意

3. 提量

大型机械设备进出场及安拆的工程量不是根据图纸计算出来的，一般按照施工组织设计来确定需要的台次。大型机械基础的工程量也需要根据施工组织设计来确定需要多少基础，每个基础的大小，计算体积工程量。

2.12.2.2　定额组价

清单列项完成后，我们会发现此时的清单综合单价为0，因为清单仅仅是列项，需要通过定额来进行组价，组价的过程一般包括：选择定额→定额提量→定额换算。此处定额提量与清单提量一样来源于施工组织设计，不再赘述。

1. 选择定额

组价时要根据项目特征来进行定额的选择，如上文的"011705001001大型机械设备进出场及安拆"清单中，项目特征描述的是自升式塔式起重机（图2.12-3），根据当地的定额库来选择合适的定额项，如《山东2016定额》中相关定额项（图2.12-4）。

2. 大型机械安装拆卸

工作内容：1.现场内移动、安装、调试、试运转；
2.拆卸、清理、现场内移动、集中堆放。

计量单位：台次

定 额 编 号			19-3-5	19-3-6	19-3-7	19-3-8
项 目 名 称			自升式塔式起重机安装拆卸 （檐高 m）			
			≤20	≤100	≤200	≤300
名 称		单位	消 耗 量			
人工	综合工日	工日	40.00	60.00	90.00	120.00
材料	镀锌低碳钢丝 8#	kg	35.0000	50.0000	75.0000	100.0000
	螺栓 M20×（110～150）	套	45.0000	64.0000	96.0000	128.0000
机械	汽车式起重机 40t	台班	3.5000	5.0000	7.5000	10.0000
	自升式塔式起重机 600kN·m	台班	0.5000	—	—	—
	自升式塔式起重机 1000kN·m	台班	—	0.5000	—	—
	自升式塔式起重机 2000kN·m	台班	—	—	0.5000	—
	自升式塔式起重机 3000kN·m	台班	—	—	—	0.5000

图2.12-4 自升式塔式起重机安装拆卸定额

此定额是根据檐高来划分的，根据本书案例工程檐高，应选择"19-3-6自升式塔式起重机安装拆卸≤100m"。

"011705002001大型机械基础"清单中，项目特征描述的C35的独立基础（图2.12-3），应选择"19-3-1现浇混凝土独立式基础"定额，但此基础不同于普通的基础，普通的基础是工程的一部分，是不需要拆除的，但是这些大型机械的基础在使用完成后需要拆除，还应该选择"19-3-4混凝土基础拆除"定额。现浇式混凝土基础还会用到模板、钢筋等，是否还需要套取相关定额，应根据当地定额情况，如《山东2016定额》中"19-3-1现浇混凝土独立式基础"定额已经包含了模板、钢筋、螺栓等内容，所以不需要额外套取了，如图2.12-5所示。

另外基础的开挖和回填是没有包含在内的，可根据需要直接在此清单下套取开挖和回填的子目，形成综合单价。

1. 大型机械基础

工作内容：1. 制作、安放模板，安放钢筋、地脚螺栓，浇筑、养护混凝土。
　　　　　2. 进场、安装、使用、拆卸、出场。

计量单位：10m³

定 额 编 号			19-3-1	19-3-2
项 目 名 称			独立式基础	
			现浇混凝土	预制混凝土
名 称		单位	消　　耗　　量	
人工	综合工日	工日	16.89	21.58
材料	C20现浇混凝土碎石＜40	m³	0.7246	2.3567
	C30现浇混凝土碎石＜31.5	m³	10.1500	—
	普通硅酸盐水泥 42.5MPa	t	—	0.0646
	钢筋HPB300≤φ10	t	0.1560	—
	钢筋HRB335≤φ25	t	0.2436	—
	螺栓 M20×(110~150)	套	8.0000	8.0000
	锯成材	m³	0.4132	0.4358
	竹胶板	m²	4.4671	—
	支撑钢管及扣件	kg	4.7597	—
	塑料薄膜	m²	18.0301	—
	水	m³	1.6218	1.7463
	电焊条 E4303 φ3.2	kg	0.9537	0.5867
	镀锌低碳钢丝 8#	kg	9.9293	10.0910
	圆钉	kg	2.8096	—
	混凝土设备基础(成品)摊销	m³	—	1.1100
	黄砂(过筛中砂)	m³	—	1.8505
	斜垫铁	kg	—	6.7743
	草袋	m²	—	4.8709
	钢绞线 φ7	t	—	0.0343
	锚具 JM15-4	套	—	1.6947
机械	混凝土振捣器 插入式	台班	0.6892	—
	钢筋弯曲机 40mm	台班	0.1766	—
	轮胎式起重机 25t	台班	—	0.8140
	汽车式起重机 8t	台班	0.0458	—
	汽车式起重机 20t	台班	—	1.5213
	载重汽车 15t	台班	0.0462	3.4823
	木工圆锯机 500mm	台班	0.2664	—
	交流弧焊机 32kV·A	台班	0.1341	—
	高压油泵 50MPa	台班	—	0.0556

图2.12-5 19-3-1现浇混凝土独立式基础定额分析

2. 定额换算

独立基础采用C35混凝土，混凝土强度等级的换算属于标准换算，可以在【标准换算】界面直接调整，如图2.12-6所示。

图2.12-6 混凝土强度等级换算

习 题

一、选择题

1.【多选】大型机械进出场及安拆包含以下哪些范围（　　）

    A. 大型机械设备运入现场　　　　　　B. 大型机械设备现场安装

    C. 大型机械设备运出现场　　　　　　D. 大型机械设备基础的浇筑

    正确答案：ABC

二、问答题

1. 大型机械设备进出场及安拆包含什么费用？

2. 大型机械设备进出场及安拆、大型机械基础如何计价？

扫码观看
本章小结视频

2.13 超高工程

2.13.1 超高施工增加费基础知识

2.13.1.1 超高施工增加费的概念

当单层建筑檐口高度大于20m时，多层建筑物超过6层时，需要计算超高增加费。以标高±0.00以上工程的定额人工与机械消耗量之和为基数乘以相应子目规定的降效系数计算超高增加费，如表2.13-1所示。

超高工程量计算规则　　　　　　　　　　　表2.13-1

项目编码	项目名称	项目特征	计量单位	工程量计算规则	工作内容
11705001	超高施工增加	1. 建筑物建筑类型及结构形式。 2. 建筑物檐口高度、层数。 3. 单层建筑物檐口高度超过20m，多层建筑物超过6层部分的建筑面积	m²	按《建筑工程建筑面积计算规范》GB/T50353—2005的规定计算建筑物超高部分的建筑面积	1. 建筑物超高引起的人工工效降低以及由于人工工效降低引起的机械降效。 2. 高层施工用水加压水泵的安装、拆除及工作台班。 3. 通信联络设备的使用及摊销

注：1. 单层建筑物檐口高度超过20m，多层建筑物超过6层时，可按超高部分的建筑面积计算超高施工增加。计算层数时，地下室不计入层数。
2. 同一建筑物有不同檐高时，可按不同高度的建筑面积分别计算建筑面积，以不同檐高分别编码列项。

2.13.1.2 产生超高施工增加费的原因

人工高处作业、上下楼降低的工效；起重机械高度增加降低的工效；人工降效、机械降效互相影响的降效。

2.13.1.3 以下情况不需计算超高增加费

±0.00标高所在楼层结构层及以下全部工程内容；±0.00标高以上的预制构件制作工程；现浇混凝土搅拌制作、运输及泵送工程；脚手架工程；施工运输工程。

2.13.2 超高施工增加工程计价案例

2.13.2.1 案例分析

本书案例工程檐高是54.2m，因为建筑物超过20m，所以需要计算超高，从《山东2016定额》中可以看出钢筋混凝土、模板等都需要计算施工所消耗的人工降效以及机械台班降效，如表2.13-2所示。

人工起重机械超高施工增加　　　　　　　　　表2.13-2

定额编号			20-1-1	20-1-2	20-1-3	20-1-4
项目名称			人工起重机械超高施工增加（檐高m）			
名称		单位	≤40	≤60	≤80	≤100
人工	人工降效	%	4.27	9.17	13.58	17.81
机械	起重机械降效	%	10.1300	21.6300	27.1500	32.7000

2.13.2.2 软件中详细操作步骤

在软件中选择【超高降效】功能，在弹出的设置超高降效的窗体当中，找到需要记取降效的分部，根据工程实际情况，选择对应的记取高度，如图2.13-1所示。

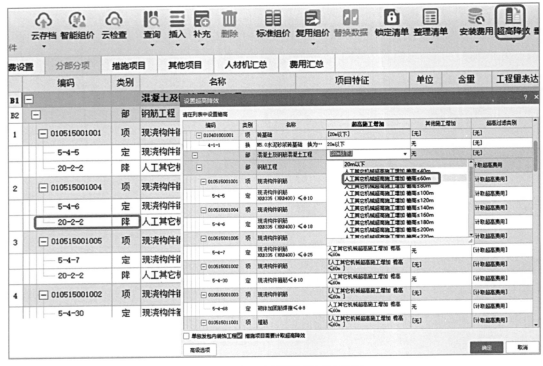

图2.13-1 人工起重机械超高施工增加

习　题

一、选择题

1. 在GCCP6.0软件中，用什么功能可以快速设置当前工程中的超高增加费（　　）

    A．安装费用　　　B．垂直运输　　　　　C．超高降效　　　D．批量换算

    正确答案：C

二、问答题

1. 简述什么是超高施工增加费。

2.14 工程调价

分部分项、措施的清单及组价编制完成后，要根据当地的规则完成其他项目清单的编制，然后想要计算出工程造价还需要进行必要的调价工作，常见的调价包括调整材料价格、调整取费费率。

2.14.1 调整材料价格

套完定额后，人材机的价格来源于定额中的价格，有的省份比如山东省定额是没有价格的，新建工程时候选择了价目表，则工程中人材机的价格就来源于所选择的价目表，但是定额或者价目表的价格更新间隔长，不满足实际工程的需求，所以在完成清单列项及定额组价工作后，要调整材料价格。一般在GCCP6.0计价软件中的【人材机汇总】界面，调整【不含税市场价】或者【含税市场价】，如图2.14-1所示。

取费设置　分部分项　措施项目　其他项目　人材机汇总　费用汇总　☐ 济南招标控制价　不含税市场价

	编码	类别	名称	规格型号	单位	数量	不含税省单价	不含税淄博价	不含税市场价	含税市场价	税率(%)	供货方式
1	00010010	人	综合工日(土建)		工日	69.2354	128	118	118	118	0	自行采购
2	01010009	材	钢筋	HPB300≤φ10	t	0.468	3725.66	3725.66	3725.66	4210	13	自行采购
3	01010033	材	钢筋	HRB335≤φ25	t	0.7308	3805.31	3805.31	3805.31	4300	13	自行采购
4	01030025	材	镀锌低碳钢丝	8#	kg	29.7879	5.62	5.62	5.62	6.35	13	自行采购
5	02090013	材	塑料薄膜		m^2	54.0903	1.86	1.86	1.86	2.1	13	自行采购
6	03010145	材	螺栓	M20×(110~150)	套	24	2.49	2.49	2.49	2.81	13	自行采购
7	03010751	材	塑料保温螺栓		套	6.12	0.75	0.75	0.75	0.85	13	自行采购
8	03130107	材	电焊条	E4303 φ3.2	kg	2.8611	9.56	9.56	9.56	10.8	13	自行采购
9	03130825	材	合金钻头		个	0.0296	9.12	9.12	9.12	10.31	13	自行采购
10	03150055	材	支撑钢管及扣件		kg	14.2791	5.66	5.66	5.66	6.4	13	自行采购

图2.14-1 人材机汇总界面调整材料价格

除了逐条调整材料价格之外还可以使用批量调整的方式，点击工具栏中的【载价】→【批量载价】→在弹出的对话框中勾选载入的价格来源→完成载价。其中【信息价】是指政府每隔一段时间发布的价格；【专业测定价】是指专家及大数据分析的综合材料价格；【市场价】是指供应商发布的价格，如果三者都选，是指先载入信息价里的材料价格，然后信息价里没有的按照专业测定价载入，专业测定价没有的按照市场价载入，所以大家要根据需要选择价格来源，如图2.14-2所示。

如果所在单位有自己的材料价格表，可以点击【载价】→【载入Excel市场价文件】→选择需要载入的价格文件进行载入。

图2.14-2 批量载价

2.14.2 调整取费费率

材料价格调整完成后，可根据需要调整工程的取费费率，一般情况下规费是按规定必须缴纳的费用，是不可调整的，安全文明施工费的费率也是不可调整的。需要注意，山东地区安全文明施工费属于规费，有些地区安全文明施工费属于总价措施费，不管归属哪个位置此项费用的费率均不可调整。可以调整的费率主要是管理费、利润的费率和部分总价措施费率，如夜间施工费、二次搬运费、冬雨季施工增加费等，一般可以在项目节点下的【取费设置】界面调整，在此调整过费率后要点击【应用修改】应用到每一个单位工程中，如图2.14-3所示。

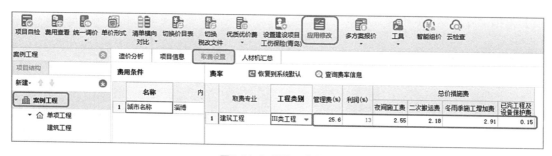

图2.14-3 调整取费费率

2.14.3 导出报表

调整完材料价格和取费，就可以生成最终的价格，然后可以在【报表】界面选择需要的报表，点击右键打印或者导出，生成需要的计价成果文件。如图2.14-4所示。

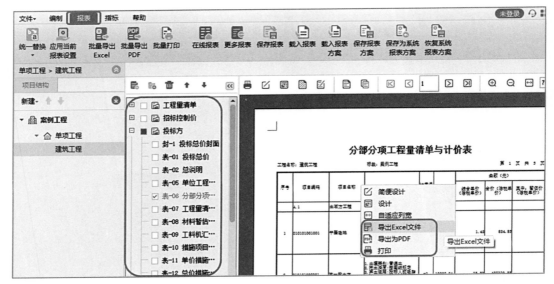

图2.14-4 报表界面

习　题

一、选择题

1.【多选】以下哪些费率不允许调整（　　）

　　A. 规费　　　　　　　　　　　B. 安全文明施工费

　　C. 管理费　　　　　　　　　　D. 利润

　　正确答案：AB

2. 以下哪个价格是政府发布的价格（　　）

　　A. 专业测定价　　　　　　　　B. 市场价

　　C. 不含税市场价　　　　　　　D. 信息价

　　正确答案：D

3.【多选】GCCP计价文件，在报表上点击右键，可以导出以下哪种格式（　　）

　　A. Word　　　　　　　　　　　B. jpg

　　C. PDF　　　　　　　　　　　D. Excel

　　正确答案：CD

二、问答题

1. 如何调整材料价格？

2. 如何调整取费费率？

扫码观看
本章小结视频